Springer-Lehrbuch

Springer-Verlag Berlin Heidelberg GmbH

Wilhelm Rödder · Gabriele Piehler
Hermann-Josef Kruse · Peter Zörnig

Wirtschaftsmathematik für Studium und Praxis 2

Analysis I

Mit 52 Abbildungen
und 14 Tabellen

Springer

Prof. Dr. Wilhelm Rödder
FernUniversität Hagen
Fachbereich Wirtschaftswissenschaft,
Lehrgebiet für Betriebswirtschaftslehre,
insb. Operations Research
Postfach 940
D-58084 Hagen

Dr. Gabriele Piehler
FernUniversität Hagen
Fachbereich Wirtschaftswissenschaft,
Lehrgebiet für Betriebswirtschaftslehre,
insb. Operations Research
Postfach 940
D-58084 Hagen

Prof. Dr. Hermann-Josef Kruse
Fachhochschule Bielefeld
Studiengang Mathematik
Am Stadtholz 24
D-33609 Bielefeld

Dr. Peter Zörnig
Universidade de Brasília
Departamento de Matemática
Brasília, Brasilien

Die Deutsche Bibliothek - CIP-Einheitsaufnahme
Wirtschaftsmathematik für Studium und Praxis. - Berlin ;
Heidelberg ; New York ; Barcelona ; Budapest ; Hong Kong ;
London ; Milan ; Paris ; Santa Clara ; Singapore ; Tokyo :
Springer.
  (Springer-Lehrbuch)
  2. Analysis. - 1 : mit 14 Tabellen / Wilhelm Rödder ... - 1996
    ISBN 3-540-61715-9
  NE: Rödder, Wilhelm

ISBN 978-3-540-61715-0   ISBN 978-3-642-59084-9(eBook)
DOI 10.1007/978-3-642-59084-9

Dieses Werk ist urheberrechtlich geschützt. Die dadurch begründeten Rechte, insbesondere die der Übersetzung, des Nachdrucks, des Vortrags, der Entnahme von Abbildungen und Tabellen, der Funksendung, der Mikroverfilmung oder der Vervielfältigung auf anderen Wegen und der Speicherung in Datenverarbeitungsanlagen, bleiben, auch bei nur auszugsweiser Verwertung, vorbehalten. Eine Vervielfältigung dieses Werkes oder von Teilen dieses Werkes ist auch im Einzelfall nur in den Grenzen der gesetzlichen Bestimmungen des Urheberrechtsgesetzes der Bundesrepublik Deutschland vom 9. September 1965 in der jeweils geltenden Fassung zulässig. Sie ist grundsätzlich vergütungspflichtig. Zuwiderhandlungen unterliegen den Strafbestimmungen des Urheberrechtsgesetzes.

© Springer-Verlag Berlin Heidelberg 1997

Die Wiedergabe von Gebrauchsnamen, Handelsnamen, Warenbezeichnungen usw. in diesem Werk berechtigt auch ohne besondere Kennzeichnung nicht zu der Annahme, daß solche Namen im Sinne der Warenzeichen- und Markenschutz-Gesetzgebung als frei zu betrachten wären und daher von jedermann benutzt werden dürften.

SPIN 10488616   42/2202-5 4 3 2 1 0 – Gedruckt auf säurefreiem Papier

Vorwort

Der vorliegende Lehrtext „Wirtschaftsmathematik für Studium und Praxis" erscheint in drei Bänden mit den Untertiteln

- Lineare Algebra (Kapitel 1 bis 9)
- Analysis I (Kapitel 10 bis 12)
- Analysis II (Kapitel 13 bis 16)

Er ist inhaltsgleich mit dem an der FernUniversität (FeU) in Hagen entwickelten Kurs *Mathematik für Wirtschaftswissenschaftler*.

Der Text ist stark strukturiert: Wichtige mathematische Vereinbarungen sind als *Definitionen*, wichtige Aussagen als *Sätze* oder deren *Korollare* formuliert; *Beispiele* erläutern mathematische Zusammenhänge oder stellen den Bezug zu wirtschaftswissenschaftlichen Anwendungen her, *Abbildungen* visualisieren sie. In *Übungsaufgaben* werden Sie aufgefordert, Ihr Wissen zu überprüfen. Die Lösungen sind zwar in jedem Band am Ende beigefügt, sollten jedoch nur zur Kontrolle eigener Lösungsvorschläge dienen.

Speziell an der FernUniversität, aber auch verstärkt an Präsenzuniversitäten und in der Praxis ist der Lernende auf sich selbst gestellt; mit der Folge oft großer Unsicherheit hinsichtlich der Einschätzung eigenen Vorwissens und eines geeigneten Lernrhythmus. Wir haben dieser Unsicherheit Rechnung getragen, indem wir einen (in allen Bänden gleichen) Leitfaden zur Lektüre anbieten. Dort werden Sie sicher durch den Lehrstoff geführt.

Band 2 „Analysis I" ist vielleicht der „schulmäßigste" der drei; hier wird der Funktionsbegriff, werden Folgen und Reihen, die Differentialrechnung und die Integralrechnung von Funktionen einer Variablen eingeführt. Wir haben mit der ausführlichen Darstellung dieser Inhalte auf die Tatsache reagiert, daß der Ausbildungsstand deutscher Schulabgänger keinesfalls einheitlich ist.

Natürlich wird die in Band 2 behandelte Mathematik nicht um ihrer selbst willen entwickelt, sondern das Ziel ist die Erarbeitung wichtiger Werkzeuge zur ökonomischen Analyse: ökonomische Funktionen, Renten- und Zinseszinsrechnung, Untersuchungen über Kosten- oder Ertragsänderungen, Aggregation von Geldströmen etc.

Meinen Mitarbeitern sei für ihre Mithilfe bei der Erstellung dieses Bandes herzlich gedankt: Frau Schartl und Frau Michalik für ihre Mühe, den Text zu schreiben; Frau Dr. Piehler für die effiziente Koordination.

Hagen, im Juni 1996

Inhaltsverzeichnis

Leitfaden zur Lektüre der Wirtschaftsmathematik.. ix
Inhaltsübersicht zu Band 1 xiv
Inhaltsübersicht zu Band 3 xvi
Symbolverzeichnis xvii

10. Funktionen einer Variablen 1
   10.1. Der Funktionsbegriff 1
   10.2. Analytische und graphische Darstellung von Funktionen 8
   10.3. Verknüpfung von Funktionen 19
   10.4. Monotonie, Beschränktheit und Symmetrie 23
   10.5. Umkehrfunktion 30
   10.6. Einige elementare Funktionen 35
   10.7. Polynome 37
   10.8. Rationale Funktionen 46
   10.9. Exponential- und Logarithmusfunktionen,
         trigonometrische Funktionen 50
   10.10. Folgen 59
   10.11. Grenzwerte bei Folgen 67
   10.12. Grenzwert einer Funktion für $x \to \pm\infty$ 74
   10.13. Grenzwert einer Funktion für $x \to x_0$ 79
   10.14. Rechnen mit Grenzwerten bei Funktionen 84
   10.15. Beispiele für stetige und nichtstetige Funktionen in der Ökonomie 85
   10.16. Stetigkeit an einer Stelle x_0 87
   10.17. Globale Stetigkeit 90
   10.18. Verknüpfung stetiger Funktionen 91
   10.19. Stetigkeit spezieller Funktionen 92

11. Differentialrechnung für Funktionen einer Variablen 94
   11.1. Grundlagen 94
   11.2. Ableitungsregeln 102
   11.3. Extremstellen 110
   11.4. Zusammenhang zwischen dem Monotonieverhalten einer Funktion
         und deren Ableitungsfunktion 112
   11.5. Zusammenhang zwischen dem Krümmungsverhalten eines Funktions-
         graphen und der Ableitungsfunktion 114
   11.6. Systematische Kurvendiskussion 121
   11.7. Grenzwerte bei unbestimmten Ausdrücken 127

12. Integralrechnung **137**

    12.1. Das unbestimmte Integral 138
    12.2. Das bestimmte Integral 148
    12.3. Das uneigentliche Integral 168
    12.4. Ökonomische Anwendungen 171

Lösungen zu den Übungsaufgaben **178**

Literaturverzeichnis **221**

Stichwortverzeichnis **225**

Leitfaden zur Lektüre der Wirtschaftsmathematik

Durch zahlreiche Gespräche mit Mentoren und Studenten wurden wir angeregt, diesen Leitfaden zu schreiben. Er soll ein effizientes Durcharbeiten der drei Bände ermöglichen und Ihnen die Scheu vor dem Stoff nehmen.

Für diejenigen unter Ihnen, die an der Schule den Leistungskurs Mathematik gewählt oder aber bereits ein quantitatives Studienfach absolviert haben, ist die Wirtschaftsmathematik ohnehin „Spielerei". Den übrigen wird empfohlen, ohne Berührungsängste an das Fach heranzugehen: Auch wenn sich Ihr Interesse an den Naturwissenschaften bisher in Grenzen hielt – Sie finden heute kaum noch ein Studienfach ohne formal-mathematische und EDV-technische Grundlagen.

Natürlich gibt es auch für den mathematisch gut vorgebildeten Leser viel Neues, denn der Kurs Wirtschaftsmathematik verfolgt das Ziel, neben den bereits aufgezählten Grundlagen gerade die Sachverhalte zu vermitteln, die im Lauf eines wirtschaftswissenschaftlichen Studiums immer wieder gebraucht werden, die in der Schulmathematik oder Studiengängen der Naturwissenschaften jedoch vernachlässigt werden.

Die folgenden Ausführungen teilen wir auf in Lektüreratschläge für den Studenten mit einer *schwächeren* und den mit einer *umfassenderen* mathematischen Vorbildung.

Wenig mathematische Vorbildung

Zunächst sollten Sie z.B. anhand eines einführenden Mathematiklehrbuches – im Literaturverzeichnis mit * gekennzeichnet – überprüfen, ob Ihr Wissen auf dem bundeseinheitlichen Niveau ist, welches für eine Hochschulzugangsberechtigung erwartet wird. Grundzüge der Geometrie und Algebra, Rechnen mit Folgen und Reihen sowie der Umgang mit elementaren Funktionen und ähnliches wird hier also vorausgesetzt.

Dennoch bieten wir Ihnen in Kapitel 10 des Bandes 2 eine gute Wiederholung des Stoffs zu Funktionen einer Variablen, Grenzwerten, Stetigkeit sowie zu Folgen und Reihen an. Dieses Kapitel kann völlig losgelöst von den Kapiteln 1 bis 9 studiert werden!

Recht bald schon werden Sie im wirtschaftswissenschaftlichen Studium mit Phänomenen konfrontiert, die sich mittels Vektoren und Matrizen, Linearen Gleichungssystemen oder Determinaten darstellen lassen. Welcher Art diese Phänomene sein können, ist in Kapitel 1 unter dem Titel „Lineare Zusammenhänge in der Wirtschaft" gezeigt. Es wird keinesfalls erwartet, daß Sie diese Probleme bereits selbst formulieren geschweige denn lösen können.

Stellen Sie einfach mit Erstaunen fest, daß man recht interessante Fragestellungen mittels Vektoren und Matrizen beschreiben kann! Gewöhnen Sie sich an die Indizierung von allgemeinen Zahlen, das Summationszeichen sowie die Vektoren- und Matrixschreibweise!

Die Kapitel 2 bis 6 sind dann Grundlagen der Linearen Algebra, angereichert um ökonomische Anwendungen. Kapitel 7 geht über die Grundlagen hinaus; der Inhalt darf jedoch in einem Grundkurs nicht fehlen, da dieser in späteren Semestern oder in der Praxis gelegentlich auch als *Nachschlagewerk Mathematik* dienen soll.

Die Inhalte von Kapitel 8 finden sich ebenfalls in allen Lehrbüchern der Wirtschaftsmathematik. Sollten Sie im Hauptstudium Produktionstheorie oder Operations Research als Spezialgebiete wählen, werden Ihnen die hier entwickelten geometrischen Vorstellungen nützen – ansonsten können Sie beim Durcharbeiten von Kapitel 8 die Zügel etwas lockern.

Kapitel 9 bereitet auf die Lineare Planungsrechnung vor, so wie sie in zahlreichen Teildisziplinen der Wirtschaftswissenschaften Anwendung findet.

Das folgende Ablaufschema zeigt also eine völlig streßfreie Variante bei der Lektüre der Studieninhalte der Kapitel 1 bis 10.

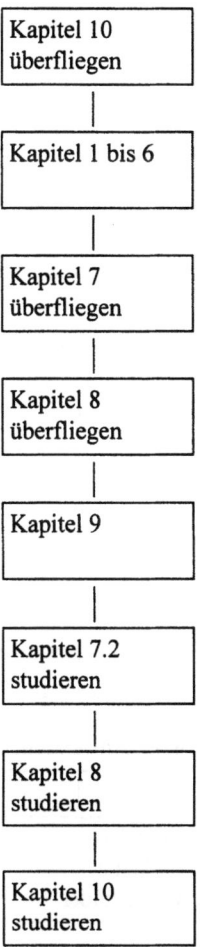

In Band 2 wird wieder der Tatsache Rechnung getragen, daß viele Studienanfänger mit den Grundlagen von reellen Funktionen, Folgen und Reihen sowie der Infinitesimalrechnung auf dem Kriegsfuß stehen. Der Inhalt von Kapitel 10 wurde bereits oben behandelt, Kapitel 11 und 12 stellen eine Zusammenfassung von Grundwissen zum Ableitungsbegriff, zu Kurvendiskussionen und zur Integralrechnung dar. Neu sind jedoch hier die ökonomischen Anwendungen, Ihnen sollten Sie Ihre besondere Aufmerksamkeit schenken.

Mit Kapitel 13 des Bandes 3 beginnt die Differentialrechnung für mehrdimensionale Funktionen und in Kapitel 14 wird nach Extrema bei solchen Funktionen gesucht. Sie dürfen getrost den theoretischen Teil von Kapitel 14 nur diagonal lesen, sollten aber den Abschnitt 14.5 über Extrema unter Nebenbedingungen intensiv bearbeiten.

Lesen Sie Kapitel 15 über Differential- und Differenzengleichungen diagonal, pikken sich jedoch die ökonomischen Anwendungen heraus und merken sich Namen und Bezugsfeld. Tun Sie gleiches mit Kapitel 16!

Streßfreies Studium der Bände 2 und 3 läuft also wie folgt ab:

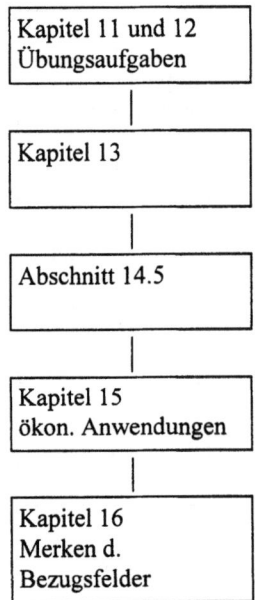

Gute mathematische Vorbildung

Für Sie gibt es zwei Varianten des Studiums der Wirtschaftsmathematik:

- Sie betrachten den Kurs als willkommene Wiederholung und Zusammenfassung Ihres Wissens. Sie lesen ihn daher ganz.

- Sie wollen schnell nur über die wirtschaftswissenschaftlichen Anwendungen informiert werden. Sollten Sie diesen Weg wählen, müssen Sie allerdings über die folgenden mathematischen Teilbereiche umfassende Kenntnisse haben.

Lineare Algebra: Vektorrechnung im R^n; Lineare (Un-) Abhängigkeit; Dimension und Basis des R^n; Hyperräume; Halbräume; Orthonormalisierung von Basen; Matrizen und ihre Grundrechenarten; Lineare Gleichungssysteme und deren Lösung mittels des Gaußschen Eliminationsverfahrens; Rang und Inverse von Matrizen; Determinanten mit Laplaceschem Entwicklungssatz und Cramerscher Regel; Definitheit von quadratischen Formen; Polyeder und Kegel; Lineare Optimierung.

Analysis: Funktionsbegriff und reelle Funktionen einer Variablen wie Polynome, trigonometrische Funktionen und Exponentialfunktionen sowie deren Eigenschaften; Differential- und Integralrechnung von Funktionen einer Variablen; Grenzwerte bei unbestimmten Ausdrücken (l'Hospital); Differentialrechnung von Funktionen mehrerer Variabler; Extrema von mehrdimensionalen Funktionen ohne und mit Nebenbedingung (Lagrange-Ansatz); klassische Lösungen von Differential- und Differenzengleichungen.

Für beide Gruppen von Studierenden, die „Wiederholer" und die „Schnellen", ist das Durchrechnen aller Übungsaufgaben unerläßlich. Ferner sollten Sie vertieft auf die folgenden wirtschaftswissenschaftlichen Anwendungen achten.

Lineare Algebra: Kapitel 1; Beispiele des Kapitels 4 zur Matrizenrechnung; Abschnitt 4.5; Beispiel 5.5.4; Abschnitt 5.9; Kapitel 9.

Analysis: Kosten-, Erlös-, Gewinn- und Nachfragefunktionen, Abschreibungen und Zinseszinsrechnung in Kapitel 10 sowie speziell Abschnitt 10.15; ökonomische Anwendungen der Differential- und Integralrechnung in Abschnitt 12.4; Änderungsraten und Elastizitäten in den Abschnitten 13.4 und 13.5; Extremwertberechnungen in der Ökonomie in 14.4; der gesamte Abschnitt 14.5 über Extrema unter Nebenbedingungen; die Beispiele 15.2.3 und 15.4.4, Abschnitt 15.7 sowie Abschnitt 15.9 in Kapitel 15; das gesamte Kapitel 16.

Wir hoffen, daß der Leitfaden Ihnen das Bearbeiten der „Wirtschaftsmathematik für Studium und Praxis" erleichtert.

Inhaltsübersicht zu Band 1

1. Lineare Zusammenhänge in der Wirtschaft

1.1 Vektoren, Matrizen und Lineare Planungsrechnung
1.2 Lineare Algebra versus Linearität in der Ökonomie

2. Der 2-dimensionale Vektorraum R^2

2.1 Grundbegriffe und Grundrechenarten im R^2
2.2 Dimension und Basis des R^2
2.3 Skalarprodukt, Gerade und Halbebene

3. Der n-dimensionale Vektorraum R^n

3.1 Grundbegriffe und Grundrechenarten im R^n
3.2 Dimension und Basis des R^n
3.3 Skalarprodukt, Hyperebene und Halbraum
3.4 Hyperräume, Unterräume
3.5 Orthonormale Basen und Orthonormalisierung

4. Matrizen

4.1 Die Matrix als lineare Abbildung
4.2 Grundbegriffe und Grundrechenarten für Matrizen
4.3 Die Matrixmultiplikation
4.4 Spezielle Matrizen
4.5 Input-Output-Analysen als ökonomische Anwendungsmöglichkeiten der Matrizenrechnung – Teil I

5. Lineare Gleichungssysteme und Matrixgleichungen

5.1 Einführung und Sprechweisen
5.2 Der Rang einer Matrix
5.3 Homogene Gleichungssysteme
5.4 Inhomogene Gleichungssysteme
5.5 Das Gaußsche Eliminationsverfahren
5.6 Pivotisieren
5.7 Definition und Eigenschaften von Matrixinversen
5.8 Die Matrixinversion mittels linearer Gleichungssysteme
5.9 Input-Output-Analysen als ökonomische Anwendungsmöglichkeiten der Matrizenrechnung – Teil II

6. Determinanten

6.1 Die 2- und die 3-reihige Determinante
6.2 Die n-reihige Determinante
6.3 Anwendungen der Determinantenrechnung

7. Eigenwerte und quadratische Formen

7.1 Eigenwerte und Eigenvektoren symmetrischer Matrizen
7.2 Quadratische Formen und ihre Definitheit
7.3 Diagonalisierung durch quadratische Ergänzung

8. Spezielle Teilmengen des R^n und ihre Eigenschaften

8.1 Der ökonomische Sachbezug
8.2 Polyeder
8.3 Kegel

9. Vorbereitung auf die Lineare Programmierung

9.1 Die Deckungsbeitragsrechnung
9.2 Basislösungen und Polyederecken
9.3 Grafische Lösung einer Planungsaufgabe

Inhaltsübersicht zu Band 3

13. Differentialrechnung für Funktionen mehrerer Variabler

13.1 Reelle Funktionen mehrerer Variabler
13.2 Partielle Ableitungen
13.3 Der Begriff des totalen Differentials
13.4 Änderungsraten und Elastizitäten
13.5 Partielle Änderungsraten und Elastizitäten

14. Extrema bei Funktionen mehrerer Variabler

14.1 Grundbegriffe
14.2 Konvexität und Konkavität
14.3 Kriterien zur Bestimmung lokaler Extrema
14.4 Ökonomische Anwendungsbeispiele
14.5 Extrema unter Nebenbedingungen

15. Differentialgleichungen und Differenzengleichungen

15.1 Grundbegriffe der Differentialgleichungen
15.2 Differentialgleichung mit getrennten Variablen
15.3 Exakte Differentialgleichung
15.4 Ähnlichkeitsdifferentialgleichung
15.5 Allgemeine lineare Differentialgleichungen
15.6 Lineare Differentialgleichungen mit konstanten Koeffizienten
15.7 Lineare Differentialgleichungen in der Ökonomie
15.8 Lineare Differenzengleichungen
15.9 Lineare Differenzengleichungen in der Ökonomie

16. Einige ökonomische Funktionen

16.1 Nachfragefunktion
16.2 Engel-Funktionen
16.3 Angebotsfunktion
16.4 Produktionsfunktion
16.5 Kostenfunktion
16.6 Logistische Funktion
16.7 Lagerkostenfunktion
16.8 Treppenfunktion
16.9 Weibull-Verteilung
16.10 Normalverteilung

Symbolverzeichnis

Mengenlehre/Logik

$x \leq y$ (bzw. $x \geq y$)	x ist kleiner (bzw. größer) oder gleich y
$x < y$ (bzw. $x > y$)	x ist echt kleiner (bzw. echt größer) y
$x = y$ (bzw. $x \neq y$)	x ist gleich (bzw. ungleich) y
$\pi \approx 3{,}14$	π ist ungefähr gleich 3,14
( )	runde Klammern bei Vektoren, Punkten, Matrizen, offenen Intervallen und geordneten Paaren
[ ]	eckige Klammern bei abgeschlossenen Intervallen
{ }	geschweifte Klammern bei Mengen
N (bzw. N_0)	Menge der natürlichen Zahlen (bzw. einschließlich der Null)
Z	Menge der ganzen Zahlen
Q	Menge der rationalen Zahlen
R (bzw. R_+)	Menge der reellen (bzw. positiven reellen) Zahlen
C	Menge der komplexen Zahlen
R^n	Menge der n-komponentigen reellen Vektoren
$x \in M$ (bzw. $x \notin M$)	x ist (bzw. ist nicht) Element von M
$\{x \mid x \in M\}$	die Menge aller x, für die $x \in M$ gilt
$\{x \in M \mid \ldots\}$	die Menge aller x aus M, für die ... gilt
$\emptyset$	leere Menge
$A \subset B$ (bzw. $A \not\subset B$)	A ist (bzw. ist keine) Teilmenge von B
$A \subsetneq B$	A ist echte Teilmenge von B
$A \cup B$	Vereinigungsmenge (oder: A vereinigt mit B)
$A \cap B$	Schnittmenge (oder: A geschnitten mit B)
$A \setminus B$	Differenzmenge (oder: A ohne B)
$A \times B$	kartesisches Produkt (oder: A kreuz B)
(a, b)	geordnetes Paar (oder auch: offenes Intervall, je nach Zusammenhang)
$p \Rightarrow q$	aus p folgt q (oder: Implikation)

$p \Leftrightarrow q$	p gilt genau dann, wenn q gilt (oder: Äquivalenz)
$p \wedge q$	p und q (oder: Konjunktion)
$p \vee q$	p oder q oder beides (oder: Disjunktion)
$\neg p$	nicht p (oder: Negation)
$j = 1,\ldots,n$	Der Index j läuft von 1 bis n
$\sum_{j=k}^{n}$	Summe über j von k bis n $\left[\text{z.B. } \sum_{j=3}^{5} a_j = a_3 + a_4 + a_5\right]$
$\prod_{j=k}^{n}$	Produkt über j von k bis n $\left[\text{z.B. } \prod_{j=3}^{5} a_j = a_3 \, a_4 \, a_5\right]$
$n!$	n-Fakultät, $n! = \prod_{j=1}^{n} j$
$U_\varepsilon(\mathbf{x})$	ε - Umgebung des Punktes $\mathbf{x}$
U_r	r - Kugel mit Radius r
$[\mathbf{x},\mathbf{y}]$ bzw. $(\mathbf{x},\mathbf{y})$	Abgeschlossenes bzw. offenes Intervall des $\mathbf{R}^n$
$[\mathbf{x},\mathbf{y}), (\mathbf{x},\mathbf{y}]$	Halboffene Intervalle des $\mathbf{R}^n$

Lineare Algebra

$\mathbf{a} = (a_1,\ldots,a_n)^T = \begin{pmatrix} a_1 \\ \vdots \\ a_n \end{pmatrix}$	Spaltenvektor $\mathbf{a} \in \mathbf{R}^n$
$\mathbf{a}^T = (a_1,\ldots,a_n)$	Zeilenvektor; der transponierte Vektor von $\mathbf{a}$ (lies: „a transponiert")
$\mathbf{a}^i = \begin{pmatrix} a^i{}_1 \\ \vdots \\ a^i{}_n \end{pmatrix}$	indizierter Spaltenvektor
$\mathbf{a}^{iT} = (a^i{}_1,\ldots,a^i{}_n)$	indizierter Zeilenvektor
$a_j, a^i{}_j$	j-te Komponente des Vektors $\mathbf{a}$ bzw. $\mathbf{a}^i$
$\mathbf{0} = (0,\ldots,0)^T$	(n-komponentiger) Nullvektor
$\mathbf{e}^i$	i-ter Einheitsvektor $\left[\text{z.B. } \mathbf{e}^2 = (0,1,0,0)^T \in \mathbf{R}^4\right]$
$\|\mathbf{a}\|$	Betrag oder Norm des Vektors $\mathbf{a}$

Symbolverzeichnis xix

$\mathbf{A} = \mathbf{A}_{m,n} = (a_{ij}) = (a_{ij})_{m,n}$ $m \times n$ - Matrix mit den Elementen
$= \begin{pmatrix} a_{11} & \cdots & a_{1n} \\ \vdots & & \vdots \\ a_{m1} & \cdots & a_{mn} \end{pmatrix}$ $a_{ij}, \; i = 1,\ldots,m, \; j = 1,\ldots,n$

bei Matrizen:

a^j	j-ter Spaltenvektor der Matrix $\mathbf{A}$
$a^{[i]}$	i-ter Zeilenvektor der Matrix $\mathbf{A}$
$\mathbf{A}_n = (a_{ij})_n$	$n \times n$ -Matrix
$\mathbf{I}, \mathbf{I}_n$	Einheitsmatrix $\left[\text{z.B. } \mathbf{I}_3 = \begin{pmatrix} 1 & 0 & 0 \\ 0 & 1 & 0 \\ 0 & 0 & 1 \end{pmatrix} \right]$
$\mathbf{0}_{m,n}, \mathbf{0}_n$	Nullmatrix $\left[\text{z.B. } \mathbf{0}_{2,3} = \begin{pmatrix} 0 & 0 & 0 \\ 0 & 0 & 0 \end{pmatrix}, \mathbf{0}_2 = \begin{pmatrix} 0 & 0 \\ 0 & 0 \end{pmatrix} \right]$
$\mathbf{A}^T$	transponierte Matrix von $\mathbf{A}$
$\mathbf{A}^{-1}$	inverse Matrix von $\mathbf{A}$
$Rg\,\mathbf{A}$	Rang von $\mathbf{A}$
$|\mathbf{A}|, \det \mathbf{A}$	Determinante von $\mathbf{A}$
$a_{ij}^{\text{alt}}, a_{ij}^{\text{neu}}$	Elemente der Matrix $\mathbf{A} = (a_{ij})$ vor bzw. nach Durchführung eines Pivotschrittes
$\mathbf{Ax} = \mathbf{b}$	Lineares Gleichungssystem mit der Koeffizientenmatrix $\mathbf{A}$, dem Variablenvektor $\mathbf{x}$ und der rechten Seite $\mathbf{b}$
$(\mathbf{A}|\mathbf{b})$	Erweiterte Koeffizentenmatrix
$\mathbf{B}$ bzw. $\mathbf{N}$	Basis(-matrix) bzw. Matrix der Nichtbasisvektoren
$\mathbf{x}_B$	Vektor der Basisvariablen
$\mathbf{x}_N$	Vektor der Nichtbasisvariablen (oder: der frei wählbaren) Variablen
$q(\mathbf{x}) = \mathbf{x}^T \mathbf{A} \mathbf{x}$	quadratische Form

Funktionen einer Variablen

$\{a_n\}_{n \in \mathbb{N}}$	Folge der reellen Zahlen $a_n, \; n \in \mathbb{N}$
D_f	Definitionsbereich einer Funktion f
W_f	Wertebereich einer Funktion f

$f: D_f \to \mathbf{R}$ oder $y = f(x), x \in D_f, D_f \subset \mathbf{R}$	Funktion definiert auf der Menge D_f mit Werten in $\mathbf{R}$
$f^{-1}(y)$	Urbildmenge von $y \in W_f$
f^{-1}	Umkehrfunktion von f
$id(x)$	Identität
$sgn\,x$	Vorzeichen- oder Signumfunktion
$\lceil x \rceil, \lfloor x \rfloor$	obere, untere Gaußsche Klammerfunktion
$|x|$	Absolut- oder Betragsfunktion
$P_n(x)$	Polynom n-ten Grades
a^x	Exponentialfunktion (zur Basis a)
e^x	natürliche Exponentialfunktion
$\log_a x$	Logarithmusfunktion (zur Basis a)
$\ln x$	natürliche Logarithmusfunktion
$\lg x$ oder $\log x$	dekadische Logarithmusfunktion
$\sin x$	Sinusfunktion
$\cos x$	Kosinusfunktion
$\tan x$	Tangensfunktion
$\cot x$	Kotangensfunktion
$\arcsin x$	Umkehrfunktion zur Sinusfunktion
$\arccos x$	Umkehrfunktion zur Kosinusfunktion
$\arctan x$	Umkehrfunktion zur Tangensfunktion
$\text{arccot}\,x$	Umkehrfunktion zur Kotangensfunktion
$\sup_{x \in A} f(x)$	Supremum von f auf A
$\inf_{x \in A} f(x)$	Infimum von f auf A
$\lim_{x \to \infty} f(x)$	Grenzwert von f für x gegen ∞
$\lim_{x \to x_0} f(x)$	Grenzwert von f für x gegen x_0
$\lim_{x \to x_0^+} f(x)$	rechtsseitiger Grenzwert

Symbolverzeichnis

Differentialrechnung für Funktionen einer Variablen

Δx — Differenz $(x - x_0)$

$\dfrac{\Delta y}{\Delta x} = \dfrac{f(x_0 + \Delta x) - f(x_0)}{\Delta x}$ — Differenzenquotient

$f', y', \dfrac{dy}{dx}, \dfrac{df}{dx}, \dfrac{df(x)}{dx}$ — Ableitung von $y = f(x)$

$f'(x_0), \dfrac{dy}{dx}\bigg|_{x=x_0}$, — Ableitung von $y = f(x)$ an der Stelle $x = x_0$

$\dfrac{df}{dx}\bigg|_{x=x_0}, \dfrac{df(x)}{dx}\bigg|_{x=x_0}$

$f_l'(x_0) \left(\text{bzw.}\ f_r'(x_0)\right)$ — linksseitige (bzw. rechtsseitige) Ableitung von f an der Stelle x_0

D_f' — Differenzierbarkeitsbereich von f

f'', y'' — 2. Ableitung von f

$f^{(k)}, y^{(k)}, \dfrac{d^k f}{dx^k}, \dfrac{d^k y}{dx^k}$ — k - te Ableitung von f

$f^{(0)} = f$ — 0 - te Ableitung von f

dy — Differential von $y = f(x)$ an einer Stelle x_0

Integralrechnung

$\int_a^b f(x) dx$ — bestimmtes Integral von f über $[a, b]$

$\int f(x) dx$ — unbestimmtes Integral von f

$F(x)\big|_a^b$ — Differenz $F(b) - F(a)$ der Stammfunktion $F(x)$

Kapitel 10
Funktionen einer Variablen

Der Inhalt dieses Kapitels ist weitgehend eine Wiederholung von Schulwissen. Die Darstellung wird daher i.a. knapp gehalten und auf eine Herleitung der Begriffe, Regeln und Sätze meist verzichtet. Stattdessen sollen Erläuterungen anhand von Beispielen Ihr Wissen auffrischen[1].

Ökonomische Zusammenhänge werden häufig mit Hilfe von *Funktionen* dargestellt. Sie sind eines der wichtigsten Instrumente für die Anwendung der Mathematik in den Wirtschaftswissenschaften. Erwähnt seien z.B. Begriffe wie Nachfragefunktion, Produktionsfunktion, Kostenfunktion, Angebotsfunktion etc..

Die hier aufgeführten Beispiele für Funktionen in der Ökonomie sind so ausgewählt, daß sie sich in den Rahmen dieses Kapitels über Funktionen *einer* Variablen einfügen. Die Beschreibung komplexer Zusammenhänge, die durch mehrere sich ändernde Faktoren gekennzeichnet sind (d.h. in denen mehrere Variablen vorkommen), muß hier also ausgeschlossen bleiben (vgl. hierzu Kapitel 13).

Die betrachteten Beispiele sind nicht als Einführung in den Themenkreis „Funktionen in der Ökonomie" zu verstehen[2]. Sie sollen vielmehr der Motivation dienen, sich mit mathematischen Funktionen und ihren Eigenschaften zu beschäftigen.

10.1 Der Funktionsbegriff

Grundlage des Funktionsbegriffes ist die Zuordnung von Größen untereinander. Eine Abbildung (oder synonym eine Funktion) ist eine eindeutige Zuordnung.

---

[1] Sofern Ihre „Wissens-Lücken" durch diese knappe Darstellung nicht geschlossen werden können, finden Sie eine ausführliche Behandlung der in diesem Kapitel vorkommenden Begriffe sowie einige Grundlagen, die wir voraussetzen, z.B. in Piehler, Sippel, Pfeiffer [1996] oder in van Briel, W. und R. Neveling [1981]. Zur eingehenden Wiederholung von mathematischen Grundlagen vgl. Merz et al. [1977/79] oder Schwarze, J. [1993].

[2] Vgl. hierzu Kapitel 16 in Band 3.

In der wirtschaftswissenschaftlichen Praxis treten Abbildungen vielfach auf. Beispiele sind etwa:

- den Erweiterungsmöglichkeiten eines Betriebsgebäudes werden die aufzubringenden Baukosten zugeordnet;

- den Produktionsmengen eines Gutes (z.B. Papier) werden die zur Herstellung verbrauchten Rohstoffmengen (z.B. Holz) zugeordnet;

- den Anzahlen der produzierten Autos eines Pkw-Herstellers werden die Anzahlen der montierten Reifen zugeordnet;

- der auf Weizenfeldern verteilten Düngemittelmenge wird der Weizenertrag des betreffenden Feldes zugeordnet.

Anhand des folgenden Beispiels erläutern wir einige grundlegende Begriffe und Bezeichnungen.

Beispiel 10.1.1

Ein Transportunternehmen für Stückgüter unterhält ein Lager, von dem aus verschiedene Firmen täglich beliefert werden. Es bezeichne X die Menge der im Lager an einem bestimmten Liefertag vorhandenen Stückgüter, und Y sei die Menge der insgesamt zu beliefernden Firmen.

Wir ordnen jedem Stückgut $x \in X$ die Firma $y \in Y$ zu, an die x (an dem bestimmten Liefertag) ausgeliefert wird. Wir beschreiben die Zuordnung mit dem Symbol $f, f: X \to Y$, und bezeichnen die dem Stückgut $x \in X$ zugeordnete Firma $y \in Y$ auch mit $f(x)$:

$$y = f(x) \quad \text{(gelesen: „}y\text{ gleich }f\text{ von }x\text{")}.$$

Es wird nicht der gesamte Lagerbestand an einem Tag ausgeliefert, daher wird nicht allen $x \in X$ ein $y \in Y$ zugeordnet, sondern nur denjenigen aus einer Teilmenge D_f von X:

$$D_f \subsetneq X.$$

Definitionsbereich
Urbild, Urbildelement
Urbildpunkt,
Argument

Die Teilmenge D_f heißt der *Definitionsbereich* von f, die Elemente von D_f nennen wir *Urbilder* (auch *Urbildelemente* oder *Urbildpunkte* oder *Argumente* von f).

10.1 Der Funktionsbegriff

Weiter nehmen wir an, daß nicht alle Firmen $y \in Y$ an dem betreffenden Tag beliefert werden, sondern nur diejenigen aus einer Teilmenge W_f von Y:

$$W_f \subsetneq Y.$$

W_f heißt der *Wertebereich* von f, die Elemente von W_f nennen wir *Bilder* (auch *Bildelemente* oder *Bildpunkte* oder *Funktionswerte* von f).

Wertebereich, Bild, Bildelement, Bildpunkt, Funktionswe.

Die Lieferadresse für jedes Stückgut ist eindeutig und damit die Zuordnung:

für jedes $x \in D_f$ gibt es *genau* ein $y \in W_f$ mit $y = f(x)$.

Es handelt sich also um eine Abbildung (oder Funktion).

Zur Veranschaulichung von Abbildungen sind u.a. *Pfeildiagramme* geeignet.

Pfeildiagramm

In Abb. 10.1.2 bezeichnen $x_1, x_2, \ldots$ die Stückgüter des Beispiels 10.1.1. (Die Elemente $x \in X$ und $y \in Y$ sind zur Unterscheidung durchnumeriert.) Dem Stückgut x_1 wird die Firma y_2 zugeordnet, dem Stückgut x_2 die Firma y_3, usw. An eine Firma werden gegebenenfalls mehrere Stückgüter ausgeliefert, z. B.

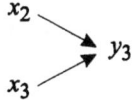

Zu dem Bild y_3 gibt es also mehr als ein Urbild, nämlich x_2 und x_3. Dies hat nichts mit der Eindeutigkeit der Zuordnung zu tun, sondern bedeutet, daß die Abbildung nicht „eineindeutig" ist; eine Eigenschaft, die wir am Ende dieses Abschnittes behandeln.

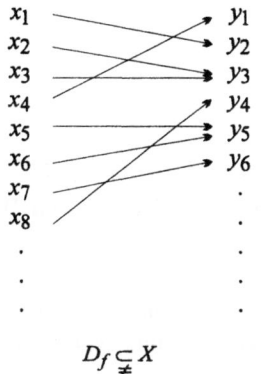

Abb. 10.1.2: Die Lieferadressen $y_1, y_2, \ldots \in W_f$ der Stückgüter $x_1, x_2, \ldots \in D_f$

Definition 10.1.3

i) Eine Zuordnung f zwischen zwei Mengen X und Y heißt **eindeutig**, wenn durch f jedem $x \in X$ höchstens ein $y \in Y$ zugeordnet wird, d.h. wenn für jedes $x \in X$ aus $y = f(x)$ und $z = f(x)$ folgt: $y = z$; $y, z \in Y$.

Abbildung
Funktion

ii) Eine eindeutige Zuordnung f heißt *Abbildung* oder *Funktion* aus X in Y. Man schreibt:

$$f: X \to Y.$$

Bemerkung 10.1.4

i) Grundsätzlich unterscheidet sich der Begriff „Abbildung" nicht vom Begriff „Funktion". Es hat sich aber eingebürgert, von „Abbildungen" zu sprechen, wenn bei Zuordnungen die Mengen X und Y beliebig sein können oder nicht näher bezeichnet sind, und den Begriff „Funktion" für eine Abbildung zwischen Zahlenmengen zu benutzen.

ii) Abbildungen oder Funktionen können auch mit den Symbolen g, h, f_1, f_2, p, q etc. bezeichnet werden. In den Wirtschaftswissenschaften wird z.B. für eine Preisfunktion i.a. das Symbol p benutzt; es kann hierfür aber auch ein anderes Symbol verwendet werden. Man muß sich in jedem Fall den sich hinter dem Symbol verbergenden Sachverhalt verdeutlichen, da Symbole nur der Abkürzung dienen und – wie erwähnt – unterschiedlich gewählt werden können.

abhängige Variable
unabhängige Variable

iii) Eine Abbildung ordnet jeweils einem Urbild $x \in X$ ein Bild $y = f(x)$ aus Y zu. y hängt von x ab, daher nennt man y auch „*die abhängige Variable*" und x „*die unabhängige Variable*".

Definition 10.1.5

Definitionsbereich
Urbild, Argument

i) Die Menge aller $x \in X$, denen durch f ein $y \in Y$ zugeordnet wird, heißt *Definitionsbereich* D_f von f. Die Elemente von D_f heißen *Urbilder* oder *Argumente*.

Bild, Funktionswert
Wertebereich

ii) Alle $y \in Y$, die mindestens ein Urbild bzgl. f besitzen, heißen *Bilder* oder *Funktionswerte*. Die Menge der Bilder ergibt den *Wertebereich* W_f.

10.1 Der Funktionsbegriff

Bemerkung 10.1.6

i) Man unterscheide: $f(x)$ ist ein Funktionswert, d.h. ein Element von W_f; f ist eine Funktion.

ii) Die Mengen X und Y sind im allgemeinen verschieden (vgl. Beispiel 10.1.1: X = Menge der Stückgüter im Lager, Y = Menge der Firmen). Bei den meisten Anwendungen treten dagegen Zuordnungen zwischen Zahlenmengen X und Y auf, beispielsweise $X \subset N$ (z. B. Stückzahlen) und

$Y \subset R$ (z.B. Kosten).

Unter *reellwertigen Funktionen* versteht man Funktionen $f: X \to Y$ mit $Y \subset R$; bei *reellen Funktionen* ist zusätzlich $X \subset R$. Wenn in diesem Kapitel der Definitions- bzw. der Wertebereich nicht näher bezeichnet ist, gehen wir stets von $D_f \subset R$ bzw. $W_f \subset R$ aus.

reellwertige Funktion, reelle Funktion

X heißt auch *Obermenge* des Definitionsbereiches D_f, Y heißt auch *Zielmenge* (oder Obermenge des Wertebereiches W_f). Der Definitions- bzw. Wertebereich kann eine echte Teilmenge von X bzw. Y sein (dies ist in Beispiel 10.1.1 der Fall), er kann aber auch mit X bzw. Y übereinstimmen (siehe Definition 10.1.7: Abbildung *von* X in Y, Abbildung *auf* Y).

Obermenge, Zielmenge

Um von einer Abbildung (oder Funktion) sprechen zu können, muß die Zuordnung eindeutig sein (vgl. Definition 10.1.3). Ist die Eindeutigkeit der Zuordnung verletzt, so liegt keine Abbildung vor, wie z.B. bei

Davon zu unterscheiden sind die sog. eineindeutigen (injektiven) Abbildungen. Eine *eineindeutige (injektive) Abbildung* ordnet jedem Bild *genau ein* Urbild zu, d.h. zu jedem Bild $y \in W_f$ gibt es genau ein Urbild $x \in D_f$. (Die Abbildung von Beispiel 10.1.1 ist nicht injektiv, da die Firma y_3 z.B. mehr als 1 Stückgut geliefert bekommt).

eineindeutige (injektive) Abbildung

Surjektive Abbildungen (Abbildungen *auf Y*) sind solche, bei denen *jedes* Element $y \in Y$ als Bild vorkommt, d.h. $W_f = Y$. (Die Abbildung von Beispiel 10.1.1 ist nicht surjektiv, da nicht alle Firmen an dem betreffenden Tag beliefert werden; dort ist $W_f \subsetneq Y$).

surjektive Abbildung

Abbildungen *von X* (in oder auf *Y*) ordnen *jedem* $x \in X$ ein Bild zu, d.h. $D_f = X$. (Die Abbildung von Beispiel 10.1.1 ist eine Abbildung *aus X* (nicht *von X*) in *Y*, da nicht alle Stückgüter des Lagers an dem betreffenden Tag ausgeliefert werden.)

bijektive Abbildung Abbildungen, die injektiv und surjektiv sind, heißen *bijektiv*. Bijektive Abbildungen sind umkehrbar, vgl. dazu Abschnitt 10.5.

Wir fassen zusammen:

Definition 10.1.7

i) *f* heißt Abbildung *von X* in oder auf *Y*, wenn jedes Element $x \in X$ Urbild eines $y \in Y$ ist, d.h. wenn *X* mit dem Definitionsbereich von *f* übereinstimmt: $D_f = X$.

surjektive Abbildung ii) *f* heißt *surjektiv* (oder Abbildung *auf Y*), wenn jedes Element $y \in Y$ als Bild eines $x \in D_f$ vorkommt, d.h. wenn *Y* mit dem Wertebereich von *f* übereinstimmt: $W_f = Y$.

injektive (eineindeutige) Abbildung iii) *f* heißt *injektiv* (oder *eineindeutig*), wenn es zu jedem $y \in Y$ höchstens ein Urbild $x \in X$ gibt, d.h. wenn aus $f(x_1) = f(x_2)$ folgt: $x_1 = x_2$.

bijektive Abbildung iv) **Eine injektive Abbildung von *X* auf *Y* heißt *bijektiv*.**

Übungsaufgabe 10.1.8

Jedem Mitarbeiter einer Unternehmung werde die Anzahl der ihm zustehenden Urlaubstage pro Jahr zugeordnet. Handelt es sich (bezogen auf ein bestimmtes Jahr) um eine Abbildung? Falls ja, ist diese Abbildung injektiv?

Übungsaufgabe 10.1.9

Überprüfen Sie die folgenden Abbildungen auf Injektivität, Surjektivität und Bijektivität:

10.1 Der Funktionsbegriff

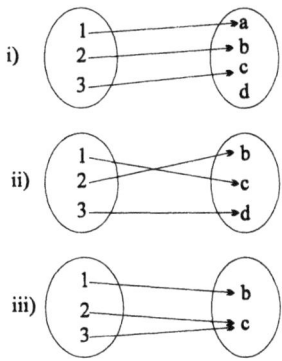

Neben der Menge *aller* Urbilder, dem Definitionsbereich D_f von f betrachtet man in manchen Fällen auch die Menge der Urbilder, die zu *einem* $y \in Y$ gehören. Diese *Urbildmenge von y* wird mit dem Symbol

Urbildmenge von y

$$f^{-1}(y)$$

bezeichnet[3]. Dabei schließen wir $f^{-1}(y) = \emptyset$ (leere Menge) für $y \in Y$ mit $y \notin W_f$ ein. Das folgende Beispiel verdeutlicht, daß sich hinter $f^{-1}(y)$ i.a. tatsächlich eine Urbildmenge (und nicht nur ein Urbild) verbirgt.

Beispiel 10.1.10

Wir ordnen jedem Monat des Jahres 1995 (gekennzeichnet durch die Zahlen 1 bis 12) die Anzahl der Tage zu, die vor dem 1. Freitag des jeweiligen Monats liegen. Um diese verbal formulierte Zuordnung zu konkretisieren, erstellen wir eine sog. *vollständige Wertetabelle*, in der zu jedem $x \in D_f = \{1, ..., 12\}$ der zugehörige Funktionswert $f(x)$ notiert ist (vgl. Tabelle 10.1.11)[4].

vollständige Wertetabelle

Tab. 10.1.11: Vollständige Wertetabelle zu Beispiel 10.1.10

x (Monat)	1	2	3	4	5	6	7	8	9	10	11	12
y	5	2	2	6	4	1	6	3	0	5	2	0

Es ist leicht zu erkennen, daß es sich hier um eine Abbildung handelt, denn jedem Monat (1 bis 12) wird eindeutig eine Zahl $y \in W_f = \{0, ..., 6\}$ zugeordnet.

---

[3] Für den Unterschied zur Umkehrabbildung f^{-1} vgl. Abschnitt 10.5.

[4] Auf den Begriff einer Wertetabelle gehen wir bei der Erörterung der graphischen Darstellung einer Funktion noch näher ein, vgl. Abschnitt 10.2.

Die Urbildmengen der Zahlen $y \in W_f$ erhält man, indem man die Tabelle „von unten nach oben" liest und z.B. zu der Zahl $y = 1$ alle zugehörigen Monate heraussucht:

$$f^{-1}(1) = \{6\}.$$

Für die übrigen $y \in W_f$ lauten die Urbildmengen $f^{-1}(y)$:

$$f^{-1}(0) = \{9, 12\}, \quad f^{-1}(2) = \{2, 3, 11\}, \quad f^{-1}(3) = \{8\},$$
$$f^{-1}(4) = \{5\}, \quad f^{-1}(5) = \{1, 10\}, \quad f^{-1}(6) = \{4, 7\}.$$

Es liegt also im September und im Dezember kein Tag vor dem 1. Freitag, im Juni liegt ein Tag vor dem 1. Freitag, usw.

Urbildmenge eines $y \in W_f$

Mit Hilfe des Symbols $f^{-1}(y)$ für die *Urbildmenge eines $y \in W_f$* lassen sich die in Definition 10.1.7 angegebenen Eigenschaften einer Abbildung folgendermaßen charakterisieren:

Eine Abbildung f ist $\begin{Bmatrix} \text{injektiv} \\ \text{surjektiv} \\ \text{bijektiv} \end{Bmatrix}$, wenn für jedes

$y \in Y$ die Menge $f^{-1}(y)$ $\begin{Bmatrix} \text{höchstens} \\ \text{mindestens} \\ \text{genau} \end{Bmatrix}$ ein Element enthält.

10.2 Analytische und graphische Darstellung von Funktionen

Eine Funktion wird festgelegt durch die Angabe des Definitionsbereiches und einer eindeutigen Zuordnungsvorschrift. Die Zuordnungsvorschrift kann verbalen Charakter haben (wie in den Beispielen 10.1.1 und 10.1.10), wobei gegebenenfalls eine Konkretisierung mit Hilfe eines Pfeildiagrammes oder einer Wertetabelle erfolgt. Überwiegend wird die Zuordnungsvorschrift aber in Gleichungsform angegeben. Beispiele hierfür sind:

$$y = f(x) = 3x + 5$$
$$y = g(x) = \frac{1}{x + 3}, \quad x \neq -3.$$

Funktionsgleichung Eine Zuordnungsvorschrift in Gleichungsform heißt *Funktionsgleichung*.

10.2 Analytische und graphische Darstellung von Funktionen

Funktionsgleichung, Wertetabelle und graphische Darstellung sind verschiedene Beschreibungsformen für eine Funktion. Anhand des folgenden Anwendungsbeispiels geben wir einen Einblick in den Zusammenhang zwischen diesen Beschreibungsformen:

Beispiel 10.2.1 (Kostenfunktion, Erlösfunktion)

Ein Artikel wird mit fixen Kosten von 200 DM und variablen Kosten von 50 DM/Stück produziert. Der Verkaufspreis beträgt 90 DM/Stück; der Erlös ergibt sich daraus durch Multiplikation des Preises mit der produzierten Menge. Die Kapazitätsgrenze (pro Monat) beträgt 10 Stück.

Wir ordnen der Anzahl x produzierter Stücke die Kosten bzw. den Erlös zu: die Kostenfunktion bezeichnen wir mit dem Symbol K (statt f) und die Erlösfunktion mit E.

Dann lauten die Funktionsgleichungen:

$y = K(x) = 200 + 50x$ (Kostenfunktion) **(10.2.01)**

$y = E(x) = 90x$ (Erlösfunktion), **(10.2.02)**

und es ist $D_K = D_E = \{0, 1, 2, ..., 10\}$ der jeweilige Definitionsbereich.

Die Funktionsgleichung (10.2.01 bzw. 10.2.02) ermöglicht es, zu jeder produzierten Stückzahl (0 bis 10) unmittelbar die zugehörigen Kosten (bzw. den Erlös) anzugeben. Dazu wird der Wert der unabhängigen Variablen x, z.B. $x = 5$, in die Funktionsgleichung eingesetzt und der zugehörige Wert der abhängigen Variablen y ($y = K(x)$ bzw. $y = E(x)$) „ausgerechnet", z. B.

$y = K(5) = 200 + 50 \cdot 5 = 450$.

Auf diese Weise kann eine Wertetabelle erstellt werden, in der die jeweiligen Kosten bzw. der Erlös aufgeführt sind.

Tab. 10.2.2: Vollständige Wertetabelle zu Beispiel 10.2.1

x	0	1	2	3	4	5	6	7	8	9	10
$K(x)$	200	250	300	350	400	450	500	550	600	650	700
$E(x)$	0	90	180	270	360	450	540	630	720	810	900

Aus den Spalten der Wertetabelle sind die *geordneten Paare* $(x, K(x))$ bzw. $(x, E(x))$ für $x \in D_K = D_E$ direkt abzulesen. Jedes dieser geordneten Paare läßt sich als Punkt $(x, K(x))^T$ bzw. $(x, E(x))^T$ des $\boldsymbol{R}^2$ auffassen, also im kartesischen

geordnete Paare

graphische Darstellung

Koordinatensystem veranschaulichen. Das entstehende Koordinatendiagramm, die sog. *graphische Darstellung* (oder der sog. Graph) ist für die Kosten- bzw. die Erlösfunktion in Abbildung 10.2.3 dargestellt[5].

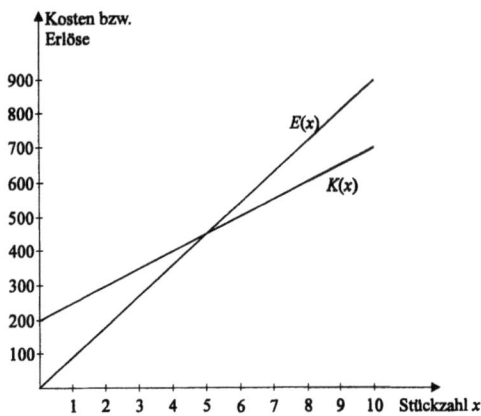

Abb. 10.2.3: Graphische Darstellung der Kosten- und der Erlösfunktion von Beispiel 10.2.1

Schnittpunkt

Gewinnschwelle

Aus der Wertetabelle (Tab. 10.2.2) geht hervor, daß die Kosten- und die Erlösfunktion von Beispiel 10.2.1 an der Stelle $x = 5$ denselben Funktionswert besitzen ($K(5) = E(5) = 450$). Aus mathematischer Sicht heißt ein solcher Punkt (im Hinblick auf die graphische Darstellung, vgl. Abb. 10.2.3) auch *Schnittpunkt*[6]. In ökonomischer Interpretation handelt es sich um die *Gewinnschwelle* („Break-Even-Point").

Sie werden in verschiedenen Büchern i.a. verschiedene Schreibweisen für Funktionen finden. Da es meist lästig ist, alle Angaben in der ausführlichen Form

$$f: D_f \to Y, \quad y = f(x) = ..., \quad x \in D_f = ... \quad (10.2.03)$$

aufzuschreiben, haben sich viele kürzere Schreibweisen eingebürgert, wie z. B.:

$$x \to 200 + 50x, \quad x \in D_f = ...$$
$$y = 200 + 50x, \quad x \in D_f = ...$$
$$y = y(x) = 200 + 50x, \quad x \in D_f = ... \; .$$

---

[5] Die Graphen der Funktionen dürften eigentlich nur aus einzelnen Punkten bestehen, da in unserem Beipiel x nur ganzzahlige Werte annehmen kann. Der besseren Anschaulichkeit halber sind die Graphen jedoch als ausgezogene Geraden gezeichnet.

[6] Mathematisch ist der Schnittpunkt zweier nicht paralleler Geraden einer Ebene die Lösung des Gleichungssystems bestehend aus deren Geradengleichungen. Ökonomisch ist dies der „Kostendeckungspunkt", d.h. jener Punkt, der das Absatzvolumen angibt, bei welchem der erzielte Umsatz die Kosten deckt.

10.2 Analytische und graphische Darstellung von Funktionen

Lassen Sie sich bitte insbesondere durch diese letzte Schreibweise nicht verwirren. Sie wird häufig benutzt, obwohl sie insofern unkorrekt ist, als zwischen dem Funktionswert y der Funktion an der Stelle x und dem Namen y (statt f) für die Funktion nicht unterschieden wird. Wir benutzen z.B.

$$f(x) = 200 + 50x, \qquad x \in D_f = \ldots ,$$

und – falls notwendig – die ausführliche Schreibweise (10.2.03).

Die bisher aufgeführten Funktionsgleichungen gehören alle zu den sog. *expliziten Funktionsgleichungen*, in denen die abhängige Variable y isoliert ist. Die rechte Seite einer expliziten Funktionsgleichung wird auch *Funktionsterm* genannt. Funktionsgleichungen, in denen die abhängige Variable nicht isoliert ist, nennt man *implizite Funktionsgleichungen*, z.B. $y^2 + 3y - 4x = 0$.

explizite Funktionsgleichung

Funktionsterm

implizite Funktionsgleichung

Übungsaufgabe 10.2.4

Es sei $X = \{1, 4, 10, 20\}$. Ordnen Sie jedem $x \in X$ wie folgt eine Zahl zu:

i) Bilde zunächst den Nachfolger[7],
addiere dann 4 und dividiere die Summe durch 2, subtrahiere 3.

ii) Dividiere x durch 2 und subtrahiere $\frac{1}{2}$.

Schreiben Sie für i) und ii) die Funktion in der Form einer vollständigen Wertetabelle auf und geben Sie eine Zuordnungsvorschrift in Gleichungsform an.

Übungsaufgabe 10.2.5

Ein Betrieb kann in einem Monat maximal 3000 Kreissägen herstellen. Dabei entstehen fixe Kosten von 100 000 DM und zusätzlich variable Kosten in Höhe von 150 DM pro Stück.

i) Geben Sie die Funktionsgleichung der Kostenfunktion an, die der Anzahl x der produzierten Kreissägen die entstehenden Kosten zuordnet.

ii) Geben Sie den Definitions- und den Wertebereich der Kostenfunktion (bezogen auf einen Monat) an.

---

[7] Als Nachfolger einer natürlichen Zahl x bezeichnet man die Zahl $x + 1$.

In Übungsaufgabe 10.2.4 sieht es zunächst so aus, als ob bei i) und ii) zwei verschiedene Funktionen f_1 und f_2 vorlägen, da zwar der Definitionsbereich derselbe ist, aber die Zuordnungsvorschriften verschieden erscheinen. Anhand der beiden (vollständigen) Wertetabellen ist aber erkennbar, daß es sich um dieselbe Funktion handelt. f_1 und f_2 sind also „gleich".

Definition 10.2.6

> **Zwei Funktionen f und g sind *gleich*, wenn $D_f = D_g$ und $f(x) = g(x)$ für alle $x \in D_f$ gilt.**

Bemerkung 10.2.7

Die Zuordnungsvorschriften von Übungsaufgabe 10.2.4 lauten in Gleichungsform:

$$f_1(x) = \frac{(x+1)+4}{2} - 3, \tag{10.2.04}$$

$$f_2(x) = \frac{x}{2} - \frac{1}{2}. \tag{10.2.05}$$

Anhand der „Gleichungskette"

$$\frac{x+1+4}{2} - 3 = \frac{x+5-6}{2} = \frac{x-1}{2} = \frac{x}{2} - \frac{1}{2}$$

äquivalente Funktionsgleichungen erkennt man die Äquivalenz der Zuordnungsvorschriften. Es handelt sich bei (10.2.04) und (10.2.05) um sog. *äquivalente Funktionsgleichungen*.

Wir führen nun einige Anmerkungen über den Definitionsbereich (bei gegebener Funktionsgleichung) auf:

i)   Im strengen mathematischen Sinn der Definition einer Funktion sind zwei Funktionen, die dieselbe Funktionsgleichung, aber verschiedene Definitionsbereiche besitzen, z.B.

$$y = 200 + 50x, \quad x \in \{0,1,2,\ldots,10\}$$
$$y = 200 + 50x, \quad x \in \{0,1,2,\ldots,100\},$$

zwei verschiedene Funktionen (vgl. Definition 10.2.6). Aus ökonomischer Sicht wird man dagegen z.B. die Kostenfunktionen bei der Produktion von zwei verschiedenen Gütern nicht lediglich aufgrund unterschiedlich hoher

10.2 Analytische und graphische Darstellung von Funktionen

Stückzahlen unterscheiden, wenn die Kosten durch dieselbe Funktionsgleichung beschrieben werden.

ii) Ist eine Funktionsgleichung vorgegeben, so kann man nach der Menge aller reellen Zahlen fragen, für die die Abbildung eindeutig bestimmte reelle Bilder besitzt, d.h. nach der Menge aller $x \in \boldsymbol{R}$, für die der zugehörige Funktionswert $f(x)$ eine reelle Zahl ist. Diesen größtmöglichen Definitionsbereich für eine Funktionsgleichung nennen wir auch *natürlichen (oder: maximalen) Definitionsbereich*.

natürlicher oder maximaler Definitionsbereich

Tab. 10.2.8: Beispiele für den natürlichen Definitionsbereich von Funktionen

Funktionsgleichung	natürlicher Definitionsbereich
$y = f(x) = x^2$	$D_f = \boldsymbol{R}$
$y = g(x) = \dfrac{1}{x}$	$D_g = \boldsymbol{R} \setminus \{0\}$
$y = h(x) = \sqrt{x}$	$D_h = [0, \infty)$

iii) Bei der Beschreibung von ökonomischen Zusammenhängen durch Funktionen ist der ökonomisch sinnvolle Definitionsbereich, d.h. der *sachbezogene Definitionsbereich*, meist kleiner als der mathematisch mögliche. So ist z.B. für die Kostenfunktion von Beispiel 10.2.1 der natürliche Definitionsbereich gleich $\boldsymbol{R}$. Aus der Sicht der ökonomischen Interpretation kann die ganzzahlige Variable x aber weder negative Werte annehmen noch die Kapazitätsgrenze von 10 (die maximal produzierbare Anzahl pro Monat) überschreiten. Der sachbezogene Definitionsbereich ist also gleich $\{0, 1, 2, ..., 10\}$.

sachbezogener Definitionsbereich

Mit der Bestimmung von Wertebereichen beschäftigen wir uns in diesem Kapitel, abgesehen von wenigen Beispielen, nicht (dazu siehe Kap. 11). Grundsätzlich kann sowohl der Definitionsbereich als auch der Wertebereich einer Funktion endlich oder unendlich viele Elemente besitzen (vgl. hierzu Übungsaufgabe 10.2.8).

Übungsaufgabe 10.2.8

i) Wie lautet der natürliche Definitionsbereich der Funktion f mit der Funktionsgleichung $f(x) = c$, $c \in \boldsymbol{R}$ (fest)?

ii) Wie lautet der Wertebereich W_f?

iii) Vergleichen Sie die Anzahlen der Elemente in D_f und W_f.

iv) Gibt es eine Funktion, deren Definitionsbereich einelementig ist und deren Wertebereich unendlich viele Elemente besitzt?

Übungsaufgabe 10.2.9

Bei der Produktion eines bestimmten Artikels betragen die fixen Kosten 18 000 DM und die variablen Kosten 16 DM/Stück. Wie hoch muß der Verkaufspreis sein, damit die Gewinnschwelle bei 2000 Stück liegt? Geben Sie die Funktionsgleichung für die Kosten- bzw. die Erlösfunktion an sowie jeweils einen sachbezogenen Definitionsbereich.

Übungsaufgabe 10.2.10

Gesucht ist die Gewinnschwelle bei einer gegebenen Kostenfunktion $K(x) = -2x^2 + 65x + 300$ und einem Verkaufspreis von 15 DM/Stück.

graphische Darstellung

Die *graphische Darstellung* einer Funktion verdeutlicht ihren „Verlauf", über den unmittelbar aus der Funktionsgleichung i.a. nur wenig herauszulesen ist. Unter der graphischen Darstellung (oder dem Graphen) einer Funktion f versteht man die Menge aller Punkte $(x, f(x))^T$ in der Ebene, $x \in D_f$. Beispiele für Graphen von Funktionen sind in Abb. 10.2.12 zusammengestellt. Die Zahlen $x \in D_f$ mit $f(x) = 0$

Nullstellen

heißen die *Nullstellen* von f. Sie stellen die Schnittpunkte (bzw. Berührungspunkte) des Graphen von f mit der x-Achse dar. Die Nullstellen der Parabel $f(x) = x^2 - 1$ in Abbildung 10.2.12 sind z. B. $x_1 = -1$ und $x_2 = 1$. Die Nullstelle der Betragsfunktion ist $x_0 = 0$.

Bemerkung 10.2.11

i) Anhand des Graphen einer Funktion sind auch Aussagen über ihren Wertebereich möglich. Für die Betragsfunktion[8] und die Normalparabel gilt:

$W = \{y \in R \mid y \geq 0\}$, da die Graphen nur oberhalb der waagerechten Achse verlaufen (bzw. sie an der Stelle 0 berühren).

---

[8] vgl. auch Abschnitt 10.6

10.2 Analytische und graphische Darstellung von Funktionen

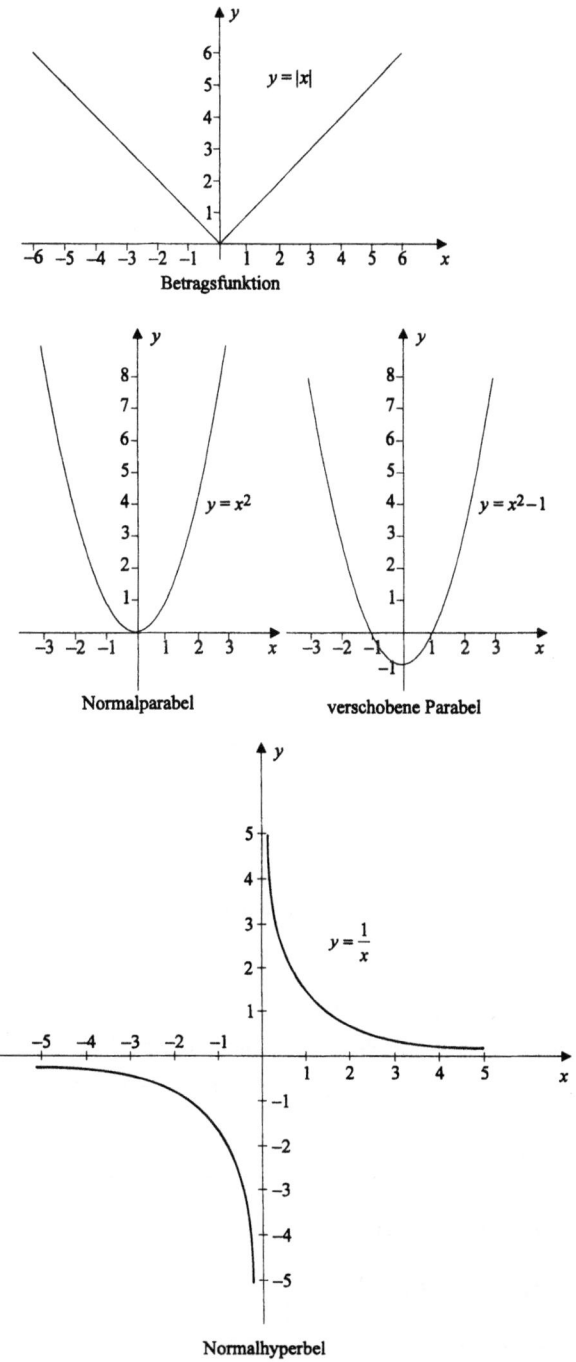

Abb. 10.2.12: Beispiele für Graphen von Funktionen

Für die Hyperbel $y = \dfrac{1}{x}$ gilt: $W = \{y \in R \mid y \neq 0\}$, da die Äste der Hyperbel die x-Achse (und wegen $0 \notin D$ auch die y-Achse) nicht erreichen.

ii) Der auf den Achsen aufzutragende Maßstab muß der darzustellenden Funktion angepaßt werden. Für die Kostenfunktion von Übungsaufgabe 10.2.9 würde man z.B. eine Unterteilung der x-Achse in 1000-er Schritten und der y-Achse in 10000-er Schritten wählen.

Wertetabelle mit ausgewählten Werten

Um den Graphen einer Funktion skizzieren zu können, erstellt man eine *Wertetabelle mit ausgewählten Werten* für die Funktion, in der zu (ausgewählten) Werten von $x \in D_f$ die zugehörigen Funktionswerte $f(x)$ notiert werden[9]. Dabei bevorzugt man ganzzahlige Werte für x, da für sie i.a. die Funktionswerte leichter auszurechnen sind (vgl. Tabelle 10.2.13).

Tabelle 10.2.13: Wertetabelle mit ausgewählten Werten für $f(x) = x^2$, $D_f = R$

x	0	$\frac{1}{2}$	1	$-\frac{1}{2}$	-1	2	-2
$f(x)$	0	$\frac{1}{4}$	1	$\frac{1}{4}$	1	4	4

Werden die in der Wertetabelle aufgelisteten Punkte $(x, f(x))^T$ in ein (kartesisches) Koordinatensystem, dessen Achsen mit x bzw. $f(x)$ beschriftet sind, eingetragen, so kann durch Verbinden der Punkte der ungefähre Verlauf der Funktion skizziert werden[10]. Die Skizze wird dabei um so genauer, je mehr Punkte $(x, f(x))^T$ anhand der Funktionsgleichung ausgerechnet und eingetragen werden.

Mit den bisher in diesem Kapitel vermittelten Kenntnissen können Sie einen Graphen nun anhand einer Wertetabelle skizzieren; in Kapitel 11 werden Sie unter dem Begriff „Kurvendiskussion" eine Systematik hierfür kennenlernen.

Übungsaufgabe 10.2.14

Zeichnen Sie den Graphen der Funktion f mit

$$f(x) = ax, \qquad x \in D_f = R$$

---

[9] Nur bei Funktionen, deren Definitionsbereich aus wenigen Elementen besteht, können vollständige Wertetabellen angegeben werden, die alle Elemente des Definitionsbereiches und die zugehörigen Funktionswerte enthalten; vgl. Beispiele 10.1.10 und 10.2.1.

[10] Es ist üblich, die waagerechte Achse mit x und die senkrechte Achse mit $f(x)$ (oder y) zu beschriften; es gibt aber Ausnahmen hiervon.

für jeweils:

$$a = -\frac{1}{2}, \quad a = -10, \quad a = 1, \quad a = \frac{1}{2}.$$

Übungsaufgabe 10.2.15

Welche der Punkte

$$\mathbf{p}^1 = (0,0)^T, \quad \mathbf{p}^2 = (-1,3)^T, \quad \mathbf{p}^3 = \left(\frac{1}{2}, 7\right)^T, \quad \mathbf{p}^4 = (1,5)^T$$

gehören zum Graphen der Funktion f mit

$$y = f(x) = 2x^3 + 7x^2 - 3x \ ?$$

Müssen Sie zur Lösung dieser Aufgabe den Graphen zeichnen?

Übungsaufgabe 10.2.16

Handelt es sich bei den Koordinatendiagrammen von Abb. 10.2.17 um Graphen von Funktionen?

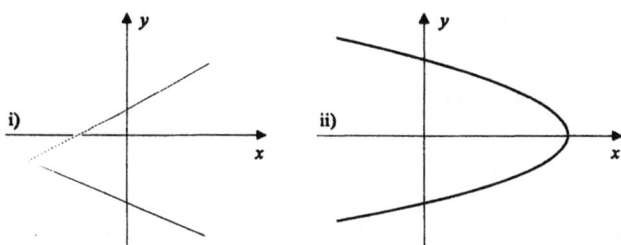

Abb. 10.2.17: Koordinatendiagramme zu Übungsaufgabe 10.2.16

Übungsaufgabe 10.2.18

Sind die folgenden Aussagen richtig oder falsch?

i) Nach Definition einer Funktion kann jede Parallele zur y-Achse mit dem Graphen einer Funktion höchstens einen Schnittpunkt gemeinsam haben.

ii) Eine Parallele zur x-Achse kann nicht der Graph einer Funktion sein.

Die verschiedenen Graphen in Übungsaufgabe 10.2.14 zeigen, wie sich die Lage der Geraden im Koordinatensystem in Abhängigkeit vom Wert für a ändert. Will man die Funktionen für die verschiedenen Werte von a voneinander unterscheiden, so schreibt man auch

$$f(x,a) = ax.$$

Parameter In diesem Zusammenhang heißt $a \in R$ ein *Parameter*. Man beachte, daß man für jeden (festen) Parameterwert a stets eine neue Funktion (in der Variablen x) erhält.

Durch die Einführung von Parametern können sich ändernde Faktoren berücksichtigt werden, die sich nicht auf den formelmäßigen Charakter einer Abhängigkeit beziehen. Wir erläutern dies an einer möglichen Funktionsgleichung für eine Kostenfunktion:

$$y = K(x) = ax^2 + bx + c.$$

Hier sind a, b und c Parameter (reelle Zahlen), die z.B. die Variation von verschiedenen Kosteneinflußfaktoren beschreiben. Der grundsätzliche formelmäßige Charakter (x^2 und x in der rechten Seite der Funktionsgleichung) ändert sich nicht, wenn für die Parameter a, b und c verschiedene Zahlen eingesetzt werden. Auf diese Weise lassen sich Kostenfunktionen für verschiedene Zeiträume beschreiben.

abschnittsweise Definition Es bleibt noch die sog. *abschnittsweise Definition* von Funktionen zu erwähnen: wir haben z.B. bei der Betragsfunktion $f(x) = |x|$ (vgl. Abb. 10.2.12) die Funktionsgleichung auch in der Form

$$f(x) = \begin{cases} x & \text{für } x \geq 0 \\ -x & \text{für } x < 0 \end{cases}$$

abschnittsweise definiert aufgeschrieben. Derartige Funktionen nennt man *abschnittsweise definiert* (hier für die „Abschnitte" $x \geq 0$ bzw. $x < 0$).

Grundsätzlich können bei der abschnittsweisen Definition die „Abschnitte", d.h. die Intervalle, beliebig sein. Aufgrund der Eindeutigkeit der Zuordnung darf der „Anschlußstelle" $x \in R$ nur ein Funktionswert zugeordnet werden; in der graphischen Darstellung wird dies meist durch einen Punkt gekennzeichnet (vgl. Abb. 10.2.20).

Beispiel 10.2.19

Die monatlichen Gebühren für einen Telefonanschluß setzen sich zusammen aus den (festen) Grundgebühren von DM 27,- und den (variablen) Gebühren von DM 0,23 pro (Gebühren-)Zeiteinheit. (Wir lassen einen gewissen Freibetrag der Post sowie Variationen in den Zeiteinheiten und gebührenpflichtige Zusatzeinrichtungen hier unberücksichtigt.) Die monatlich zu zahlenden Beträge y hängen also von der Zeit x ab, die „vertelefoniert" wurde, wobei nach Ablauf einer Zeiteinheit die Gebühren sprunghaft um DM 0,23 steigen (vgl. Abb. 10.2.20).

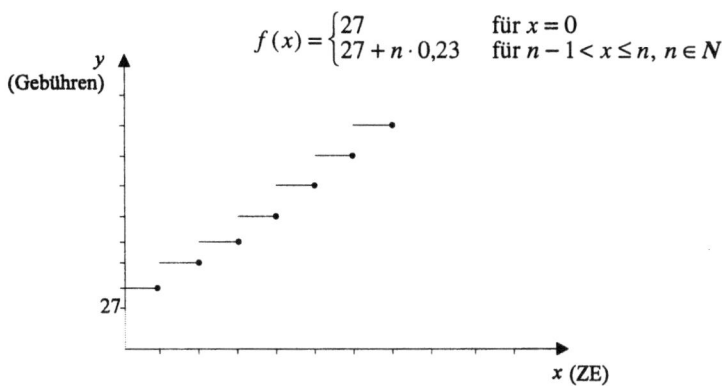

$$f(x) = \begin{cases} 27 & \text{für } x = 0 \\ 27 + n \cdot 0{,}23 & \text{für } n-1 < x \leq n,\ n \in N \end{cases}$$

Abb. 10.2.20: Monatliche Gebühren für einen Telefonanschluß

Übungsaufgabe 10.2.21

Bei einer Schadensversicherung werden 10 % Selbstbeteiligung, höchstens jedoch 1000 DM vereinbart. Geben Sie die Funktionsgleichung, die die Abhängigkeit der Selbstbeteiligung von der Schadenssumme beschreibt, in abschnittsweise definierter Form an und skizzieren Sie den zugehörigen Graphen.

10.3 Verknüpfung von Funktionen

Sind f und g zwei Funktionen mit den Definitionsbereichen D_f bzw. D_g, dann ist es naheliegend, daß man unter $f + g$ die Funktion versteht, die jedem $x \in D_f \cap D_g$ den Wert $f(x) + g(x)$ zuordnet. Analog definiert man $f - g$, $f \cdot g$ und $\dfrac{f}{g}$, wobei $\dfrac{f}{g}$ nur für diejenigen $x \in D_f \cap D_g$ mit $g(x) \neq 0$ erklärt ist.

Beispiel 10.3.1

Mit $f(x) = x^3$, $D_f = R$ und $g(x) = \dfrac{1}{\sqrt{x-2}}$, $D_g = (2, \infty)$ gilt:

$$(f+g)(x) = x^3 + \frac{1}{\sqrt{x-2}}, \quad D_{f+g} = (2, \infty),$$

$$(f-g)(x) = x^3 + \frac{1}{\sqrt{x-2}}, \quad D_{f-g} = (2, \infty),$$

$$(f \cdot g)(x) = \frac{x^3}{\sqrt{x-2}}, \quad D_{f \cdot g} = (2, \infty),$$

$$\left(\frac{f}{g}\right)(x) = x^3 \cdot \sqrt{x-2}, \quad D_{\frac{f}{g}} = (2, \infty).$$

kommutative Addition und Multiplikation

Die Addition und die Multiplikation von Funktionen sind *kommutativ*, d.h. es ist $f + g = g + f$ und $f \cdot g = g \cdot f$, wegen derselben Eigenschaft dieser Operationen in den reellen Zahlen.

Die Möglichkeit, Funktionen durch Addition, Multiplikation usw. verknüpfen zu können, ist nicht nur nützlich im Hinblick auf mathematische Untersuchungen z.B. bei Stetigkeits- und Differenzierbarkeitseigenschaften. Sie findet auch Eingang in die ökonomische Anwendung:

Beispiel 10.3.2 (Gewinnfunktion, Durchschnittskosten)

Die Differenz zwischen der Erlösfunktion und der Kostenfunktion bezeichnet man als Gewinnfunktion. Für das Beispiel 10.2.1 ergibt sich als Gewinnfunktion

$$G(x) = E(x) - K(x).$$

Stückkosten Durchschnittskosten

Dividiert man die bei der Produktion von x Artikeln anfallenden Kosten $K(x)$ durch x, so ergeben sich die sog. *Stückkosten* oder *Durchschnittskosten*:

$$D(x) = \frac{K(x)}{x}.$$

Zu Beispiel 10.2.1 lautet die Durchschnittskostenfunktion:

$$D(x) = \frac{K(x)}{x} = \frac{200 + 50x}{x}, \quad x \in \{1, 2, ..., 10\}.$$

Formal entsteht die Durchschnittskostenfunktion D durch Division der Kostenfunktion K durch die Identität id[11]:

$$D = \frac{K}{id}.$$

Man kann Funktionen noch auf eine weitere Art miteinander verknüpfen: Ist $W_g \subset D_f$, dann versteht man unter $f \circ g: D_g \to \mathbf{R}$ die Funktion, die jedem $x \in D_g$ den Wert $f(g(x))$ zuordnet; man bestimmt also zunächst $y = g(x)$ und wendet dann darauf f

---

[11] Die *Identität* ist die Funktion $id: \mathbf{R} \to \mathbf{R}, y = id(x) = x$.

10.3 Verknüpfung von Funktionen

an, was wegen der Voraussetzung $W_g \subset D_f$ möglich ist. Für die Funktionen aus Beispiel 10.3.1 erhält man z.B.

$$(f \circ g)(x) = f(g(x)) = (g(x))^3 = \left(\frac{1}{\sqrt{x-2}}\right)^3 = \frac{1}{(\sqrt{x-2})^3}, \quad D_{f \circ g} = (2, \infty).$$

Die Funktion $f \circ g$ heißt die aus f und g *zusammengesetzte Funktion*. Man spricht auch von der *Hintereinanderschaltung* oder *Verkettung* der Funktionen f und g.

zusammengesetzte Funktion, Hintereinanderschaltung, Verkettung

Auch diese Verknüpfungsweise von Funktionen findet Anwendung in der Ökonomie. Wir zeigen dies anhand des folgenden Beispiels auf:

Beispiel 10.3.3

Einem Versorgungsunternehmen, das eine Großstadt mit Gas versorgt und monatlich y m³ Gas absetzt, entstehen zugehörige Gesamtkosten gemäß

$$K(y) = a\sqrt{y} + b,$$

wobei wir die Größen $a, b \in R$ hier nicht näher spezifizieren wollen. Die abgegebene Gasmenge y hängt u.a. von der Anzahl x der angeschlossenen Haushalte ab. Diese Abhängigkeit werde durch

$$g(x) = cx + d$$

(mit $c, d \in R$) beschrieben.

Die Kosten hängen somit von der abgegebenen Gasmenge und diese wiederum von der Anzahl der angeschlossenen Haushalte ab. Als Funktion von der Anzahl der angeschlossenen Haushalte lassen sich die Kosten dann in der Form

$$(K \circ g)(x) = K(g(x)) = a\sqrt{cx+d} + b$$

angeben.

Bei der Hintereinanderschaltung (Verkettung) von Funktionen ist die Reihenfolge zu beachten:

i) Es kann aufgrund der ökonomischen Bedeutung der Größen unsinnig sein, die Reihenfolge der Verkettung zu vertauschen. So gibt es in Beispiel 10.3.3 offensichtlich keinen Sinn, zunächst die Anzahl der Haushalte in die Kostenfunktion einzusetzen und anschließend die abgegebene Gasmenge in Abhängigkeit von diesen Kosten auszurechnen. Die Verkettung $g \circ K$ in Beispiel 10.3.3 ist also nicht erklärt.

ii) Eine Verkettung $f \circ g$ ist nur erklärt, sofern $W_g \subset D_f$ ist. Entsprechend ist eine Verkettung $g \circ f$ nur möglich, falls $W_f \subset D_g$ ist. Es kann also aufgrund der Definitions- und Wertebereiche zweier Funktionen f und g zwar $f \circ g$ aber $g \circ f$ nicht erklärt sein. Wir geben hierfür ein Beispiel:

$$f(x) = 1 - x^2, \quad D_f = \mathbf{R}, \quad W_f = (-\infty, 1]$$
$$g(x) = \sqrt{x}, \quad D_g = [0, \infty), \quad W_g = [0, \infty).$$

- Wegen $W_g \subset D_f$ ist $f \circ g$ definiert:

$$(f \circ g)(x) = f(g(x)) = f(\sqrt{x}) = 1 - (\sqrt{x})^2 = 1 - x, \quad x \in D_{f \circ g} = [0, \infty).$$

- Wegen $W_f \not\subset D_g$ ist $g \circ f$ nicht definiert. Dies erkennt man auch, wenn man formal die zu $g \circ f$ gehörige Funktionsgleichung bildet:

$$(g \circ f)(x) = g(f(x)) = g(1 - x^2) = \sqrt{1 - x^2}.$$

Diese Funktionsgleichung liefert nur reelle Funktionswerte für $x \in [-1, 1]$, nicht aber für alle $x \in \mathbf{R}$.

iii) Selbst wenn mit $W_g \subset D_f$ auch $W_f \subset D_g$ gilt, erhält man bei der Verkettung $f \circ g$ bzw. $g \circ f$ (abgesehen von Spezialfällen) unterschiedliche Ergebnisse. Ändert man z.B. die Definitionsbereiche für die unter ii) betrachteten Funktionen f und g ab in $D_f = D_g = [0, 1]$, so ergibt sich: $W_f = W_g = [0, 1]$ und damit $W_g = D_f$ und $W_f = D_g$. Sowohl $f \circ g$ als auch $g \circ f$ sind dann erklärt, aber es gilt (vgl. oben): $(f \circ g)(x) = 1 - x$, was mit $(g \circ f)(x) = \sqrt{1 - x^2}$ offenbar nicht übereinstimmt.

nicht kommutative Hintereinanderschaltung (Verkettung)

Im Gegensatz zur sog. algebraischen Verknüpfung von Funktionen (Addition, Subtraktion. Multiplikation, Division) ist die Hintereinanderschaltung (Verkettung) von Funktionen also *nicht kommutativ*.

Übungsaufgabe 10.3.4

Prüfen Sie, ob die Funktionen

$$(g \circ f)(x) = g(f(x)) \text{ und}$$
$$(f \circ g)(x) = f(g(x))$$

definiert sind, und bestimmen Sie gegebenenfalls die Funktionsgleichungen:

i) $f: \mathbf{R} \to \mathbf{R}, \quad y = f(x) = \frac{1}{2}x, \quad x \in D_f = \mathbf{R},$

$g: \mathbf{R} \to \mathbf{R}, \quad y = g(x) = 7x^3 - \frac{1}{2}, \quad x \in D_g = \mathbf{R}.$

ii) $f: [1, 10] \to [3, 21], \quad y = f(x) = 2x + 1,$

$g: [3, 21] \to [1, 10], \quad y = g(x) = \frac{1}{2}(x - 1).$

10.4 Monotonie, Beschränktheit und Symmetrie

Eine in den Anwendungen häufig anzutreffende Eigenschaft von Funktionen ist die Monotonie, z.B. sind Kostenfunktionen i.a. monoton steigend (monoton wachsend), Nachfragefunktionen (in Abhängigkeit vom Preis) i.a. monoton fallend.

Beispiel 10.4.1 (Nachfragefunktion)

Bei den sog. Nachfragefunktionen wird die nachgefragte Menge y eines Gutes in Abhängigkeit vom Preis x betrachtet[12]. (Dabei wird für die übrigen die Nachfrage beeinflussenden Faktoren wie z.B. Einkommen, Preis anderer Güter, etc. Angenommen, daß sie für den betrachteten Zeitraum konstant sind.) Die genaue Form einer Nachfragefunktion ist meist unbekannt, man kann aber qualitative Aussagen der folgenden Art machen:

- die nachgefragte Menge nimmt mit steigendem Preis ab,
- es gibt einen Preis, bei dem die Nachfrage gleich Null ist,
- auch beim Preis Null bleibt die nachgefragte Menge beschränkt,
- kleinen Preisänderungen entsprechen i.a. kleine Änderungen in der nachgefragten Menge (d.h. es treten keine sprunghaften Änderungen auf).

Ein Beispiel für eine Nachfragefunktion, die diesen qualitativen Aussagen gerecht wird, ist in Abb. 10.4.2 dargestellt.

---

[12] In der Fachliteratur findet sich meistens die Bezeichnung x für die nachgefragte Menge und p für den Preis. Wir wählen hier y bzw. x (statt p), um konsistent mit den Bezeichnungen in diesem Kapitel zu bleiben (x ist die unabhängige Variable, y die abhängige Variable).

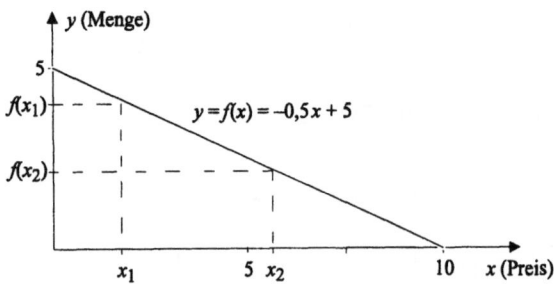

Abb. 10.4.2: Graphische Darstellung einer Nachfragefunktion

Die Nachfrage ist eine auf [0, 10] streng monoton fallende Funktion des Preises, d.h. sind $x_1, x_2 \in [0, 10]$ zwei Preise mit $x_1 < x_2$, so gilt für die Nachfrage: $f(x_1) > f(x_2)$ (vgl. Abb. 10.4.2).

Es entspricht unserer Anschauung, von einer monoton steigenden oder fallenden Funktion zu sprechen, wenn der Graph der Funktion (von links nach rechts gelesen) steigt oder fällt. Die im folgenden definierten Monotoniebedingungen sind mit dieser Anschauung verträglich.

Es ist unmittelbar klar, daß bei Graphen, die keine Geraden sind, der Graph der Funktion je nach Teilintervall steigen, fallen oder waagerecht[13] verlaufen kann. Monotonie bei Funktionen muß daher bzgl. einer Teilmenge A des Definitionsbereiches definiert werden.

Definition 10.4.3

Eine Funktion $f: D_f \to R$ heißt auf der Menge $A \subseteq D_f$

streng monoton steigend
    i)   *streng monoton steigend*, **wenn für alle**
           $x_1, x_2 \in A$ **gilt: Aus** $x_2 > x_1$ **folgt** $f(x_2) > f(x_1)$,

streng monoton fallend
    ii)   *streng monoton fallend*, **wenn für alle**
           $x_1, x_2 \in A$ **gilt: Aus** $x_2 > x_1$ **folgt** $f(x_2) < f(x_1)$,

monoton steigend
    iii) *monoton steigend*, **wenn für alle**
           $x_1, x_2 \in A$ **gilt: Aus** $x_2 > x_1$ **folgt** $f(x_2) \geq f(x_1)$,

monoton fallend
    iv) *monoton fallend*, **wenn für alle**
           $x_1, x_2 \in A$ **gilt: Aus** $x_2 > x_1$ **folgt** $f(x_2) \leq f(x_1)$.

---

[13] Bei senkrechtem Verlauf handelt es sich nicht um den Graphen einer Funktion.

10.4 Monotonie, Beschränktheit und Symmetrie

Zum Nachweis der Monotonie einer Funktion ist die vorstehende Definition in manchen Fällen „unhandlich". Man kann auch mit Hilfe der Ableitung einer Funktion auf Monotonie schließen (vgl. Kapitel 11).

Übungsaufgabe 10.4.4

Zeigen Sie:

Die Funktion f mit der Funktionsgleichung $y = f(x) = \dfrac{1}{x}$ ist auf $A = \{x | x > 0\}$ streng monoton fallend.

Übungsaufgabe 10.4.5

Ist die Funktion von Übungsaufgabe 10.2.21 auf [0, 10000] bzw. [0, 20000] jeweils streng monoton steigend?

Übungsaufgabe 10.4.6

Sind die folgenden Aussagen richtig?

i) Jede auf einer Menge $A \subset D_f$ streng monoton steigende Funktion ist auf A monoton steigend.

ii) Es gibt keine streng monoton fallende Funktion, die auch monoton fällt.

iii) Es gibt Funktionen, die sowohl monoton fallen als auch monoton steigen.

iv) Es gibt Funktionen, die auf derselben Menge $A \subset D_f$ sowohl streng monoton fallen als auch streng monoton steigen.

Wir betrachten nochmals die Nachfragefunktion aus Beispiel 10.4.1:

$$f(x) = -\frac{1}{2}x + 5, \quad x \in [0, 10].$$

Da f streng monoton fällt, gilt:

- $f(0) = 5$ ist der größte vorkommende Funktionswert und
- $f(10) = 0$ ist der kleinste vorkommende Funktionswert,
- alle übrigen Funktionswerte liegen dazwischen:

$$0 \leq f(x) \leq 5, \quad x \in [0, 10].$$

Wir können also für die Funktionswerte von f (für $x \in [0,10]$) Schranken angeben:

0 ist eine untere Schranke,
5 ist eine obere Schranke.

Da mit $0 \leq f(x) \leq 5$ aber auch $a \leq f(x) \leq b$ für alle $a \leq 0$ und alle $b \geq 5$ gilt, erhalten wir also beliebig viele untere und obere Schranken für f (bzgl. $D_f = [0,10]$).

Definition 10.4.7

Eine Funktion $f: D_f \to R$ heißt auf $A \subset D_f$

obere Schranke

i) *nach oben beschränkt*, wenn es eine **Zahl** $S \in R$ gibt, so daß $f(x) \leq S$ für alle $x \in A$ gilt, wobei S eine *obere Schranke* von f auf A genannt wird,

untere Schranke

ii) *nach unten beschränkt*, wenn es eine **Zahl** $s \in R$ gibt, so daß $s \leq f(x)$ für alle $x \in A$ gilt, wobei s eine *untere Schranke* von f auf A genannt wird,

beschränkte Funktion

iii) *beschränkt*, wenn sie nach oben und nach unten beschränkt ist, d.h. wenn es eine **Zahl** $\sigma \in R$, $\sigma \geq 0$ gibt, so daß für alle $x \in A$ gilt: $|f(x)| \leq \sigma$.

unbeschränkte Funktion

Gibt es keine untere *oder* keine obere Schranke für f, so heißt f unbeschränkt.

Betrachten wir die Kostenfunktion von Beispiel 10.2.1 mit $K(x) = 200 + 50x$ auf dem Intervall $[0, \infty)$, so ist K offensichtlich nach unten (durch 200) beschränkt. Wir können aber keine obere Schranke angeben; d.h. K ist auf $[0, \infty)$ nicht nach oben beschränkt (K ist unbeschränkt).

Die kleinste obere Schranke und die größte untere Schranke einer Funktion haben spezielle Namen, die wir in der folgenden Definition einführen.

Definition 10.4.8

Supremum

Die kleinste obere Schranke von f auf $A \subset D_f$ heißt *Supremum* von f auf A (Abk.: $\sup\limits_{x \in A} f(x)$),

Infimum

die größte untere Schranke von f auf $A \subset D_f$ heißt *Infimum* von f auf A (Abk.: $\inf\limits_{x \in A} f(x)$).

10.4 Monotonie, Beschränktheit und Symmetrie

Für die Kostenfunktion von Beispiel 10.2.1 gilt also für $A = \{0, 1, 2, ..., 10\}$:

$\sup\limits_{x \in A} f(x) = 700$ und $\inf\limits_{x \in A} f(x) = 200$.

Bemerkung 10.4.9

Das Supremum bzw. das Infimum einer Funktion muß nicht unbedingt ein tatsächlich vorkommender Funktionswert sein, z.B. gilt für

$$f(x) = \frac{1}{x}, x \in A = (0, \infty): \quad \inf\limits_{x \in A} f(x) = 0 \notin W_f,$$

(das Supremum für diese Funktion existiert nicht; sie ist nach oben unbeschränkt).

Übungsaufgabe 10.4.10

Untersuchen Sie das Monotonieverhalten der folgenden Funktionen auf den jeweils angegebenen Mengen $A \subset D_f$. Untersuchen Sie weiter, ob die Funktionen dort beschränkt bzw. nach oben oder nach unten beschränkt sind, und geben Sie gegebenenfalls $\sup\limits_{x \in A} f(x)$ und $\inf\limits_{x \in A} f(x)$ an:

i) $f: D_f \to \mathbf{R}, \; y = f(x) = 3x + 7, x \in A = [0, 1]$,

ii) $f: D_f \to \mathbf{R}, \; y = 3x + 7, x \in A = D_f = \mathbf{R}$.

iii) $f: D_f \to \mathbf{R}, \; y = \sqrt{x}, x \in A = D_f = \mathbf{R}_+$.

Die obigen Begriffe der Monotonie und Beschränktheit machen grundsätzliche Aussagen über den qualitativen Verlauf einer Funktion f. In diesem Zusammenhang ist auch die Frage von Interesse, ob der Funktionsgraph gewissen Symmetrieeigenschaften genügt. Dabei unterscheidet man zwischen

i) Achsensymmetrie bzgl. der y-Achse und

ii) Rotationssymmetrie bzgl. des Koordinatenursprungs $(0,0)^T$.

Im ersten Fall erhält man den „positiven Teil" des Funktionsgraphen von f, also die Punktmenge $\{(x, f(x))^T \mid x \in D_f, x \geq 0\}$, indem man den „negativen Teil" $\{(x, f(x))^T \mid x \in D_f, x \leq 0\}$ an der y-Achse spiegelt (vgl. Abb. 10.4.11). Die Eigenschaft i) ist offenbar gleichwertig mit der Bedingung

$f(-x) = f(x)$ für alle $x \in D_f$.

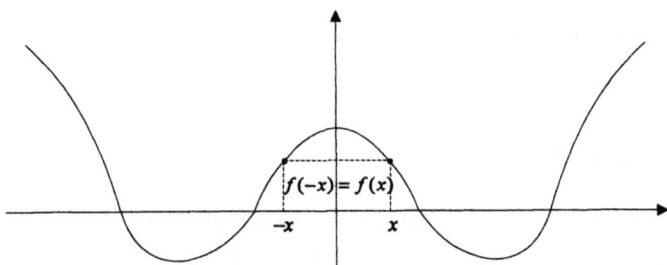

Abb. 10.4.11: Bzgl. der y-Achse symmetrische Funktion

Die Eigenschaft ii) besagt dagegen, daß der Graph von f durch eine 180°-Drehung der Ebene um den Punkt $(0,0)^T$ mit sich selbst zur Deckung gebracht wird (vgl. Abb. 10.4.12). Äquivalent hierzu ist die Bedingung

$$f(-x) = -f(x) \quad \text{für alle } x \in D_f.$$

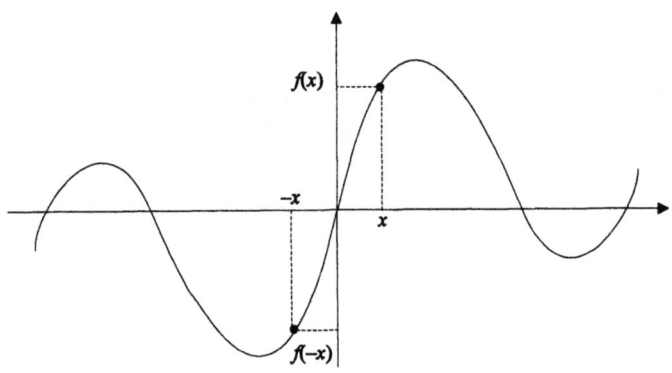

Abb. 10.4.12: Bzgl. des Koordinatenursprungs symmetrische Funktion

Die Überlegungen sind in der folgenden Definition zusammengefaßt.

Definition 10.4.13

achsensymmetrisch i) **Eine Funktion f heißt *achsensymmetrisch* bzgl. der y-Achse, wenn**

$$f(-x) = f(x) \tag{10.4.01}$$

für alle $x \in D_f$ gilt.

rotationssymmetrisch ii) **Eine Funktion f heißt *rotationssymmetrisch* bzgl. des Koordinatenursprungs, wenn**

$$f(-x) = -f(x) \tag{10.4.02}$$

für alle $x \in D_f$ gilt.

Beispiel 10.4.14

i) Eine Funktion der Form

$$f(x) = x^{2n}$$

($n \in N$) ist achsensymmetrisch bzgl. der y-Achse, da

$$f(-x) = (-x)^{2n} = x^{2n} = f(x)$$

gilt.

ii) Eine Funktion der Form

$$f(x) = x^{2n-1}$$

($n \in N$) ist rotationssymmetrisch bzgl. des Koordinatenursprungs, da

$$f(-x) = (-x)^{2n-1} = -x^{2n-1} = -f(x)$$

gilt.

Die Funktion $f(x) = x^n$ erfüllt also die Bedingung (10.4.01), wenn n gerade ist, und genügt (10.4.02), wenn n ungerade ist. Motiviert dadurch nennt man eine beliebige Funktion f auch eine *gerade Funktion*, wenn (10.4.01) erfüllt ist bzw.

eine *ungerade Funktion*, wenn (10.4.02) erfüllt ist. *(un)gerade Funktion*

Übungsaufgabe 10.4.15

Welche der folgenden Funktionen auf R ist gerade oder ungerade bzw. besitzt keine dieser Eigenschaften. Begründen Sie Ihre Antwort durch Überprüfen von (10.4.01) bzw. (10.4.02) und stellen Sie die Funktionen jeweils graphisch dar.

i) $f(x) = x^2 + x^4$

ii) $f(x) = x^2 + \dfrac{1}{x^5}$

iii) $f(x) = x^2 - x^3$

iv) $f(x) = \begin{cases} \sqrt{x} & \text{für } x \geq 0 \\ -\sqrt{-x} & \text{für } x < 0 \end{cases}$

Gibt es eine Funktion, die sowohl gerade als auch ungerade ist? Wenn ja, welche?

10.5 Umkehrfunktion

Kehren wir eine beliebige Funktion um, d.h. ordnen wir jedem Bild y „sein" Urbild x zu, so erhalten wir i.a. keine Funktion, weil die Eindeutigkeit der Zuordnung verletzt ist. Für die durch

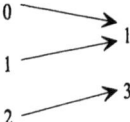

beschriebene Funktion lautet z.B. die „Umkehrung":

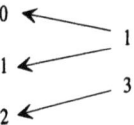

Die „umgekehrte Zuordnung" ist keine Funktion, da dem Wert $y = 1$ zwei Zahlen (0 und 1) zugeordnet werden. Die Eigenschaft der Umkehrbarkeit gehört also zu den bijektiven Funktionen, bei denen garantiert ist, daß jedes $x \in X$ genau ein Bild $y \in Y$ und umgekehrt jedes $y \in Y$ genau ein Urbild $x \in X$ besitzt.

Grundsätzlich sind die Eigenschaften Injektivität und Surjektivität (und damit Bijektivität) für eine Funktion nicht leicht zu erkennen. Aus der Funktionsgleichung kann man sie i.a. nicht ablesen.

Die Eigenschaft der Surjektivität einer Funktion läßt sich durch einen einfachen „Trick" erzwingen, indem man nämlich die Zielmenge auf den (tatsächlichen) Wertebereich einschränkt. So ist z.B. die Funktion $f: R \to R$, $f(x) = x^2$ nicht surjektiv, da als Funktionswerte (Bilder) keine negative Zahlen vorkommen, die negativen Zahlen $y \in R$ also keine Urbilder besitzen. Schränken wir die Zielmenge Y aber auf den Wertebereich $W_f = \{y \in R | y \geq 0\}$ ein, betrachten also

$f: R \to W_f$, so ist f surjektiv.

Die größere Schwierigkeit bei der Frage, ob eine Funktion bijektiv und damit umkehrbar ist, bereitet also der Nachweis der Injektivität (Eineindeutigkeit). Hier hilft aber die graphische Darstellung der Funktion weiter, da es einen wichtigen Zusammenhang zwischen der Monotonie und der Injektivität einer Funktion gibt, den wir im folgenden Beispiel aufzeigen.

10.5 Umkehrfunktion

Beispiel 10.5.1

Die Funktion f mit $f(x) = x^2$ ist auf dem Intervall $[0, 1]$ streng monoton steigend (vgl. Abb. 10.5.2)

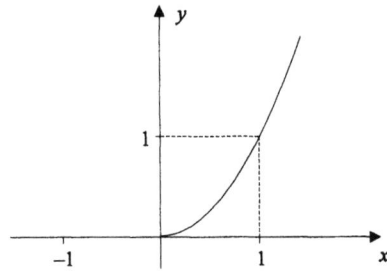

Abb. 10.5.2: Teilgraph der Normalparabel ($x \in [0,1]$)

Aufgrund der strengen Monotonie (vgl. Definition 10.4.3) gilt für je zwei Zahlen $x_1, x_2 \in [0,1]$ mit $x_1 < x_2$: $f(x_1) < f(x_2)$. Daraus folgt insbesondere: $f(x_1) \neq f(x_2)$ für $x_1 \neq x_2$, also Injektivität (vgl. Definition 10.1.7).

Der im Beispiel 10.5.1 erläuterte Zusammenhang zwischen der strengen Monotonie und der Injektivität gilt allgemein:

Satz 10.5.3

> **Ist eine reelle Funktion f auf $A \subset D_f$ streng monoton (steigend oder fallend), so ist sie dort injektiv.**

Bemerkung 10.5.4

i) In Umkehrung von Satz 10.5.3 muß eine injektive Funktion allerdings nicht monoton sein (vgl. Abb. 10.5.5).

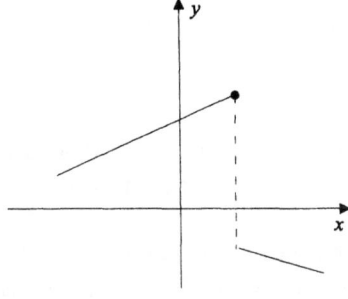

Abb. 10.5.5: Beispiel für eine injektive, aber nicht monotone Funktion

ii) Auch die Nicht-Injektivität kann anhand des Graphen erkannt werden. Für die Funktion f mit $f(x) = x^2$, $x \in [-1, 1]$, (vgl. Abb. 10.5.6), läßt sich aus der graphischen Darstellung sofort ablesen, daß es (beliebig viele) Zahlenpaare $x_1, x_2 \in [-1, 1]$ mit $x_1 \neq x_2$ gibt, für die $f(x_1) = f(x_2)$ gilt. Auf $[-1, 1]$ ist diese Funktion somit nicht injektiv.

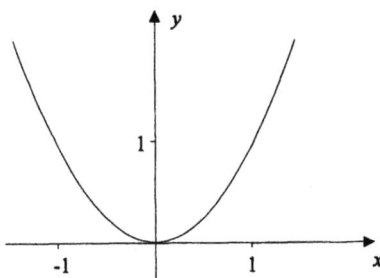

Abb. 10.5.6 Graph der Funktion $f(x) = x^2$

Wir kommen nun zum Begriff der Umkehrfunktion.

Definition 10.5.7

Umkehrfunktion

Es sei $f: X \to Y$ eine bijektive Funktion. Dann heißt die Abbildung, die jedem $y \in Y$ sein Urbild $x \in X$ zuordnet, die *Umkehrfunktion* f^{-1} von f:

$f^{-1}: Y \to X.$

Genauer: $f^{-1}(y) = x \Leftrightarrow y = f(x)$ **für alle x, y.**

Man unterscheide die Menge $f^{-1}(y)$ von der Funktion f^{-1}:

- Bei beliebiger Funktion $f: X \to Y$ bedeutet $f^{-1}(y)$ die Menge der Urbilder zu $y \in Y$. Bei bijektiver Funktion f ist diese Menge $f^{-1}(y)$ für jedes $y \in Y = W_f$ einelementig. Ist x Urbild von y (bzgl. f), so gilt:

$f^{-1}(y) = \{x\}.$

- Bei bijektiver Funktion f bedeutet f^{-1} die Umkehrfunktion ($f^{-1}: Y \to X$) von f. Für $y \in Y$ ist $f^{-1}(y) = x \in X$ das Urbild von y.

Es ist üblich, in beiden Fällen $f^{-1}(y)$ zu schreiben. Dabei wird die einelementige Menge $\{x\}$ mit dem Funktionswert x (von f^{-1} an der Stelle y) identifiziert.

10.5 Umkehrfunktion

Wir fassen die für die Anwendung wichtigen bisherigen Ergebnisse dieses Abschnittes zu einem Satz zusammen (vgl. Abb. 10.5.9 zur Erläuterung):

Satz 10.5.8

> **Ist eine reelle Funktion f auf $A \subset D_f$ streng monoton (steigend oder fallend), so ist sie bzgl. $\{f(x)|x \in A\} \subset W_f$ umkehrbar.**

Bei der Umkehrung einer (bijektiven) Funktion f wird jedem Funktionswert $y = f(x)$ das zugehörige (wegen der Injektivität eindeutige) Argument x zugeordnet. Die Abbildung f^{-1} ordnet also der (jetzt) unabhängigen Variablen y die (jetzt) abhängige Variable x zu. An der Funktionsgleichung ändert sich dagegen nichts. Lautet z.B. für die Funktion f die Funktionsgleichung $y = x^2$, so lautet sie für f^{-1} ebenfalls $y = x^2$; nach Möglichkeit löst man aber hier nach x auf:

z.B. $x = +\sqrt{y}$ für $x \in [0, \infty)$[14].

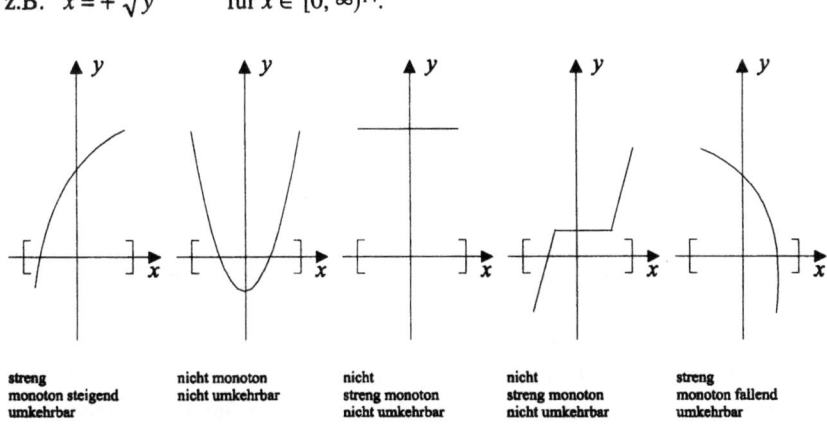

| streng monoton steigend umkehrbar | nicht monoton nicht umkehrbar | nicht streng monoton nicht umkehrbar | nicht streng monoton nicht umkehrbar | streng monoton fallend umkehrbar |

Abb. 10.5.9: Beispiele, die den Zusammenhang zwischen Monotonie und Umkehrbarkeit verdeutlichen

Diese Isolierung von x in der Funktionsgleichung für f^{-1} ist jedoch nur in einfachen Fällen möglich, sie gelingt z.B. nicht bei der Funktionsgleichung $y = x^5 + 2x + 1$.

Bemerkung 10.5.10

Vom mathematischen Standpunkt aus gesehen wäre eine Umbenennung der Variablen x in y (bzw. y in x) erlaubt, um auch für die Funktion f^{-1} wieder die ge-

---

[14] Die Funktion mit $f(x) = x^2$ ist nur auf $(-\infty, 0]$ bzw. $[0, \infty)$ umkehrbar, da sie dort jeweils streng monoton ist. Die Funktionsgleichung für $f^{-1}: R_+ \to (-\infty, 0]$ lautet $x = -\sqrt{y}$.

wohnte Bezeichnung x für die unabhängige Variable und y für die abhängige Variable vorliegen zu haben. Bei Funktionen, die ökonomische Zusammenhänge beschreiben, ist aber von einer Umbenennung abzuraten, da die betreffenden Variablen jeweils eine bestimmte ökonomische Bedeutung haben.

Bezeichnen (x, y) die geordneten Paare (Urbild, Bild) bzgl. der Funktion f, so werden bei der Umkehrung von f die Komponenten bei jedem Paar vertauscht, d.h. die zu f^{-1} gehörigen Paare (Urbild, Bild) haben die Form (y, x). Geometrisch bedeutet dies die Spiegelung des Punktes $(x, y)^T$ am Graphen der Identität. In Abb. 10.5.11 ist die Spiegelung für den Punkt $P(2, 4)^T$ durchgeführt (Ergebnis ist der Punkt $Q(4, 2)$).

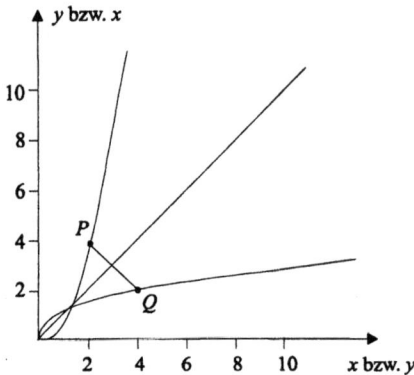

Abb. 10.5.11: Umkehrung einer Funktion
durch Spiegelung ihres Graphen am Graphen der Identität

Den Graphen der Umkehrfunktion f^{-1} einer Funktion f erhält man also, indem man jeden Punkt des Graphen von f am Graphen der Identität spiegelt. Dabei sind auf der waagerechten Achse sowohl die Elemente des Definitionsbereiches D_f als auch die von $D_{f^{-1}}$, aufzutragen.

Übungsaufgabe 10.5.12

Schreiben Sie die Funktionsgleichung der Umkehrfunktion von f in der expliziten Form $x = f^{-1}(y)$:

i) $\quad y = f(x) = -\dfrac{2}{5}x - 4, \quad x \in \mathbf{R}$

ii) $\quad y = f(x) = 1 - \dfrac{1}{x}, \quad x \in \mathbf{R}\setminus\{0\}$.

10.5 Umkehrfunktion

Übungsaufgabe 10.5.13

Es sei die Funktion f mit der Funktionsgleichung

$$y = ax + b, \quad a, b \in \mathbf{R}, a \neq 0, \quad x \in D_f = \mathbf{R},$$

gegeben, deren Graph eine Gerade ist. Begründen Sie anhand des Graphen, daß f bijektiv ist, und geben Sie die Funktionsgleichung von f^{-1} in der expliziten Form $x = f^{-1}(y)$ an. Warum muß der Graph der Umkehrfunktion ebenfalls eine Gerade sein?

Übungsaufgabe 10.5.14

Welche Funktion erhält man, wenn man eine (umkehrbare) Funktion f mit ihrer Umkehrfunktion f^{-1} verkettet $(f^{-1} \circ f)$? Hinweis: vgl. Übungsaufgabe 10.3.5.

10.6 Einige elementare Funktionen

Im folgenden behandeln wir einige spezielle Funktionen bzw. Funktionenklassen. Unter einer Funktionenklasse versteht man die Zusammenfassung von Funktionen, deren Funktionsgleichung sich einer bestimmten Form unterordnet. Für die Funktionen einer Klasse können i.a. charakteristische Eigenschaften angegeben werden.

Die Klasse der konstanten Funktionen

Eine *konstante Funktion* $f: D_f \to \mathbf{R}$ besitzt die Funktionsgleichung[15]   *konstante Funktion*

$$y = f(x) = c \quad \text{mit} \quad c \in \mathbf{R} \text{ (fest)}, \quad x \in D_f = \mathbf{R}[16].$$

Zur besonderen Kennzeichnung, daß für jedes $x \in D_f$ der Funktionswert $f(x)$ gleich c ist, schreibt man

$$f(x) \equiv c.$$

Im Spezialfall $c = 0$ erhalten wir die *Nullfunktion*:

$$f(x) \equiv 0 \quad \text{für alle } x \in D_f = \mathbf{R}.$$

---

[15] Vgl. Abb. 10.6.1
[16] Vgl. Übungsaufgabe 10.2.8 und 10.2.18.

Nullfunktion Man unterscheide:

Gilt $f(x) \equiv 0$ (für alle $x \in R$), so ist f die *Nullfunktion*.

Gilt $f(x) = 0$ für ein (oder mehrere) $x \in R$, so liegt an diesen Stellen jeweils eine

Nullstelle *Nullstelle* von f vor.

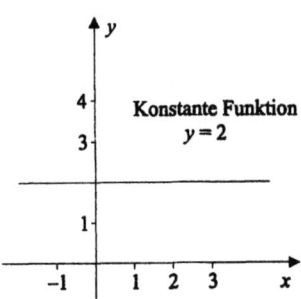

Abb. 10.6.1: Beispiel für eine konstante Funktion

Die Klasse der Potenzfunktionen

Potenzfunktion Eine *Potenzfunktion* $f: D_f \to R$, $y = f(x) = x^k$, $k \in N$, $x \in D_f = R$ nennt man auch
Monom *Monom* (vom Grad k). Im Fall $k = 1$ erhält man die Identität (*id*).

Die Reziprokfunktion

Reziprokfunktion Die *Reziprokfunktion* $f: D_f \to R$, $y = f(x) = \dfrac{1}{x}$, ist für alle $x \in R \setminus \{0\}$ definiert. Ihr Graph besteht aus den zwei Ästen der Normalhyperbel (vgl. Abb. 10.2.12).

Die Betragsfunktion

Die *Betragsfunktion* lautet für $x \in R$:

$$y = f(x) = |x| = \begin{cases} x; & x \geq 0 \\ -x; & x < 0 \end{cases}$$

(vgl. Abb. 10.2.12).

Die Vorzeichenfunktion

Vorzeichenfunktion Bei der *Vorzeichenfunktion* schreibt man *sgn* (Signum) statt f:
sgn-Funktion

$$sgn: D_{sgn} \to R, y = sgn\, x = \begin{cases} 1 & \text{für } x > 0 \\ 0 & \text{für } x = 0 \\ -1 & \text{für } x < 0 \end{cases}, x \in D_{sgn} = R$$

(vgl. Abb. 10.6.2 i)) .

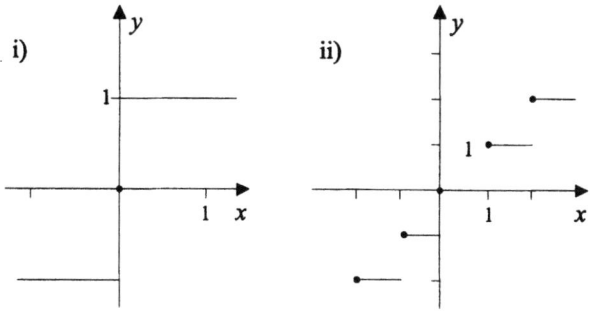

Abb. 10.6.2 Graphische Darstellung der Vorzeichenfunktion i) und der (oberen) Gaußschen Klammerfunktion ii)

Die Gaußsche Klammerfunktion

Die (obere, untere) *Gaußsche Klammerfunktion* $f: \mathbf{R} \to \mathbf{R}$, $y = f(x) = \lceil x \rceil$ wird häufig verwendet bei sich abrupt ändernden Vorgängen. Dabei steht $\lceil x \rceil$ für die größte ganze Zahl, die kleiner oder gleich x ist:

Gaußsche Klammerfunktion

$$\lceil x \rceil = k \quad \text{für} \quad k \leq x < k+1, \quad k \in \mathbf{Z}$$

(vgl. Abb. 10.6.2 ii)).

Entsprechend steht $\lfloor x \rfloor$ für die kleinste ganze Zahl, die größer oder gleich x ist.

10.7 Polynome

Zur Einführung in die wichtige Funktionenklasse der Polynome betrachten wir ein Anwendungsbeispiel:

Beispiel 10.7.1 (Absatzfunktion)

Ein Unternehmen, das sich auf die Herstellung von Fertiggerichten spezialisiert hat, weiß aus Erfahrung, daß der Absatz bei Einführung eines neuen Produktes zunächst langsam zunimmt, dann schneller und dann wieder langsamer zunimmt und schließlich sinkt, weil der Geschmack der Käufer wechselt. Durch jahrelange Beobachtung wurde für die ersten Jahre die folgende Funktion für die Abhängigkeit des Absatzes y von der Zeit x (in Jahren) gefunden (vgl. Abb. 10.7.2):

$$y = 12x^2 - 4x^3.$$

Die Funktionsgleichung der Absatzfunktion definiert ein sog. Polynom 3. Grades (vgl. Definition 10.7.3).

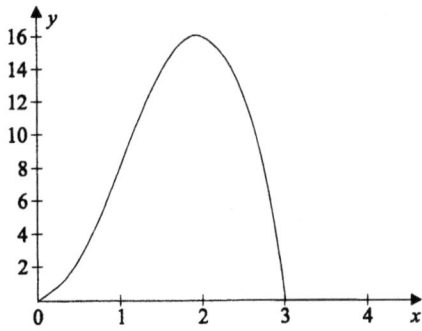

Abb. 10.7.2: Graph der Absatzfunktion in Beispiel 10.7.1

Definition 10.7.3

Eine Funktion $f: R \to R$, deren Funktionsgleichung die Form

$$y = a_n x^n + a_{n-1} x^{n-1} + \ldots + a_1 x + a_0 = \sum_{i=0}^{n} a_i x^i \qquad (10.7.01)$$

Polynom n-ten Grades, Koeffizienten

hat, heißt *Polynom n-ten Grades* ($n \in N_0$). Dabei sind $a_0, \ldots, a_n \in R$ die *Koeffizienten* des Polynoms und $a_n \neq 0$. **Man schreibt für Polynome häufig P_n, Q_n usw. statt f, wobei der Index n auf den Grad hinweist.**

Beispiele für spezielle Polynome:

i) Die konstanten Funktionen $y = c$ mit $c \in R$ (fest) sind Polynome nullten Grades ($n = 0$), denn die Gleichung $y = c$ hat die Form (10.7.01) mit $n = 0$, $a_0 = c$.

ii) Die Potenzfunktionen (Monome) gehören zu den Polynomen, denn die Funktionsgleichung $y = x^k$ mit $k \in N$ ist ein Spezialfall von (10.7.01)

$n = k$, $a_k = 1$ und $a_{k-1} = a_{k-2} = \ldots = a_0 = 0$.

iii) Eine Gerade mit der Steigung $m \in R$ und dem Schnittpunkt $(0, b)^T$ mit der y-Achse wird durch die Gleichung

$y = mx + b$

10.7 Polynome

beschrieben[17]. Sie ist also der Graph eines Polynoms 1. Grades (mit den Koeffizienten $a_1 = m$ und $a_0 = b$).

Übungsaufgabe 10.7.4

Zeigen Sie, daß die Funktion f mit

$$y = f(x) = (x+1)(x+2), \quad x \in D_f = \mathbf{R},$$

ein Polynom 2. Grades ist; d.h. geben Sie die Funktionsgleichung in der Form (10.7.01) sowie die Koeffizienten an.

Übungsaufgabe 10.7.5

Es sei g die konstante Funktion mit $g(x) = 2$, $x \in D_g = \mathbf{R}$, und id die Identität: $id(x) = x$, $x \in D_{id} = \mathbf{R}$. Schreiben Sie die Funktionsgleichung von

$$h(x) = id(x) \cdot id(x) - id(x) - g(x)$$

in der Form (10.7.01).

Bemerkung 10.7.6

Die obige Übungsaufgabe illustriert einen allgemeingültigen Sachverhalt: Polynome sind Funktionen, die man durch endlich viele Additionen und Multiplikationen aus konstanten Funktionen und der Identität zusammensetzen kann.

Es gibt beliebig viele Polynome vom (festen) Grad n, da für jeden Koeffzienten a_i ($i = 0, 1, ..., n$) jede reelle Zahl eingesetzt werden kann. Zwei Polynome (von demselben Grad n) sind genau dann gleich, wenn sie dieselben Koeffizienten besitzen (vgl. Satz 10.7.7).

---

[17] Die Gleichung $y = mx + b$ heißt *Hauptform* der Geradengleichung. Sind die Steigung m der Geraden sowie ein Punkt $(x_1, y_1)^T$ auf der Geraden gegeben, so gilt: $m = \dfrac{y - y_1}{x - x_1}$. Diese Gleichung heißt *Punkt-Steigungs-Form* der Geradengleichung. Sind zwei Punkte $(x_1, y_1)^T$ und $(x_2, y_2)^T$ gegeben, durch die die Gerade verläuft, so gilt: $\dfrac{y - y_1}{x - x_1} = \dfrac{y_2 - y_1}{x_2 - x_1}$. Diese Gleichung heißt *Zwei-Punkte-Form* der Geradengleichung.

Satz 10.7.7

Zwei Polynome P_n und Q_m mit

$$P_n(x) = a_n x^n + \ldots + a_0,$$
$$Q_m(x) = b_m x^m + \ldots + b_0,$$

sind genau dann gleich, falls $n = m$ und $a_n = b_m, \ldots, a_0 = b_0$ gilt.

Sind die Polynome P_n und Q_n gleich, so erhält man als Differenz die Nullfunktion:

$$P_n(x) - Q_n(x) \equiv 0 \quad \text{für alle } x \in \mathbf{R}.$$

Übungsaufgabe 10.7.8

Welche der folgenden Funktionen sind Polynome?

i) die Kosten- bzw. die Erlösfunktion von Beispiel 10.2.1,
ii) die in Abb. 10.2.12 dargestellten Funktionen,
iii) die Gewinn- bzw. die Durchschnittskostenfunktion von Beispiel 10.3.2.

Übungsaufgabe 10.7.9

Welche der Zahlen $-2, 2, 10$ sind Nullstellen der folgenden Polynome?

$$P_3(x) = x^3 - 2x^2 - 2x + 4,$$
$$Q_3(x) = 4x^3 + 2x^2 + 5x - 4250,$$
$$P_4(x) = x^4 - 6x^3 + 2x^2 - 3x - 78.$$

Polynome zeichnen sich durch Eigenschaften aus, die mit ihren Nullstellen zusammenhängen. Um diese charakteristischen Eigenschaften näher beschreiben zu können, betrachten wir nun die Aufgabe, *alle* Nullstellen eines vorgegebenen Polynoms zu bestimmen. Da es keine Formel gibt, nach der die Nullstellen eines Polynoms von beliebigem Grad n berechnet werden können[18], geht man bei der Lösung die-

---

18 Es gibt eine solche Formel für $n = 2$, diese behandeln wir in Übungsaufgabe 10.7.19. Für $n = 3$ und $n = 4$ gibt es auch noch allgemeine Formeln zur Berechnung der Nullstellen. Diese sind recht kompliziert und wir behandeln sie nicht (siehe hierzu z.B. Ringleb [1967])

ser Aufgabe nach einem sog. iterativen Verfahren vor, bei dem man sukzessive gefundene Nullstellen „abspaltet" und sich bei der weiteren Suche auf Polynome niedrigeren Grades beschränkt, die dieselben Nullstellen wie das ursprüngliche Polynom besitzen. Wir erläutern dieses Verfahren an dem Polynom P_3 aus Übungsaufgabe 10.7.9.

Beispiel 10.7.10

Für das Polynom P_3 mit $y = P_3(x) = x^3 - 2x^2 - 2x + 4$ sind in Tabelle 10.7.11 einige Werte angegeben[19]. Abb. 10.7.12 enthält den Graphen von P_3.

Tabelle 10.7.11: Wertetabelle für das Polynom P_3.

x	-2	-1	0	1	2
$P_3(x)$	-8	3	4	1	0

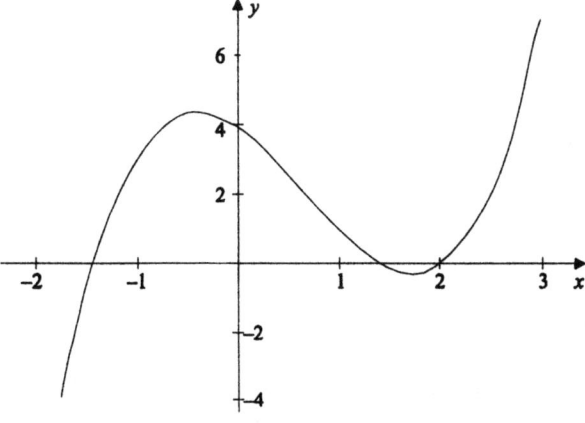

Abb. 10.7.12: Graph des Polynoms P_3 [20] in Beispiel 10.7.10

Aus der graphischen Darstellung lesen wir ab, daß P_3 drei Nullstellen besitzt. Eine davon haben wir bereits mit Hilfe der Wertetabelle (Tab. 10.7.9) gefunden: $x_1 = 2$. Dividiert man $P_3(x)$ durch den Faktor $(x - x_1) = (x - 2)$, so erhält man als Ergebnis $(x^2 - 2)$, ein Polynom 2. Grades. P_3 ist daher darstellbar in der Form:

$$P_3(x) = x^3 - 2x^2 - 2x + 4 = (x - 2)(x^2 - 2). \qquad (10.7.02)$$

---

[19] Zur Erstellung einer Wertetabelle für ein Polynom ist häufig das sogenannte Horner-Schema nützlich (vgl. z. B. „Brückenkurs" und Kurs 09804 der Fernuni).

[20] Der Graph ist nicht anhand der wenigen Daten in Tab. 10.7.11 gezeichnet, vgl. Abschnitt 10.2.

Linearfaktor Man nennt den zu der Nullstelle $x_1 = 2$ gehörenden Faktor $(x - 2)$ einen *Linearfaktor*. Wir können die rechte Seite der Funktionsgleichung von P_3 schreiben als Produkt dieses Linearfaktors mit einem Polynom P_2, dessen Grad um 1 niedriger ist als der Grad von P_3. Man sagt auch: die Nullstelle x_1 läßt sich „abspalten".

Zur weiteren Bestimmung der Nullstellen von P_3 wird nun das Polynom P_2 untersucht, denn aus (10.7.02) ist erkennbar, daß $P_3(x) = 0$ ist, wenn $(x - 2)$ oder $(x^2 - 2)$ gleich 0 ist[21]. Letzteres bedeutet aber, daß die Nullstellen von P_2 mit denen von P_3 übereinstimmen.

$(x^2 - 2) = 0$ ist erfüllt für $x = +\sqrt{2}$ oder $x = -\sqrt{2}$. P_2 besitzt also die Nullstellen $x_2 = +\sqrt{2}$ bzw. $x_3 = -\sqrt{2}$. Die zu diesen Nullstellen gehörenden Linearfaktoren lauten $(x - \sqrt{2})$ bzw. $(x + \sqrt{2})$; das Polynom P_2 läßt sich als Produkt dieser Linearfaktoren schreiben[22]:

$$P_2(x) = (x - \sqrt{2})(x + \sqrt{2}).$$

Setzen wir dieses Ergebnis in Gleichung (10.7.02) ein, so erhalten wir für P_3:

$$P_3(x) = (x - 2) \cdot (x - \sqrt{2}) \cdot (x + \sqrt{2}).$$

Insgesamt können wir also das Polynom P_3 vollständig in Linearfaktoren zerlegen; die drei Nullstellen von P_3 lauten $x_1 = 2$, $x_2 = \sqrt{2}$, $x_3 = -\sqrt{2}$.

Allgemein gilt:

Satz 10.7.13

> **Besitzt ein Polynom P_n vom Grad $n \geq 1$ eine (reelle) Nullstelle x_1, so gibt es ein Polynom P_{n-1} vom Grad $n - 1$, so daß für alle $x \in R$ gilt:**
>
> $$P_n(x) = (x - x_1)P_{n-1}(x).$$

In Beispiel 10.7.10 haben wir Satz 10.7.13 (auf das Polynom $P_{n-1}(x) = x^2 - 2$, $n = 3$) wiederholt anwenden können bis hin zu einer vollständigen Zerlegung von P_3 in Linearfaktoren. Dies ist nicht immer möglich, wie wir bei folgendem Beispiel sehen können.

---

21 Ein Produkt ist genau dann gleich Null, wenn mindestens ein Faktor Null ist.

22 Probe durch Ausmultiplizieren!

Beispiel 10.7.14

Das Polynom $P_4(x) = x^4 + x^2 - 2$ besitzt die Nullstellen $x_1 = -1$, $x_2 = 1$, denn es gilt (einsetzen!):

$P_4(-1) = (-1)^4 + (-1)^2 - 2 = 0$ und
$P_4(1) = 1^4 + 1^2 - 2 = 0$.

Die Funktionsgleichung kann in der Form

$$y = (x + 1)(x - 1)(x^2 + 2) \qquad (10.7.03)$$

geschrieben werden. (Probe durch Ausmultiplizieren der Klammern.)

Der dritte Faktor in (10.7.03), nämlich das Polynom $P_2(x) = x^2 + 2$, kann nicht den Wert Null annehmen, da die Gleichung $x^2 + 2 = 0$ in R keine Lösung besitzt. Das Polynom P_2 hat somit keine (reelle) Nullstelle. Daraus folgt, daß auch P_4 keine weitere (reelle) Nullstelle besitzt[23].

Allgemein gilt:

Satz 10.7.15

> Ein Polynom vom Grad $n \geq 1$ besitzt höchstens n reelle Nullstellen. Bezeichnen wir diese mit $x_1, ..., x_r$, $r \leq n$, so läßt sich die zugehörige Funktionsgleichung bis auf die Reihenfolge der Faktoren eindeutig schreiben in der Form:
>
> $P_n(x) = (x - x_1)(x - x_2) ... (x - x_r) \cdot P_{n-r}(x),$
>
> wobei P_{n-r} ein Polynom vom Grad $n - r$ ist, das keine reelle Nullstelle besitzt. Die Nullstellen $x_1, ..., x_r$ brauchen nicht alle voneinander verschieden zu sein.

Wir betrachten noch einmal das „Restpolynom" P_2 von Beispiel 10.7.14. Lösen wir die Gleichung $x^2 + 2 = 0$ gemäß den Regeln für das Rechnen mit Gleichungen nach x auf, so erhalten wir:

$x^2 = -2$, also $x = +\sqrt{-2}$ oder $x = -\sqrt{-2}$.

---

[23] P_2 (und damit auch P_4) besitzen aber noch sogenannte komplexe Nullstellen, vgl. insbesondere Satz 10.7.17.

Wir bekommen also als Lösung komplexe (hier rein imaginäre) Werte:

$$x_1 = +i\sqrt{2}, x_2 = -i\sqrt{2} \quad \text{mit} \quad i = \sqrt{-1}.^{24}$$

Diese Werte sind keine (reellen) Nullstellen von P_2, wie man anhand des Graphen (vgl. Abb. 10.7.16) sofort einsieht (es gibt keine Schnittpunkte oder Berührpunkte mit der x-Achse).

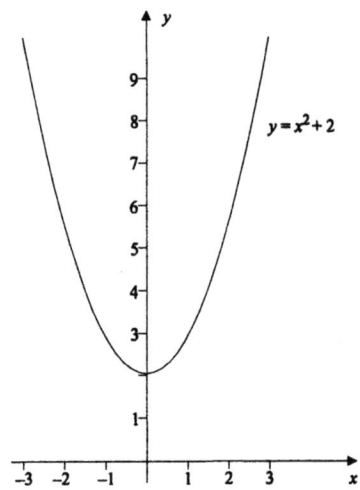

Abb. **10.7.16**: Graph des Polynoms $P_2(x) = x^2 + 2$

Man sagt:

P_2 besitzt zwei (komplexe) Nullstellen x_1 und $x_2 \in C$, nämlich $x_{1/2} = \pm i\sqrt{2}$.

Die Zerlegung des Polynoms in Linearfaktoren gelingt mit komplexen Nullstellen wie im reellen Fall:

$$P_2(x) = (x - i\sqrt{2})(x + i\sqrt{2})$$

(Probe: ausmultiplizieren, wobei $i^2 = -1$ zu beachten ist).

Aufgrund der Darstellung (10.7.03) für das Polynom P_4 aus Beispiel 10.7.14 sind die beiden komplexen Nullstellen von P_2 auch (komplexe) Nullstellen von P_4. Damit können wir (in C)[25] auch P_4 vollständig in Linearfaktoren zerlegen:

$$P_4(x) = (x + 1)(x - 1)(x + i\sqrt{2})(x - i\sqrt{2}).$$

Wir haben für P_4 (vom Grad 4) genau 4 (reelle oder komplexe) Nullstellen erhalten.

---

[24] Die Menge der komplexen Zahlen lautet: $C = \{x \mid x = a + ib, a \in R, b \in R, i = \sqrt{-1}\}$. Sie wird z.B. in Piehler, Sippel, Pfeiffer [1996] ausführlich behandelt.

[25] „in C" bedeutet, daß wir komplexe Nullstellen zulassen.

10.7 Polynome

Allgemein gilt:

Satz 10.7.17 (Fundamentalsatz der Algebra)[26]

> Ein Polynom P_n vom Grad $n \in N$ besitzt genau n reelle oder komplexe Nullstellen. Es läßt sich bis auf einen konstanten Faktor ($\neq 0$) in C vollständig in Linearfaktoren zerlegen.

Bemerkung 10.7.18

Sofern der (höchste) Koeffizient $a_n \neq 1$ ist, kommt bei der Produktdarstellung mit Hilfe der Linearfaktoren ein konstanter Faktor (nämlich a_n) hinzu (vgl. die folgende Übungsaufgabe).

Übungsaufgabe 10.7.19

Zeigen Sie:

Das Polynom $P_2(x) = ax^2 + bx + c$ mit $a, b, c \in R$, $a \neq 0$, besitzt die Nullstellen

$$x_{1/2} = \frac{-b \pm \sqrt{b^2 - 4ac}}{2a}$$

Hinweis: Wenden Sie Satz 10.7.15 an, d.h. zeigen Sie, daß gilt:

$$P_2(x) = a(x - x_1)(x - x_2).$$

Übungsaufgabe 10.7.20

Zeigen Sie:

$x_1 = -3$ und $x_2 = 0$ sind Nullstellen des Polynoms

$$P_4(x) = x^4 + 3x^3 + 9x^2 + 27x.$$

Besitzt P_4 weitere Nullstellen? Geben Sie diese Nullstellen gegebenenfalls an.

---

[26] Dieser Satz gilt sogar noch, wenn die a_i komplexe Zahlen sind. Er geht auf einen der größten deutschen Mathematiker zurück, nämlich F. Gauß (1777–1855).

Übungsaufgabe 10.7.21

Es sei

$$P_1(x) = x + 1$$
$$P_3(x) = x^3 + x^2$$
$$P_6(x) = -2x^6 + x^4 - 2x + 1$$
$$Q_6(x) = -2x^6 + x^5 + x^4.$$

Berechnen Sie:

$$P_6(x) + P_3(x)$$
$$P_6(x) - Q_6(x)$$
$$P_1(x) \cdot P_3(x)$$
$$P_1(P_3(x))$$
$$P_3(P_1(x))$$

und geben Sie jeweils den Grad des resultierenden Polynoms an.

In Übungsaufgabe 10.7.21 haben Sie bei der Addition, der Subtraktion, der Multiplikation und der Verkettung der Polynome stets als Ergebnis wieder ein Polynom erhalten. Dies ist eine für die Klasse der Polynome allgemeingültige Eigenschaft:

Satz 10.7.22

Die Summe, die Differenz, das Produkt und die Verkettung (Hintereinanderschaltung) von Polynomen sind wieder Polynome.

Bei der Quotientenbildung von Polynomen entsteht dagegen i.a. kein Polynom, sondern eine sog. rationale Funktion. Mit diesen Funktionen beschäftigen wir uns im folgenden Abschnitt.

10.8 Rationale Funktionen

Wir beginnen mit einem Anwendungsbeispiel.

Beispiel 10.8.1

Ein Elektrizitätsversorgungsunternehmen berechnet einem Privatkunden einen monatlichen Grundpreis von 17 DM sowie einen Arbeitspreis von 0,156 DM pro Kilowattstunde (kWh). Für die Gesamtkosten je Monat gilt

10.8 Rationale Funktionen

$y = 0{,}156x + 17.$

Die beschreibende Funktion ist ein Polynom 1. Grades. Die Kosten w je kWh werden allgemein definiert als Verhältnis von y zu x:

$$w = \frac{y}{x} \quad (x > 0).$$

In unserem Beispiel ergibt sich für w:

$$w = \frac{0{,}156x + 17}{x}, \quad (x > 0).$$

Diese Beziehung ist eine rationale Funktion von x. Sie gibt an, in welcher Weise die Kosten pro kWh vom Stromverbrauch abhängen. Anschaulich ist klar, daß sich der Grundpreisanteil pro kWh verringert, je höher der Verbrauch ist.

Definition 10.8.2

Eine Funktion, deren Funktionsgleichung die Form

$$y = f(x) = \frac{P_n(x)}{P_m(x)} = \frac{a_n x^n + \ldots + a_1 x + a_0}{b_m x^m + \ldots + b_1 x + b_0} \qquad (10.8.01)$$

hat, wobei P_n und P_m Polynome vom Grad n bzw. m sind, heißt eine *rationale Funktion*. Die reellen Nullstellen des Nennerpolynoms P_m, an denen f nicht definiert ist, heißen *Definitionslücken* von f.

rationale Funktion
Definitionslücken

Bemerkung 10.8.2

i) Die Polynome P_n bzw. P_m in Gleichung (10.8.01) bezeichnet man auch als *Zähler-* bzw. *Nennerpolynom* von f.

Zähler-, Nennerpolynom

ii) Polynome sind spezielle rationale Funktionen, weil mit $y = P(x)$ auch $y = \dfrac{P(x)}{1}$ gilt (und die konstante Funktion $P_0(x) \equiv 1$ zu den Polynomen gehört). Daher findet man in der Literatur auch die Begriffe „*ganzrationale Funktion*" für „Polynom" und „*gebrochenrationale Funktion*" für „rationale Funktion" im obigen Sinne.

ganzrationale Funktion, gebrochenrationale Funktion

nichtrationale Funktion   iii) Alle Funktionen, deren Funktionsgleichung nicht auf die Form $y = \dfrac{P_n(x)}{P_m(x)}$ mit Polynomen P_n und P_m gebracht werden kann, heißen *nichtrationale Funktionen*.

Bei den Definitionslücken einer rationalen Funktion unterscheidet man zwischen sog. Polstellen und sog. behebbaren Definitionslücken. Wir erläutern dies anhand des folgenden Beispiels.

Beispiel 10.8.3

Das Nennerpolynom der rationalen Funktion f mit

$$y = f(x) = \frac{x-4}{x^2 - 6x + 8}$$

besitzt die Nullstellen $x_1 = 2$ und $x_2 = 4$. Die Stellen 2 und 4 sind die Definitionslücken von f; der (natürliche) Definitionsbereich lautet:

$D_f = \mathbf{R} \setminus \{2, 4\}$.

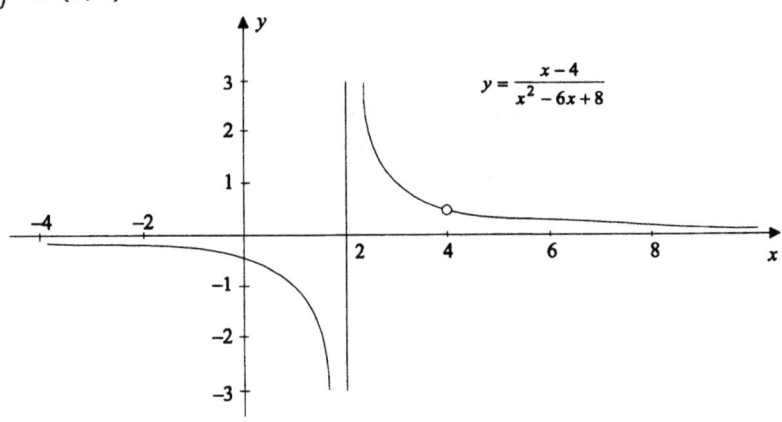

Abb. 10.8.4: Graphische Darstellung der rationalen Funktion in Beispiel 10.8.3

Jede rationale Funktion kann durch verschiedene (aber äquivalente) Funktionsgleichungen beschrieben werden. Die Darstellung

$$y = \frac{P_n(x)}{P_m(x)}$$

10.8 Rationale Funktionen

ist nicht eindeutig, sondern Zähler und Nenner können (gleichzeitig) mit jedem beliebigen Polynom multipliziert werden, das keine reellen Nullstellen besitzt. Es gilt z.B. für die Funktionsgleichung der rationalen Funktion von Beispiel 10.8.3:

$$y = \frac{x-4}{x^2 - 6x + 8} = \frac{(x-4)(x^2+2)}{(x^2 - 6x + 8)(x^2 + 2)}, \quad x \in R \setminus \{2, 4\}.$$

In Umkehrung dieser Vorgehensweise lassen sich gegebenenfalls Definitionslücken „beseitigen": in der Funktionsgleichung für die Funktion f von Beispiel 10.8.3

$$y = \frac{x-4}{x^2 - 6x + 8} = \frac{x-4}{(x-2)(x-4)} = \frac{1}{x-2}$$

stimmt eine Nullstelle ($x = 4$) von Zähler- und Nennerpolynom überein. In einem solchen Fall spricht man von sogenannten *behebbaren Definitionslücken*. Denn durch Kürzen des betreffenden Linearfaktors erhält man eine zur ursprünglichen Funktionsgleichung äquivalente Funktionsgleichung, deren Nennerpolynom diese Nullstelle nicht mehr besitzt.

behebbare Definitionslücke

Bei $x = 2$ liegt dagegen eine sog. *Polstelle* für die Funktion f vor: hier werden die Funktionswerte beliebig groß bzw. beliebig klein (vgl. auch Abschnitt 10.13).

Polstelle

Die *Nullstellen* einer rationalen Funktion f stimmen mit den in D_f liegenden Nullstellen des zugehörigen Zählerpolynoms überein (vgl. Übungsaufgabe 10.8.7).

Nullstelle

Verknüpft man rationale Funktionen miteinander, so erhält man wieder rationale Funktionen. Analog zur Klasse der Polynome gilt:

Die Hintereinanderschaltung sowie die Summe, die Differenz und das Produkt von rationalen Funktionen sind wieder rationale Funktionen. Zusätzlich – im Gegensatz zu den Polynomen – trifft das hier auch auf den Quotienten zu.

Bemerkung 10.8.5

Bei der Verknüpfung von rationalen Funktionen ist besonders auf den Definitionsbereich zu achten (Nenner $\neq 0$; vgl. Übungsaufgabe 10.8.8).

| **Übungsaufgabe 10.8.6** |

Wieviele Polstellen kann eine rationale Funktion höchstens haben?

Übungsaufgabe 10.8.7

Geben Sie jeweils den Definitionsbereich an und berechnen Sie die Nullstellen der Funktion f:

i) $\quad f(x) = \dfrac{x}{x^2 + 1}$

ii) $\quad f(x) = \dfrac{x^2 - 4}{x - 2}$.

Übungsaufgabe 10.8.8

Geben Sie jeweils die Funktionsgleichung und den Definitionsbereich der Funktionen $f + g, f \cdot g, f \circ g$ und $g \circ f$ an für

$$f(x) = \frac{1}{x}, \quad x \in \mathbf{R} \setminus \{0\}$$

$$g(x) = \frac{x}{x^2 - 4}, \quad x \in \mathbf{R} \setminus \{-2, 2\}.$$

10.9 Exponential- und Logarithmusfunktionen, trigonometrische Funktionen

Die in diesem Abschnitt behandelten Funktionen, die alle zu den nichtrationalen Funktionen gehören, werden in vielen Büchern ausführlich behandelt[27]. Wir stellen hier kurz die wichtigsten Bezeichnungen und Eigenschaften zusammen.

Exponentialfunktion   Eine *Exponentialfunktion* zur Basis $a, f: D_f \to \mathbf{R}_+$, besitzt die Funktionsgleichung

$$y = f(x) = a^x = e^{x \ln a}. \tag{10.9.01}$$

Dabei ist die sog. Basis a ($a > 0$) eine reelle Zahl und $x \in D_f = \mathbf{R}$.

Bemerkung 10.9.1

Wir beschränken uns auf Basen $a > 1$. Die „Exponentialfunktion zur Basis 1" ist wegen $1^x = 1$ die konstante Funktion $f(x) \equiv 1$; sie wird nicht zu den Exponentialfunktionen gerechnet. Für $0 < a < 1$ sind die Exponentialfunktionen (und auch die

---

[27]   Vgl. z.B. Piehler, Sippel, Pfeiffer [1996].

Logarithmusfunktionen) ebenfalls erklärt, wir behandeln sie aber nicht. Zu Basen $a \leq 0$ gibt es keine Exponentialfunktionen, da Potenzen mit reellen Exponenten nur für positive Basen erklärt sind.

Speziell für $a = e = 2{,}71828\ldots$ (Eulersche Konstante)[28] spricht man von der *natürlichen Exponentialfunktion* $f(x) = e^x$.

natürliche Exponentialfunktion

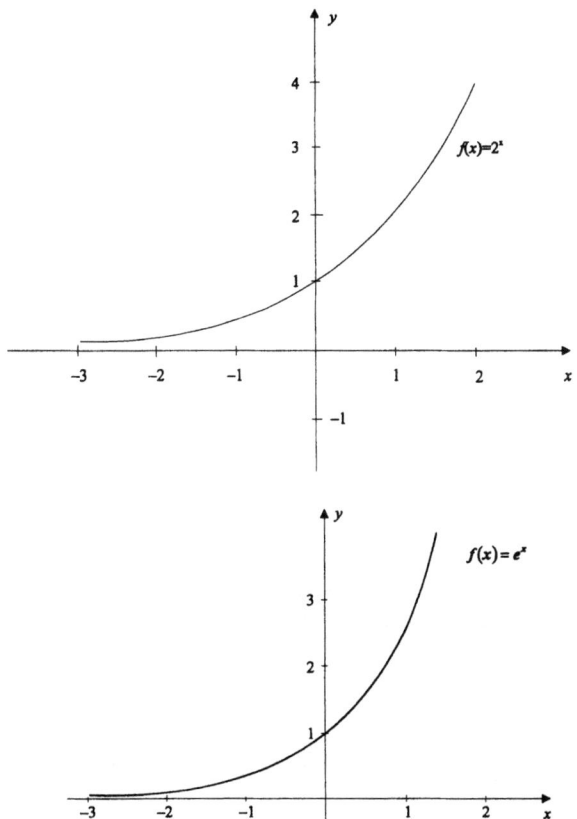

Abb. 10.9.2: Graphen der Exponentialfunktionen $f(x) = 2^x$ und $f(x) = e^x$

Die Exponentialfunktionen spielen als sogenannte Wachstumsfunktionen eine große Rolle, z.B. beim Wachstum von Bakterienkulturen, der Bevölkerung eines Landes, etc. (vgl. Übungsaufgabe 10.9.4).

Wichtige Eigenschaften der Exponentialfunktionen zur Basis $a > 1$ sind:

---

[28] Leonhard Euler (1707 – 1783), Schweizer Mathematiker.

Funktionalgleichung

- sie sind streng monoton steigend auf dem gesamten Definitionsbereich,
- sie genügen einer *sog. Funktionalgleichung*

$$f(x + u) = f(x) \cdot f(u), \quad x, u \in \mathbf{R},$$

denn nach den Rechenregeln für Potenzen gilt:

$$a^{x+u} = a^x \cdot a^u.$$

Anhand der graphischen Darstellungen von $y = 2^x$ und $y = e^x$ (Abb. 10.9.2) kann man sich verdeutlichen, daß die Exponentialfunktionen umkehrbar sind. Die Umkehrfunktion einer Exponentialfunktion ist eine Logarithmusfunktion.

Logarithmusfunktion

Eine *Logarithmusfunktion* zur Basis a, $f : D_f \to \mathbf{R}$, besitzt die Funktionsgleichung

$$y = f(x) = \log_a x \quad \text{mit} \quad \log_a a^x = x \tag{10.9.02}$$

dekadischer Logarithmus

für $x \in D_f = \mathbf{R}_+$ und $a > 1$. Speziell für $a = 10$ spricht man vom *dekadischen oder briggschen Logarithmus*: an Stelle der Abkürzung $\log_{10}$ findet man in der Literatur auch *lg*.

natürlicher Logarithmus

Die Umkehrfunktion der natürlichen Exponentialfunktion heißt *natürlicher Logarithmus* und wird mit *ln* bezeichnet:

$$y = \log_e x = \ln x \tag{10.9.03}$$

mit $x \in \mathbf{R}_+$ und der Eulerschen Konstanten e. Es gilt $y = \ln x \Leftrightarrow e^y = x$, also $x = e^{\ln x}$. Die Logarithmusfunktionen zur Basis $a > 1$

- sind streng monoton steigend,
- genügen gewissen Gesetzmäßigkeiten, die häufig benutzt werden, um Rechnungen zu vereinfachen:

- $\log_a (x \cdot u) = \log_a x + \log_a u \quad$ für alle $x, u > 0$;

- $\log_a \dfrac{x}{u} = \log_a x - \log_a u \quad$ für alle $x, u > 0$;

- $\log_a x^u = u \cdot \log_a x \quad$ für alle $x > 0$, $u \in \mathbf{R}$.

10.9 Exponential- und Logarithmusfunktionen, trigonometrische Funktionen

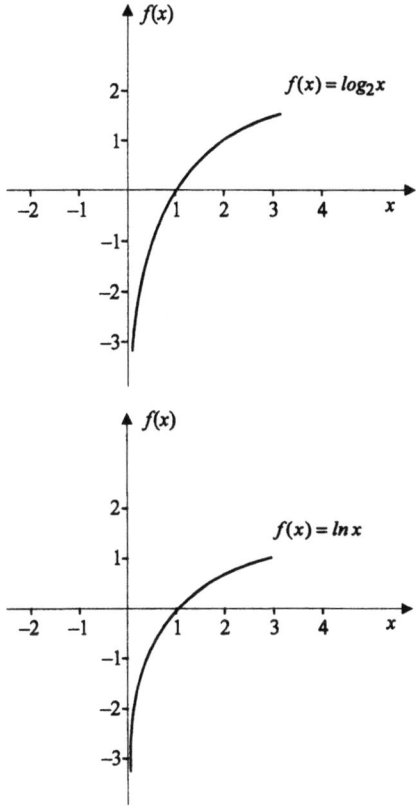

Abb. 10.9.3: Graphen von $f(x) = \log_2 x$, $y = \ln x$

Übungsaufgabe 10.9.4

In der folgenden Tabelle ist die Wachstumsentwicklung von Algen in einem Abwasserkanal (gemessen in Flächeneinheiten) auszugsweise wiedergegeben. Stellen Sie den beschriebenen Vorgang graphisch dar und geben Sie eine Funktionsgleichung für den Wachstumsprozeß an.

Tabelle 10.9.5: Wachstumsentwicklung von Algen

Zeit	x	0	1	2	3	4	5
Fläche	$f(x)$	1	2	4	8	16	32

Übungsaufgabe 10.9.6

Für welche Basis a gilt jeweils:

i) $log_a 4 = 2$;   ii) $log_a 2 = 4$;

Übungsaufgabe 10.9.7

Bestimmen Sie jeweils dasjenige x, für welches gilt:

i) $log_2 x = 5$;   ii) $log_2 x = \dfrac{2}{3}$;

Übungsaufgabe 10.9.8

Bestimmen Sie die folgenden Logarithmuswerte:

i) $log_2 \dfrac{1}{8}$ ii) $log_3 1$ iii) $log_3 (3^{4/5})$ iv) $log_a \sqrt{a^n}$.

trigonometrische Funktion

Weitere wichtige nichtrationale Funktionen sind die *trigonometrischen Funktionen*:

Einheitskreis

Zur Definition gehen wir aus von einem Winkel α (gemessen in „Grad", z.B. $\alpha = 60°$), der in einen sog. *Einheitskreis* (Kreis mit dem Radius $r = 1$ um den Nullpunkt) so eingezeichnet ist, daß ein Schenkel des Winkels den Kreis im Punkt P schneidet (vgl. Abb. 10.2.9). Das sog. *Bogenmaß* des Winkels α – das ist die Länge des zugehörigen Kreisbogenausschnittes – bezeichnen wir mit x. Es ist

Bogenmaß

$$x = \alpha \cdot \dfrac{\pi}{180°}, \pi = 3{,}14159\ldots$$

Unter „$\sin x$" ist die zum Punkt P gehörende Ordinate und unter „$\cos x$" die zum Punkt P gehörende Abszisse zu verstehen (vgl. Abb. 10.9.9).

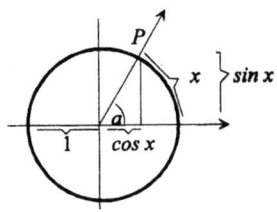

Abb. 10.9.9: Sinus und Kosinus im Einheitskreis

10.9 Exponential- und Logarithmusfunktionen, trigonometrische Funktionen

Lassen wir den Punkt *P* in positiver (Winkel-)Richtung, d.h. gegen den Uhrzeigersinn auf dem Kreisbogen laufen, so erhalten wir für die Größen *sinx* und *cosx* die in Tabelle 10.9.10 (beispielhaft) aufgeführten Werte:

Tabelle 10.9.10: Beispiele für Werte von *sinx* und *cosx*

α	0°	30°	60°	90°	120°	180°	270°	360°
x	0	$\frac{\pi}{6}$	$\frac{\pi}{3}$	$\frac{\pi}{2}$	$\frac{2}{3}\pi$	π	$\frac{3}{2}\pi$	2π
sinx	0	0,5	0,87	1	0,87	0	−1	0
cosx	1	0,87	0,5	0	−0,5	−1	0	1

Die Sinus- bzw. die Kosinusfunktion ist für $0 \leq x \leq 2\pi$ über die Längen der Ordinaten bzw. Abszissen (bei einem Kreisumlauf des Punktes *P*) definiert. Dabei gilt:

$$sin(x + 2\pi) = sinx$$
$$cos(x + 2\pi) = cosx. \quad \text{(10.9.04)}$$

Aufgrund der Gleichungen (10.9.04) können beide Funktionen auch als reelle Funktionen für $x \in \mathbf{R}$ definiert werden:

Sinusfunktion: $y = sinx, \quad x \in D_{sin} = \mathbf{R}$ *Sinusfunktion*
Kosinusfunktion: $y = cosx, \quad x \in D_{cos} = \mathbf{R}.$ *Kosinusfunktion*

Die Graphen der Sinus- und der Kosinusfunktion sind in Abb. 10.9.11 dargestellt.

Für die Sinus- und Kosinusfunktion gelten:

i)   die sog. *Additionstheoreme* (für alle $x, y \in \mathbf{R}$):   *Additionstheorem*

$$sin(x \pm y) = sinx\,cosy \pm cosx\,siny,$$
$$cos(x \pm y) = cosx\,cosy \mp sinx\,siny. \quad \text{(10.9.05)}$$

ii)   der *Satz von Pythagoras* (Spezialfall)[29]:   *Satz von Pythagoras*

$$(sinx)^2 + (cosx)^2 = 1 \quad \text{für alle } x \in \mathbf{R}.$$

---

[29]   Allgemein gilt: Sind *a* und *b* die Katheten und *c* die Hypothenuse eines rechtwinkligen Dreiecks, so besteht die Beziehung $a^2 + b^2 = c^2$.

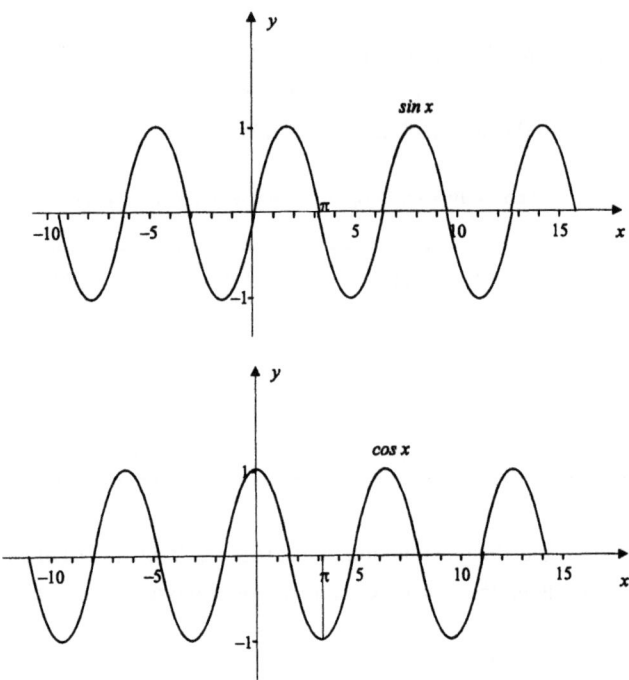

Abb. 10.9.11: Die Graphen der Sinus- und Kosinusfunktion

Ebenfalls zu den trigonometrischen Funktionen zählen die Tangens- bzw. die Kotangensfunktion, die beide aus der Sinus- und der Kosinusfunktion durch Quotientenbildung entstehen:

Tangensfunktion Tangensfunktion: $\quad y = \tan x = \dfrac{\sin x}{\cos x}, \quad x \in D_{tan}$,

$$D_{tan} = \left\{ x \in R \,\middle|\, x \neq k\pi + \dfrac{\pi}{2}, \quad k \in Z \right\}.$$

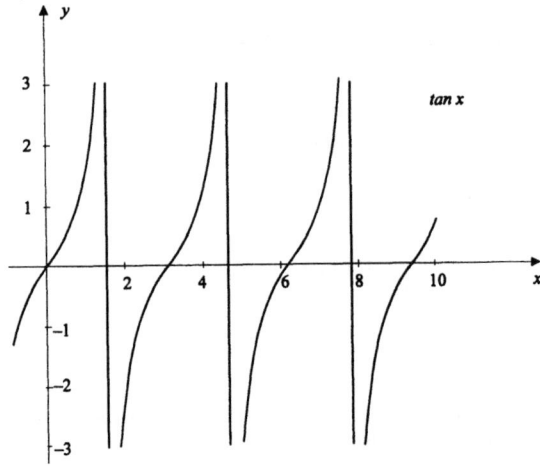

10.9 Exponential- und Logarithmusfunktionen, trigonometrische Funktionen

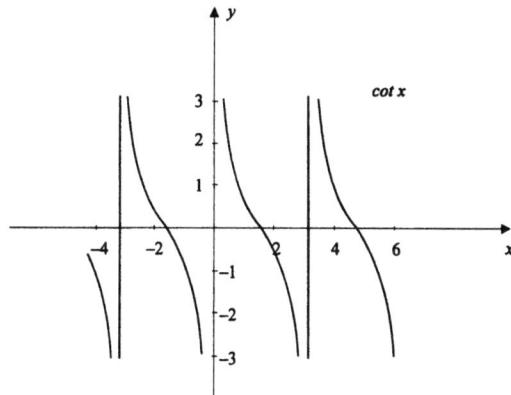

Abb. 10.9.12: Graphen der Tangens- und Kotangensfunktion

Kotangensfunktion: $\quad y = cot x = \dfrac{\cos x}{\sin x}, \quad x \in D_{cot},$ *Kotangensfunktion*

$$D_{cot} = \{x \in R | x \neq k\pi, k \in Z\}.$$

Die Tangens- bzw. Kotangensfunktion ist für die Nullstellen der betreffenden Nennerfunktion

$$x = k\pi + \frac{\pi}{2} \qquad \text{bzw.} \quad x = k\pi \quad \text{mit} \quad k \in Z$$

nicht definiert (vgl. die oben angegebenen Definitionsbereiche D_{tan}, bzw. D_{cot}). Die Graphen dieser Funktionen sind in Abb. 10.9.12 dargestellt.

Die trigonometrischen Funktionen (*sin, cos, tan, cot*) gehören zu den sog. Periodischen Funktionen[30]:

Definition 10.9.13

Eine Funktion f mit $D_f = R$ (oder $D_f = [0, \infty)$ bzw. $D_f = (-\infty, 0]$) heißt periodisch mit der *Periode* $T > 0$, wenn für alle $x \in D_f$ gilt: *periodische Funktion*

$f(x + T) = f(x).$

Die Sinus- und die Kosinusfunktion haben die Periode $T = 2\pi$, d.h. es gilt für $k \in Z$:

$\sin x = \sin(x + k \cdot 2\pi),$
$\cos x = \cos(x + k \cdot 2\pi).$ \hfill (10.9.06)

---

[30] Nicht-trigonometrische periodische Funktionen kommen z.B. bei Lagerhaltungsmodellen vor, vgl. Beispiel 10.15.1.

Die Tangens- und die Kotangensfunktion haben wegen

$$\tan(x+\pi) = \frac{\sin(x+\pi)}{\cos(x+\pi)} = \frac{-\sin x}{-\cos x} = \tan x$$

$$\cot(x+\pi) = \frac{\cos(x+\pi)}{\sin(x+\pi)} = \frac{-\cos x}{-\sin x} = \cot x$$

die Periode $T = \pi$.[31]

Übungsaufgabe 10.9.14

Zeigen Sie mit Hilfe der Additionstheoreme

i) $\sin(x+\pi) = -\sin x$,
ii) $\cos(x+\pi) = -\cos x$.

Übungsaufgabe 10.9.15

Die Sinus- und die Kosinusfunktion sind beschränkte Funktionen. Geben Sie (irgendwelche) Schranken an sowie das Supremum und das Infimum.

Übungsaufgabe 10.9.16

Geben Sie die Definitionslücken der Tangens- bzw. Kotangensfunktion an.

Übungsaufgabe 10.9.17

Keine der trigonometrischen Funktionen (*sin, cos, tan, cot*) ist auf dem jeweiligen gesamten Definitionsbereich monoton. Geben Sie für die Sinus- bzw. die Kosinusfunktion je ein Intervall an, auf dem sie

i) streng monoton steigend
ii) streng monoton fallend   ist.

---

[31] Zum Nachweis dieser Gleichungen werden die Additionstheoreme benutzt, vgl. Übungsaufgabe 10.9.14.

10.10 Folgen

Die Begriffe „Grenzwert" und „Konvergenz", die grundlegend für das Verständnis der Eigenschaften „Stetigkeit", „Differenzierbarkeit" und „Integrierbarkeit" von Funktionen sind, können intuitiv am leichtesten über die sog. Folgen erfaßt werden, mit denen wir uns im folgenden zunächst beschäftigen[32]. Zahlenfolgen finden überall Anwendung, wo eine Anzahl aufeinanderfolgender Werte (Meßwerte, Kurse, Wachstumsraten, etc.) z.B. in zeitlicher Reihenfolge notiert werden. Als besonderes Anwendungsgebiet sei die Zinseszinsrechnung hervorgehoben.

Folgen sind eine spezielle Klasse von Funktionen:

- Für den Definitionsbereich einer Folge gilt stets: $D_f = N$.
- Für den Funktionswert einer Folge an einer Stelle $n \in N$ wählt man die Schreibweise $a_n = f(n)$

Definition 10.10.1

> Eine Folge ist eine Funktion f von $D_f = N$ in eine Menge Y. Der jedem $n \in N$ zugeordnete Funktionswert $a_n = f(n) \in Y$ heißt n-tes *Glied der Folge*.

Glied der Folge

Anstelle von $f: N \to Y$, $a_n = f(n)$, schreibt man i.a. kurz

„Die Folge $\{a_n\}_{n \in N}$" oder „Die Folge $\{a_1, a_2, a_3, ...\}$"[33].

In manchen Fällen betrachtet man auch Abbildungen

- von N_0 in Y. Das 1. Folgenglied lautet dann a_0.
- von $\{1, ..., m\}$[34] in Y. Dann liegt eine sog. *endliche Folge* vor (vgl. die Beispiele 10.10.9 und 10.10.10).   *endliche Folge*
  Ist $Y = R$, so spricht man von *reellen Zahlenfolgen*.   *reelle Zahlenfolge*

Wir betrachten im folgenden nur noch reelle Zahlenfolgen, und sofern nichts anderes vermerkt ist, beginnen wir stets mit dem Folgenglied a_1 (nicht a_0). Es gibt ver-

---

[32] Eine ausführliche Behandlung der Folgen sowie auch des Grenzwertbegriffes finden Sie z.B. in Piehler, Sippel, Pfeiffer [1996].

[33] In manchen Lehrbüchern werden anstelle von geschweiften Klammern auch runde Klammern verwendet, z.B. $(a_n)_{n \in N}$.

[34] oder $\{0, 1, ..., m\}$, $m \in N$.

schiedene Arten von Vorschriften, nach denen die Glieder einer Folge bestimmt werden. Die wichtigsten erläutern wir an Beispielen.

Bildungsgesetz

i) Die Glieder der Folge sind über eine Funktionsgleichung berechenbar, die man in diesem Zusammenhang auch *Bildungsgesetz* nennt; z.B.

- $a_n = \dfrac{1}{n}$ beschreibt die Folge $\left\{1, \dfrac{1}{2}, \dfrac{1}{3}, \dfrac{1}{4}, \ldots\right\}$,

- $a_n = (-1)^n = \begin{cases} 1 & \text{falls } n \text{ gerade} \\ -1 & \text{falls } n \text{ ungerade} \end{cases}$

  beschreibt die Folge $\{-1, 1, -1, 1, \ldots\}$,

- $a_n = \dfrac{1}{4}(-1)^n \left(\dfrac{1}{3}\right)^{n-1}$ beschreibt die Folge $\left\{-\dfrac{1}{4}, \dfrac{1}{12}, -\dfrac{1}{36}, \ldots\right\}$.

ii) Die Glieder der Folge sind *rekursiv*[35] berechenbar, d.h. es müssen bereits alle Folgenglieder bis a_{n-1} berechnet worden sein, um a_n gemäß einer sog. *Rekursionsformel* angeben zu können; z.B.

Rekursionsformel

$a_n = a_{n-1} + a_{n-2}$ für $n \geq 3$, $a_1 = 1$, $a_2 = 2$.[36]

Dabei bezeichnet man die ersten beiden Folgenglieder a_1 und a_2 auch als *Startwerte*.

Startwert

iii) Die Glieder der Folge ergeben sich durch (zeitlich aufeinanderfolgende) Messungen oder Beobachtungen (wie z.B. höchste Tagestemperaturen, Wechselkursnotierungen, Notierungen der Inflationsrate etc.). Solche Folgen können i.a. nicht formelmäßig erfaßt werden.

Bemerkung 10.10.2

- Eine Folge ist durch die als Folgenglieder auftretenden Werte sowie deren Reihenfolge gekennzeichnet. Insbesondere darf die Folge $\{a_n\}_{n \in N}$ nicht mit der Menge der auftretenden Werte (dem Wertebereich) $\{a_n | n \in N\}$ verwechselt werden. In der zweiten Folge unter i) ist z.B. $\{a_n\}_{n \in N} = \{-1, 1, -1, 1, \ldots\}$, aber $\{a_n | n \in N\} = \{-1, 1\}$.

- Anstelle von $\{a_n\}_{n \in N}$ mit $a_n = \dfrac{1}{n}$ schreibt man oft kurz $\left\{\dfrac{1}{n}\right\}_{n \in N}$.

---

35 lateinisch: recurrere = zurücklaufen.

36 Diese Folge bezeichnet man übrigens als Folge der *Fibonacci-Zahlen*, nach dem Mathematiker Leonardo von Pisa (etwa 1180–1228), der auch Fibonacci (Sohn des Bonacci) genannt wurde. Sie spielt z.B. bei der Beschreibung des Wachstums von Populationen eine Rolle.

Übungsaufgabe 10.10.3

Stellen die natürlichen Zahlen

$$\{1, 2, 3, 4, 5, ...\}$$

bzw. die ganzen Zahlen

$$\{..., -2, -1, 0, 1, 2, 3, ...\}$$

eine Folge dar?

Übungsaufgabe 10.10.4

Berechnen Sie jeweils das 2. und das 5. Glied der Folge:

i) $a_n = 6 - \dfrac{2}{n}$,

ii) $a_n = \left(1 + \dfrac{1}{n}\right)^n$.

Übungsaufgabe 10.10.5

Vorgegeben seien einige Glieder einer Folge. Geben Sie das Bildungsgesetz an:

i) $\dfrac{1}{2}, \dfrac{2}{3}, \dfrac{3}{4}, \dfrac{4}{5}, \dfrac{5}{6}, \dfrac{6}{7}, ...$

ii) $3, 5, 7, 9, 11, ...$

Übungsaufgabe 10.10.6

Berechnen Sie die ersten 13 Glieder der Fibonacci[37]-Folge

$$a_n = a_{n-1} + a_{n-2} \quad \text{mit } a_1 = 1, a_2 = 2, n \geq 3.$$

Zwei spezielle Typen von Folgen wollen wir besonders hervorheben:

---

[37] vgl. Fußnote 36

- Folgen, bei denen die Differenz zwischen je zwei aufeinanderfolgenden Folgengliedern stets dieselbe (also konstant) ist.

Beispiel:

$\{a_n\}_{n \in N} = \{1 + 5n\}_{n \in N} = \{6, 11, 16, 21, ...\}$;

es ist $a_{n+1} - a_n = 1 + 5(n + 1) - 1 - 5n = 5$ für alle $n \in N$.

- Folgen, bei denen der Quotient von je zwei aufeinanderfolgenden Folgengliedern stets konstant ist.

Beispiel:

$\{a_n\}_{n \in N} = \left\{\left(\frac{1}{2}\right)^n\right\}_{n \in N} = \left\{\frac{1}{2}, \frac{1}{4}, \frac{1}{8}, \frac{1}{16}, ...\right\}$;

es ist $\dfrac{a_{n+1}}{a_n} = \dfrac{\left(\frac{1}{2}\right)^{n+1}}{\left(\frac{1}{2}\right)^n} = \dfrac{1}{2}$ für alle $n \in N$.

Definition 10.10.7

arithmetische Folge   i)   Eine Folge $\{a_n\}_{n \in N}$ heißt *arithmetische Folge*, wenn es eine Konstante $d \in R$ gibt, so daß für jedes $n \in N$ gilt:

$$a_{n+1} - a_n = d.$$

geometrische Folge   ii)   Eine Folge $\{a_n\}_{n \in N}$ heißt *geometrische Folge*, wenn es eine Konstante $q \in R$ gibt, so daß für jedes $n \in N$ gilt:

$$\frac{a_{n+1}}{a_n} = q.$$

Arithmetische bzw. geometrische Folgen kann man an ihrem Bildungsgesetz erkennen. Dieses läßt sich nämlich schreiben in der Form

$a_n = a_1 + (n - 1)d$ (arithmetische Folge)   (10.10.01)

$a_n = a_1 \cdot q^{n-1}$ (geometrische Folge).   (10.10.02)

konstante Differenz   Dabei ist a_1 jeweils das Anfangsglied und d bzw. q die *konstante Differenz* bzw.
konstanter Quotient   der *konstante Quotient*.

10.10 Folgen

Wir erläutern die Herleitung des Bildungsgesetzes (10.10.01) an einem Beispiel:
Für die Folge $\{a_n\}_{n \in N}$ mit $a_n = 1 + 5n$ gilt:

$a_1 = 6$
$a_2 = a_1 + 5 = 6 + 1 \cdot 5$
$a_3 = a_2 + 5 = (6 + 1 \cdot 5) + 5 = a_1 + 2 \cdot 5$
$a_4 = a_3 + 5 = (6 + 2 \cdot 5) + 5 = a_1 + 3 \cdot 5$
$\vdots$
$a_n = a_{n-1} + 5 = (6 + (n-2)5) + 5 = a_1 + (n-1)5.$

Bemerkung 10.10.8

Sind a und b zwei positive reelle Zahlen, so bezeichnet man die Zahl

$$m = \frac{1}{2}(a+b)$$

als das *arithmetische Mittel* von a und b und die Zahl   *arithmetisches Mittel*

$$g = \sqrt{a \cdot b}$$

als das *geometrische Mittel* von a und b.   *geometrisches Mittel*

Für jede (beliebige) arithmetische (bzw. geometrische) Folge gilt die folgende Eigenschaft, aus der sich auch der Name „arithmetisch" (bzw. „geometrisch") ableitet: „Jedes Folgenglied (außer a_1) einer arithmetischen (bzw. geometrischen) Folge ist das arithmetische (bzw. geometrische) Mittel seiner beiden benachbarten Folgenglieder"[38].

Die folgenden beiden Beispiele zeigen die Anwendung der arithmetischen bzw. geometrischen Folgen in der Ökonomie.

Beispiel 10.10.9

Die Wertminderung von Maschinen wird innerhalb des Rechnungswesens bei linearer Abschreibung durch jährlich gleichbleibende Abschreibungsbeträge berücksichtigt. Eine Maschinenanlage wird zu einem Preis von 50000 DM beschafft. Am Ende der Nutzungsdauer von 8 Jahren hat sie noch einen Buchwert (Wiederverkaufswert bzw. Schrottwert) von 2000 DM. Die gesamte Wertminderung in 8 Jahren beträgt also

---

[38] Vgl. auch Übungsaufgabe 10.10.13.

50000 DM − 2000 DM = 48000 DM.

Der jährliche Abschreibungsbetrag berechnet sich daher zu

48000 DM : 8 = 6000 DM.

Die Buchwerte der Anlage am Ende der einzelnen Jahre lauten:

44000 DM, 38000 DM, 32000 DM, 26000 DM,
20000 DM, 14000 DM, 8000 DM, 2000 DM.

Fassen wir diese Buchwerte als Glieder einer endlichen Folge auf, so ist die Differenz zwischen je zwei Folgengliedern konstant, nämlich gleich dem jährlichen Abschreibungsbetrag 6000 DM. Es handelt sich hier also um eine (endliche) arithmetische Folge.

Beispiel 10.10.10

Zu Beginn eines Jahres werden 1200 DM auf ein Sparbuch eingezahlt, die mit 4 % jährlich verzinst werden. Die Zinsen werden nach jedem Jahr gutgeschrieben und dann mitverzinst; es finden keine weiteren Kontobewegungen statt. Wir zeigen, daß die Kontostände zu Beginn eines jeden Jahres eine geometrische Folge bilden. Es ist

$$a_1 = 1200.$$

Der Kontostand a_2 zu Beginn des 2. Jahres ergibt sich als Summe aus dem ursprünglichen Kontostand und den Zinsen:

$$\begin{aligned} a_2 &= a_1 + a_1 \cdot \frac{4}{100} \\ &= a_1 \cdot 1{,}04 \\ &= 1200 \cdot 1{,}04 = 1248. \end{aligned}$$

Entsprechend erhalten wir für die weiteren Kontostände:

$$\begin{aligned} a_3 &= a_2 + a_2 \cdot \frac{4}{100} = a_2 \cdot 1{,}04 \\ &= 1248 \cdot 1{,}04 = 1297{,}92 \\ a_4 &= a_3 + a_3 \cdot \frac{4}{100} = a_3 \cdot 1{,}04 = 1349{,}83 \\ &\vdots \\ a_n &= a_{n-1} \cdot 1{,}04. \end{aligned}$$

10.10 Folgen

Das Anfangsglied der geometrischen Folge ist also $a_1 = 1200$ und der konstante Quotient $q = 1{,}04$. Bei gleichbleibendem Zinssatz steht nach 10 Jahren ein Kapital von 1776,29 DM zur Verfügung. Dies berechnet sich nach (10.10.02):

$$a_{11} = a_1 \cdot 1{,}04^{10} \approx 1200 \cdot 1{,}48024 \approx 1776{,}29.$$

(Zur Berechnung von $1{,}04^{10}$ gibt es Tabellen oder man verwendet einen Taschenrechner.)

Bemerkung 10.10.11

Anhand der letzten beiden Beispiele wird deutlich, daß in der Praxis oft endliche Folgen auftreten, während in der Mathematik i.a. Folgen mit unendlich vielen Folgengliedern betrachtet werden.

Übungsaufgabe 10.10.12

Geben Sie die ersten 5 Glieder der

i) arithmetischen Folge $\{a_n\}_{n \in N}$ mit $a_1 = -\dfrac{11}{2}, d = \dfrac{1}{4}$,

ii) geometrischen Folge $\{a_n\}_{n \in N}$ mit $a_1 = -6, q = -1$ an.

Übungsaufgabe 10.10.13

Zeigen Sie mit Hilfe von Definition 10.10.7, daß es sich bei einer Folge mit dem in Gleichung (10.10.01) bzw. (10.10.02) angegebenen Bildungsgesetz um eine arithmetische bzw. geometrische Folge handelt.

Von besonderem Interesse sind *monotone Folgen* und *beschränkte Folgen*. Da Folgen spezielle Funktionen sind und wir in Abschnitt 10.4 monotone und beschränkte Funktionen behandelt haben, bleibt hier nichts grundsätzlich Neues zu definieren. Während aber bei einer beliebigen Funktion f sowohl Monotonie als auch Beschränktheit bzgl. Teilmengen A des Definitionsbereiches D_f betrachtet wird (wobei A i.a. eine echte Teilmenge von D_f ist), spricht man bei Folgen nur dann von einer monotonen bzw. beschränkten Folge, wenn diese Eigenschaft für alle Folgenglieder gilt (d.h. für alle $n \in D_f = N$).

monotone Folge
beschränkte Folge

Eine Folge $\{a_n\}_{n \in N}$ heißt

- monoton steigend (bzw. fallend), wenn $a_n \leq a_{n+1}$ (bzw. $a_n \geq a_{n+1}$)
- streng monoton steigend (bzw. fallend), wenn $a_n < a_{n+1}$ (bzw. $a_n > a_{n+1n}$)
- nach oben (bzw. nach unten) beschränkt, wenn es eine Zahl S (bzw. s) gibt, so daß $a_n \leq S$ (bzw. $a_n \geq s$)
für (jeweils) alle $n \in N$ gilt.

- Beispiele:
$\left\{\dfrac{1}{n}\right\}_{n \in N}$ ist streng monoton fallend $\left(\dfrac{1}{n} > \dfrac{1}{n+1}\right.$ für alle $n \in N\bigg)$ und (nach oben sowie nach unten) beschränkt $\left(0 < \dfrac{1}{n} \leq 1 \right.$ für alle $n \in N\bigg)$.

- $\{(-1)^n\}_{n \in N}$ ist nicht monoton, aber (nach oben und nach unten) beschränkt ($-1 \leq (-1)^n \leq 1$ für alle $n \in N$).

- $\{1 + 5n\}_{n \in N}$ ist streng monoton steigend ($1 + 5n < 1 + 5(n+1)$ für alle $n \in N$), nach unten beschränkt ($6 \leq 1 + 5n$ für alle $n \in N$), aber nach oben unbeschränkt.

Übungsaufgabe 10.10.14

Sind die Folgen (nach oben und/oder nach unten) beschränkt? Geben Sie gegebenenfalls eine obere und die größte untere Schranke an.

i) $\left\{1, -1, \dfrac{1}{3}, -1, \dfrac{1}{5}, -1, \dfrac{1}{7}, -1, \ldots\right\}$

ii) $a_n = n + \dfrac{1}{(-2)^n}$

⌛

Es gibt viele Anwendungen, die, ausgehend von einer Folge $\{a_n\}_{n \in N}$, die Aufsummierung der Folgenglieder

$$a_1 + a_2 + a_3 + \ldots$$

Teilsumme, Partialsumme, endliche Reihe

entweder bis zu einem Index n oder „bis unendlich" erfordern. Dies führt auf die Begriffe *Teilsumme* oder *Partialsumme* oder *endliche Reihe* für die Summe

$$s_n = a_1 + a_2 + \ldots + a_n$$

und auf den Begriff der *unendlichen Reihe*: Bilden wir aus den Gliedern einer Folge $\{a_n\}_{n \in N}$ die Summen

unendliche Reihe

$$s_1 = a_1$$
$$s_2 = a_1 + a_2$$
$$s_3 = a_1 + a_2 + a_3 = \sum_{i=1}^{3} a_i$$
$$\vdots$$
$$s_n = a_1 + a_2 + \ldots a_n = \sum_{i=1}^{n} a_i,$$

so erhalten wir eine neue Folge $\{s_n\}_{n \in N}$. Die Folge $\{s_n\}_{n \in N}$ heißt die zu $\{a_n\}_{n \in N}$ *gehörige (unendliche) Reihe*.

Die zu einer arithmetischen bzw. geometrischen Folge gehörige Reihe nennt man *arithmetische* bzw. *geometrische Reihe*. Aus der besonderen Form des Bildungsgesetzes für arithmetische bzw. geometrische Folgen (vgl. Gleichungen (10.10.01) und (10.10.02)) lassen sich die folgenden Summenformeln für die *n*-te Partialsumme s_n einer arithmetischen bzw. geometrischen Reihe herleiten:

arithmetische Reihe, geometrische Reihe

$$s_n = n \cdot a_1 + \frac{n(n-1)}{2} d \quad \text{bzw.}$$
$$s_n = a_1 \frac{1-q^n}{1-q}, \quad a_1 \neq 0, q \neq 1.$$

Dabei bezeichnen a_1 das jeweilige Anfangsglied und d bzw. q die konstante Differenz bzw. den konstanten Quotient der zugrundeliegenden Folge $\{a_n\}_{n \in N}$.

10.11 Grenzwerte bei Folgen

Für die Definition des Grenzwertes bei Folgen benötigen wir den Begriff der -Umgebung.

Eine ε-*Umgebung* einer reellen Zahl a ist die Menge

ε-*Umgebung*

$$U_\varepsilon(a) = \{x \in \mathbf{R} \mid |x - a| < \varepsilon\}$$
$$= \{x \in \mathbf{R} \mid a - \varepsilon < x < a + \varepsilon\}, \quad \varepsilon > 0.$$

Sie entspricht also dem offenen Intervall $(a - \varepsilon, a + \varepsilon) \subsetneq \mathbf{R}$.

Wir wollen das Verhalten von Folgen für große Werte $n \in N$ untersuchen. Für die Folge $\left\{\dfrac{1}{n}\right\}_{n \in N}$ finden wir z.B. für große $n \in N$ zu jedem (noch so kleinen) $\varepsilon > 0$ stets Folgenglieder a_n in der ε-Umgebung $U_\varepsilon(0)$.

Wir betrachten die beiden Folgen $\{a_n\}_{n \in N} = \left\{\dfrac{1}{n}\right\}_{n \in N}$ und $\{b_n\}_{n \in N} = \left\{6 - \dfrac{2}{n}\right\}_{n \in N}$:

$$\{a_n\}_{n \in N} = \left\{1, \frac{1}{2}, \frac{1}{3}, ..., \frac{1}{1000}, ...\right\}$$

$$\{b_n\}_{n \in N} = \left\{4, 5, 5\frac{1}{3}, 5\frac{1}{2}, ..., 5\frac{998}{1000}, ...\right\}.$$

Offensichtlich liegen für wachsende $n \in N$ die Folgenglieder a_n immer näher bei 0 und die Folgenglieder b_n immer näher bei 6. Mit anderen Worten: Geben wir uns eine beliebig kleine Zahl $\varepsilon > 0$ vor, so können wir immer eine Zahl $n_0(\varepsilon)$ bzw. $n_1(\varepsilon)$ finden, so daß

$$a_n \in U_\varepsilon(0) \quad \text{für alle } n > n_0(\varepsilon) \quad \text{bzw.}$$
$$b_n \in U_\varepsilon(6) \quad \text{für alle } n > n_1(\varepsilon)$$

gilt. Wenn ε „sehr klein" ist, muß $n_0(\varepsilon)$ bzw. $n_1(\varepsilon)$ nur „genügend groß" gewählt werden.

Wir präzisieren dies:

Für den Abstand von a_n von 0 gilt, falls $n > n_0(\varepsilon) = \dfrac{1}{\varepsilon}$ ist:

$$|a_n - 0| = \left|\frac{1}{n} - 0\right| = \left|\frac{1}{n}\right| = \frac{1}{n} < \frac{1}{\frac{1}{\varepsilon}} = \varepsilon.$$

Dies bedeutet dasselbe wie

$$a_n = \frac{1}{n} \in U_\varepsilon(0) \quad \text{für alle } n > \frac{1}{\varepsilon}.$$

Analog erhält man für alle $n > n_1(\varepsilon) = \dfrac{2}{\varepsilon}$:

$$|b_n - 6| = \left|6 - \frac{2}{n} - 6\right| = \left|-\frac{2}{n}\right| = \frac{2}{n} < \varepsilon, \quad \text{also}$$

$$b_n = \left(6 - \frac{2}{n}\right) \in U_\varepsilon(6).$$

10.11 Grenzwerte bei Folgen

Definition 10.11.1

Eine Folge $\{a_n\}_{n \in N}$ *konvergiert* gegen einen *Grenzwert* $a \in R$, wenn es zu jedem beliebig kleinen $\varepsilon > 0$ eine (von ε abhängende) Zahl $n(\varepsilon)$ gibt, so daß

$$a_n \in U_\varepsilon(a)$$

gilt für alle Folgenglieder a_n mit einem Index $n > n(\varepsilon)$. Man schreibt: $a_n \to a$ für $n \to \infty$ oder $\lim_{n \to \infty} a_n = a$.[39]

Eine Folge, die nicht konvergent ist, heißt divergent.

Die beiden oben betrachteten Folgen $\left\{\dfrac{1}{n}\right\}_{n \in N}$ und $\left\{6 - \dfrac{2}{n}\right\}_{n \in N}$ konvergieren also gegen 0 bzw. 6, d.h. es gilt

$$\lim_{n \to \infty} \frac{1}{n} = 0 \quad \text{bzw.} \quad \lim_{n \to \infty} \left(6 - \frac{2}{n}\right) = 6.$$

Bemerkung 10.11.2

i) Folgen, die gegen den Grenzwert 0 konvergieren, nennt man *Nullfolgen*. — *Nullfolge*

ii) Konvergiert eine Folge gegen einen Grenzwert, so liegen für jedes (noch so kleine) $\varepsilon > 0$ *alle* Folgenglieder mit Index $n > n(\varepsilon)$ in der ε-Umgebung des Grenzwertes. Man sagt hierfür auch: für jedes $\varepsilon > 0$ liegen *fast alle* Folgenglieder in der ε-Umgebung des Grenzwertes (und außerhalb liegen nur endlich viele).

iii) Sofern in jeder noch so kleinen Umgebung einer Zahl a zwar stets unendlich viele, aber nicht fast alle Folgenglieder liegen, so handelt es sich nicht um einen Grenzwert sondern um einen sog. *Häufungspunkt*. Wir erläutern — *Häufungspunkt* diesen Begriff anhand des folgenden Beispiels, gehen aber nicht näher auf ihn ein.

Beispiel 10.11.3

Für die Folge $\{a_n\}_{n \in N}$ mit

---

[39] lim ist die Abkürzung von (lat.) Limes = Grenze.

$$a_n = \begin{cases} 0 & \text{für } n \text{ gerade} \\ 3 - \frac{1}{n} & \text{für } n = 1, 5, 9, 13, \ldots \\ 1 & \text{für } n = 3, 7, 11, \ldots \end{cases}$$

„häufen sich" die Folgenglieder jeweils bei $a = 0$, $a' = 3$ und $a'' = 1$. Es gilt nämlich für jedes (noch so kleine) $\varepsilon > 0$:

i) Für jedes gerade $n \in N$ ist $a_n = 0$ und somit $a_n \in U_\varepsilon(0)$. Es liegen also unendlich viele Folgenglieder in der ε-Umgebung von 0.

ii) In der ε-Umgebung von 3 liegen ebenfalls unendlich viele Folgenglieder; denn für alle (genügend großen) ungeraden n der Form $n = 4m + 1$, $m \in N$, gilt: $a_n \in U_\varepsilon(3)$. $\left(\text{Man wähle z.B. } n > n(\varepsilon) = \frac{1}{\varepsilon}.\right)$

iii) Für jedes ungerade $n \in N$ der Form $n = 4m + 3$, $m \in N$, gilt $a_n = 1$ und somit $a_n \in U_\varepsilon(1)$. Also liegen auch in der ε-Umgebung von 1 unendlich viele Folgenglieder.

Die Werte a, a' und a'' sind Häufungspunkte der Folge. Die Folge besitzt keinen Grenzwert, da wir nicht zu beliebig kleinem $\varepsilon > 0$ jeweils eine Zahl $n(\varepsilon)$ angeben können, so daß *alle* Folgenglieder a_n mit $n > n(\varepsilon)$ in der ε-Umgebung eines „Grenzwertes" liegen.

Wir behandeln nun eine wichtige Beziehung, die zwischen den Eigenschaften der Konvergenz, der Beschränktheit und der Monotonie von Folgen besteht.

Die beiden zu Beginn dieses Abschnittes betrachteten konvergenten Folgen $\left\{\frac{1}{n}\right\}_{n \in N}$ und $\left\{6 - \frac{2}{n}\right\}_{n \in N}$ sind beschränkt:

- $s \leq \frac{1}{n} \leq S$ z.B. für $s = -1$ und $S = 1$.
- $s \leq 6 - \frac{2}{n} \leq S$ z.B. für $s = 0$ und $S = 10$.

Es gilt allgemein:

Satz 10.11.4

i) Ist eine Folge konvergent, so ist sie beschränkt.
ii) Ist eine Folge beschränkt und monoton, so ist sie konvergent.

10.11 Grenzwerte bei Folgen

Dieser Satz wird häufig in der Form

„Ist eine Folge nicht beschränkt, so ist sie auch nicht konvergent"

angewandt.

Am Beispiel 10.11.3 können wir erkennen, daß es aber für die Konvergenz einer Folge nicht ausreicht, wenn sie beschränkt ist. Dort gilt nämlich:

$0 \leq a_n \leq 3$ für alle $n \in N$,

die Folge ist also beschränkt, aber – wie wir oben gesehen haben – nicht konvergent. Eine beschränkte Folge muß also nicht konvergent sein. Ist aber eine beschränkte Folge zusätzlich monoton, so ist sie konvergent.

Bemerkung 10.11.5

i) Für die beiden zu Beginn dieses Abschnittes betrachteten Folgen $\left\{\frac{1}{n}\right\}_{n \in N}$ bzw. $\left\{6 - \frac{2}{n}\right\}_{n \in N}$ haben wir die Konvergenz direkt (d.h. mit Hilfe von Definition 10.11.1) gezeigt. Da beide Folgen (wie erwähnt) beschränkt und monoton (sogar streng monoton steigend bzw. streng monoton fallend) sind, folgt die Konvergenz auch mit Hilfe von Satz 10.11.4 ii). Allerdings sagt Satz 10.11.4 ii) nur etwas aus über die Existenz eines Grenzwertes, nicht aber etwas über seinen Wert.

ii) Konvergente Folgen müssen zwar beschränkt (vgl. Satz 10.11.4 i)) aber nicht monoton sein; z.B. ist die Folge $\left\{(-1)^n \frac{1}{n}\right\}_{n \in N}$ eine Nullfolge, also konvergent mit dem Grenzwert 0, aber nicht monoton, da die Folgenglieder abwechselnd positives bzw. negatives Vorzeichen haben. (Eine solche Folge nennt man auch *alternierend*.)

alternierende Folge

Da Folgen spezielle Funktionen sind, ist die Addition, die Subtraktion, die Multiplikation und die Division von Folgen gemäß den in Abschnitt 10.3 behandelten Definitionen erklärt. Es ist z.B. unter der Addition der Folgen

$\{a_n\}_{n \in N}$ und $\{b_n\}_{n \in N}$ die Folge

$\{a_n + b_n\}_{n \in N} = \{a_1 + b_1, a_2 + b_2, \ldots\}$

zu verstehen.

Verknüpft man konvergente Folgen durch Addition, Subtraktion, Multiplikation oder Division (sofern diese erklärt ist), so ist auch die entstehende Folge konvergent. Es gilt nämlich z.B. für zwei gegen a bzw. b konvergente Folgen $\{a_n\}_{n \in N}$ bzw. $\{b_n\}_{n \in N}$ für jedes beliebig kleine $\varepsilon > 0$:

$$|a_n - a| < \varepsilon \quad \text{für} \quad n > n_0(\varepsilon) \quad \text{bzw.} \quad |b_n - b| < \varepsilon \quad \text{für} \quad n > n_1(\varepsilon).$$

Hieraus folgt:

$$|(a_n + b_n) - (a + b)| = |(a_n - a) + (b_n - b)| \leq |a_n - a| + |b_n - b| < 2\varepsilon^{40}$$

für alle n, die größer sind als die größere der beiden Zahlen $n_0(\varepsilon)$ und $n_1(\varepsilon)$. Dies bedeutet aber, daß die Folge $\{a_n + b_n\}_{n \in N}$ gegen $(a + b)$ konvergiert, denn für hinreichend große n liegen alle Folgenglieder $(a_n + b_n)$ in der 2ε-Umgebung $U_{2\varepsilon}(a + b)$, und diese Umgebung kann bei beliebigem $\varepsilon > 0$ beliebig klein werden.

Für die Berechnung des Grenzwertes bei konvergenten Folgen gelten die im folgenden Satz zusammengestellten Rechenregeln.

Satz 10.11.6

Es sei $\lim\limits_{n \to \infty} a_n = a$ **und** $\lim\limits_{n \to \infty} b_n = b$. **Dann gilt:**

$$\lim_{n \to \infty} (a_n \pm c) = \lim_{n \to \infty} a_n \pm c = a \pm c, \quad c \in \mathbf{R}, \qquad (10.11.01)$$

$$\lim_{n \to \infty} (c \cdot a_n) = c \cdot \lim_{n \to \infty} a_n = c \cdot a, \quad c \in \mathbf{R}, \qquad (10.11.02)$$

$$\lim_{n \to \infty} (a_n \pm b_n) = \lim_{n \to \infty} a_n \pm \lim_{n \to \infty} b_n = a + b, \qquad (10.11.03)$$

$$\lim_{n \to \infty} (a_n \cdot b_n) = \lim_{n \to \infty} a_n \cdot \lim_{n \to \infty} b_n = a \cdot b. \qquad (10.11.04)$$

Ist $b \neq 0$, so gibt es einen Index $n_0 \in N$ derart, daß $b_n \neq 0$ für alle $n \geq n_0$. Es ist dann $\dfrac{a_n}{b_n}$ für alle $n \geq n_0$ erklärt und für den Grenzwert gilt:

$$\lim_{n \to \infty} \left(\frac{a_n}{b_n} \right) = \frac{\lim\limits_{n \to \infty} a_n}{\lim\limits_{n \to \infty} b_n} = \frac{a}{b}. \qquad (10.11.05)$$

---

[40] Hier findet die sog. *Dreiecksungleichung* Anwendung: für reelle Zahlen x und y gilt: $|x + y| \leq |x| + |y|$.

10.11 Grenzwerte bei Folgen

Wir erläutern die Anwendung der obigen Grenzwertregeln an zwei Beispielen:

Beispiel 10.11.7

Die Folge $\left\{\dfrac{1}{n^3}\right\}_{n \in N}$ ist eine Nullfolge: $\lim\limits_{n \to \infty} \dfrac{1}{n^3} = 0$, denn nach Satz 10.11.6 gilt:

$$\lim_{n \to \infty} \frac{1}{n^3} = \lim_{n \to \infty}\left(\frac{1}{n} \cdot \frac{1}{n} \cdot \frac{1}{n}\right) = \left(\lim_{n \to \infty} \frac{1}{n}\right) \cdot \left(\lim_{n \to \infty} \frac{1}{n}\right) \cdot \left(\lim_{n \to \infty} \frac{1}{n}\right)$$

$0 \cdot 0 \cdot 0 = 0.$[41]

Die zentrale Bedeutung der Grenzwertregeln von Satz 10.11.6 liegt darin, daß man die Frage nach der Konvergenz „komplizierter" Folgen auf Konvergenzuntersuchungen „einfacher" Folgen zurückführen kann. Wir zeigen dies anhand des folgenden Beispiels.

Beispiel 10.11.8

Wir berechnen den Grenzwert der Folge $\{a_n\}_{n \in N}$ mit

$$a_n = \frac{3n^4 + n^2 - 6n + 5}{2n^4 + 5n^3 + 2n - 3}.$$

Dazu erweitern wir den Bruch für a_n mit $\dfrac{1}{n^4}$:

$$a_n = \frac{3 + \dfrac{1}{n^2} - \dfrac{6}{n^3} + \dfrac{5}{n^4}}{2 + \dfrac{5}{n} + \dfrac{2}{n^3} - \dfrac{3}{n^4}},$$

und haben nun a_n in der Form

$$a_n = \frac{3 + u_n - v_n + w_n}{2 + b_n + c_n - d_n} = \frac{x_n}{y_n}$$

vorliegen, wobei die Folgen

$\{u_n\}_{n \in N}, \{v_n\}_{n \in N}, \{w_n\}_{n \in N}, \{b_n\}_{n \in N}, \{c_n\}_{n \in N}, \{d_n\}_{n \in N}$ jeweils gegen 0 konvergieren. Nach Satz 10.11.6 gilt: $x_n \to 3$ und $y_n \to 2$ für $n \to \infty$ und damit

---

[41] Allgemein kann man für jedes (feste) $k \in N$ zeigen: $\lim\limits_{n \to \infty} \dfrac{1}{n^k} = 0$.

$$\lim_{n\to\infty} a_n = \lim_{n\to\infty} \frac{x_n}{y_n} = \frac{3}{2}.$$

Wir warnen aber vor allzu sorglosem Umgang mit den Grenzwertregeln (vgl. Übungsaufgabe 10.11.10)).

Übungsaufgabe 10.11.9

Berechnen Sie den Grenzwert der Folge $\{a_n\}_{n\in N}$ für

i) $\quad a_n = \dfrac{6n}{2n+1}$,

ii) $\quad a_n = \dfrac{8n^2+3}{4n^2+n}$,

iii) $\quad a_n = \dfrac{7-n^3}{n^4}$.

Übungsaufgabe 10.11.10

Warum gilt die Grenzwertregel (10.11.5) für Quotientenfolgen nicht in den folgenden Beispielen? Gibt es dennoch den Grenzwert $\lim\limits_{n\to\infty} \dfrac{a_n}{b_n}$?

i) $\quad a_n = \dfrac{6}{n}, \quad b_n = \dfrac{5}{n}$

ii) $\quad a_n = 3 - \dfrac{1}{n}, \quad b_n = \dfrac{2}{n}$

iii) $\quad a_n = 6, \quad b_n = 3 + (-1)^n$

10.12 Grenzwert einer Funktion für $x \to \pm\infty$

Wir behandeln in diesem Abschnitt das Verhalten der Funktionswerte $f(x)$ einer reellen Funktion f für immer größer (bzw. kleiner) werdende Argumente x, d.h. für $x \to \infty$ bzw. $x \to -\infty$.

Zur Definition des Grenzwertes einer Funktion für $x \to \infty$ greifen wir zunächst zurück auf den Grenzwert bei Folgen. Da Folgen aber spezielle Funktionen sind, ist zu erwarten, daß beide Grenzwertbegriffe miteinander „verträglich" sind, d.h. daß

10.12 Grenzwert einer Funktion für $x \to \pm \infty$

sich der Grenzwert einer Folge als Spezialfall des Grenzwertes einer Funktion für $x \to \infty$ darstellt (vgl. Bemerkung 10.12.4).

Bei der Frage nach dem Grenzwert einer Folge $\{a_n\}_{n \in N}$ haben wir das Verhalten der Folgenglieder a_n für $n \to \infty$ untersucht. Schreiben wir die Folge als Funktion in der Form $f(n) = a_n$ für $n \in N$ auf, so erhalten wir für eine gegen $y_0 \in R$ konvergente (reelle Zahlen-)Folge:

$$f(n) \to y_0 \quad \text{für } n \to \infty \quad \text{oder auch} \quad \lim_{n \to \infty} a_n = \lim_{n \to \infty} f(n) = y_0.$$

Mit anderen Worten: für die monoton steigende, nach oben unbeschränkte Folge $\{n\}_{n \in N}$ konvergiert die zugehörige Folge der Funktionswerte $\{f(n)\}_{n \in N}$ gegen y_0. Ist nun f eine (beliebige, reelle) Funktion mit z.B. $D_f = [1, \infty)$, so kann man das Verhalten der Funktionswerte $f(x)$ für $x \to \infty$ „testen", indem man für x Werte einer monotonen, nach oben unbeschränkten Folge $\{x_n\}_{n \in N}$ (z.B. $x_n = n$) einsetzt und die zugehörige Folge der Funktionswerte $\{f(x_n)\}_{n \in N}$ untersucht. Wir führen dies für die Funktion f mit $f(x) = \dfrac{x}{x+2}$ beispielhaft durch:

i) Für $\{x_n\}_{n \in N}$ mit $x_n = n$ lauten die zugehörigen Funktionswerte (vgl. Abb. 10.12.1):

$$f(x_n) = f(n) = \frac{n}{n+2}.$$

Die Folge $\left\{\dfrac{n}{n+2}\right\}_{n \in N}$ konvergiert gegen 1:

$$\lim_{n \to \infty} \frac{n}{n+2} = \lim_{n \to \infty} \frac{1}{1 + \dfrac{2}{n}} = \frac{\lim_{n \to \infty} 1}{\lim_{n \to \infty}\left(1 + \dfrac{2}{n}\right)} = \frac{1}{1} = 1.$$

ii) Für $\{v_n\}_{n \in N} = \{\sqrt{n}\}_{n \in N}$ lauten die zugehörigen Funktionswerte:

$$f(v_n) = f(\sqrt{n}) = \frac{\sqrt{n}}{\sqrt{n}+2}.$$

Die Folge $\left\{\dfrac{\sqrt{n}}{\sqrt{n}+2}\right\}_{n \in N}$ konvergiert ebenfalls gegen 1:

$$\lim_{n \to \infty} \frac{\sqrt{n}}{\sqrt{n}+2} = \lim_{n \to \infty} \frac{1}{1 + \dfrac{2}{\sqrt{n}}} = 1.$$

Die Überlegungen unter i) und ii) sowie die graphische Darstellung (vgl. Abb. 10.12.1) lassen vermuten, daß „$f(x)$ gegen den Wert 1 strebt für $x \to \infty$".

Aufgrund der „Tests" mit nur zwei Argumentenfolgen x_n läßt sich diese Aussage allerdings nicht erhärten. Gilt jedoch $f(x_n) \to 1$ für *jede* beliebige monoton steigende unbeschränkte Folge $\{x_n\}_{n \in N}$, so ist die „Konvergenz der Funktion f für $x \to \infty$ gegen den Grenzwert 1" gesichert.

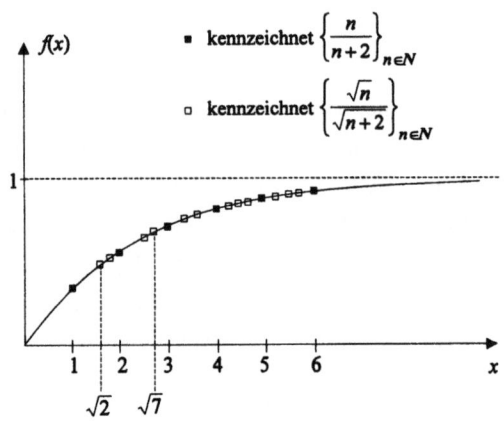

Abb. 10.12.1: Graphische Darstellung der Funktion f mit

$$f(x) = \frac{x}{x+2}, x \in [1, \infty) \text{ und der Folgen } \{x_n\}_{n \in N} \text{ und } \{v_n\}_{n \in N}$$

Definition 10.12.2

Eine Funktion $f: [a, \infty) \to R$, $a \in R$ fest, *konvergiert für $x \to \infty$ gegen den Grenzwert y_0*, wenn die Folge der Funktionswerte $\{f(x_n)\}_{n \in N}$ für jede monoton steigende, nach oben unbeschränkte Folge $\{x_n\}_{n \in N}$ ($x_n \geq a$ für alle $n \in N$) gegen (stets denselben) Grenzwert y_0 konvergiert. Man schreibt:

$$f(x) \to y_0 \quad \text{für} \quad x \to \infty \quad \text{oder} \quad \lim_{x \to \infty} f(x) = y_0 .$$

Zum Nachweis der Konvergenz einer Funktion für $x \to \infty$ ist die vorstehende Definition recht „unhandlich". Die Konvergenz der Folgen $\{f(x_n)\}_{n \in N}$ gegen y_0 bedeutet aber (vgl. Definition 10.11.1), daß für jede vorgegebene Zahl $\varepsilon > 0$

$$f(x_n) \in U_\varepsilon(y_0) \tag{10.12.1}$$

gilt, sofern der (jeweilige) Index n hinreichend groß gewählt wird. Da (10.12.1) für jede monoton steigende, nach oben unbeschränkte Folge $\{x_n\}_{n \in N}$ gilt, folgt: es gibt eine Zahl $x' \in R$, so daß $f(x) \in U_\varepsilon(y_0)$ für alle $x > x'$ gilt.

Auf diese Weise erhält man ein leichter zu handhabendes Konvergenzkriterium:

Satz 10.12.3

> **Eine Funktion $f: [a, \infty) \to R$, $a \in R$, ist genau dann für $x \to \infty$ *konvergent gegen den Grenzwert* y_0, wenn es zu jedem (noch so kleinen) $\varepsilon > 0$ ein $x' \in R$ gibt, so daß $f(x) \in U_\varepsilon(y_0)$ für alle $x > x'$ ist.**

Nach diesem Satz können wir den Grenzwert einer Funktion f für $x \to \infty$ wegen

$$f(x) \in U_\varepsilon(y_0) \Leftrightarrow |f(x) - y_0| < \varepsilon$$

nachweisen, indem wir den Abstand der Funktionswerte $f(x)$ von dem Punkt y_0 berechnen.

Wir führen dies für die oben betrachtete Funktion f mit $f(x) = \dfrac{x}{x+2}$, $x \in [1, \infty)$, durch:

$$|f(x) - 1| = \left| \frac{x}{x+2} - 1 \right| = \left| 1 - \frac{2}{x+2} - 1 \right| = \frac{2}{x+2} < \varepsilon,$$

falls $x > \dfrac{2}{\varepsilon}$, da aus $x > \dfrac{2}{\varepsilon}$ folgt: $\varepsilon > \dfrac{2}{x} > \dfrac{2}{x+2}$. Also gilt:

$$f(x) \in U_\varepsilon(1) \quad \text{für alle } x > x' = \frac{2}{\varepsilon}.$$

Da diese Abschätzung für jedes (noch so kleine) $\varepsilon > 0$ richtig ist, konvergiert f für $x \to \infty$ also gegen den Grenzwert 1: $\lim\limits_{x \to \infty} f(x) = 1$.

Bemerkung 10.12.4

Die Verträglichkeit des Grenzwertbegriffes bei Funktionen mit dem bei Folgen haben wir in der folgenden Tabelle beispielhaft dargestellt. Setzen wir nämlich in der rechten Spalte anstelle von $x \in R$, $x \geq 1$, Werte $x \in N$ ein, dann stimmen die beiden Spalten (bis auf Umbenennungen von x in n) überein.

Tabelle 10.12.5: Vergleich der Grenzwertkriterien bei Folgen und Funktionen anhand der Beispiele $\left\{\dfrac{n}{n+2}\right\}_{n\in N}$ und $f(x) = \dfrac{x}{x+2}$, $x \in [1,\infty)$.

Grenzwert einer Folge für $n \to \infty$ (vgl. Definition 10.11.1)	Grenzwert einer Funktion für $x \to \infty$ (vgl. Satz 10.12.3)
Folge $\{a_n\}_{n\in N}$ mit $a_n = \dfrac{n}{n+2}$	Funktion f mit $f(x) = \dfrac{x}{x+2}$, $x \geq 1$
Grenzwert der Folge für $n \to \infty$: $\lim\limits_{x\to\infty} \dfrac{x}{x+2} = 1$ \quad (10.12.02)	Grenzwert einer Funktion für $x \to \infty$ $\lim\limits_{x\to\infty} \dfrac{x}{x+2} = 1$ \quad (10.12.02*)
(10.12.02) bedeutet: zu jedem (noch so kleinen) $\varepsilon > 0$ gibt es eine Zahl $n(\varepsilon)$, so daß gilt: $\left\|\dfrac{n}{n+2} - 1\right\| < \varepsilon$ für $n > n(\varepsilon)$ \quad (10.12.03)	(10.12.02*) bedeutet: zu jedem (noch so kleinen) $\varepsilon > 0$ gibt es eine Zahl $x'(\varepsilon)$, so daß gilt: $\left\|\dfrac{x}{x+2} - 1\right\| < \varepsilon$ für $x > x'(\varepsilon)$ **(10.12.03*)**
(10.12.03) ist äquivalent zu $a_n = \dfrac{n}{n+2} \in U_\varepsilon(1)$ für $n > n(\varepsilon)$	(10.12.03*) ist äquivalent zu $f(x) = \dfrac{x}{x+2} \in U_\varepsilon(1)$ für $x > x'(\varepsilon)$

Analog zum Grenzwert einer Funktion für $x \to \infty$ ist der Grenzwert einer Funktion für $x \to -\infty$ definiert und man erhält ein dem Satz 10.12.3 entsprechendes Konvergenzkriterium:

Satz 10.12.6

> **Eine Funktion** $f: (-\infty, a] \to R$, $a \in R$, **ist genau dann für** $x \to -\infty$ **konvergent gegen den Grenzwert** y_0, **wenn es zu jedem (noch so kleinen)** $\varepsilon > 0$ **ein** $x' \in R$ **gibt, so daß** $f(x) \in U_\varepsilon(y_0)$ **für alle** $x < x'$ **ist. Man schreibt:**
>
> $f(x) \to y_0$ \quad für \quad $x \to -\infty$ \quad oder \quad $\lim\limits_{n\to-\infty} f(x) = y_0$.

Funktionen, die für alle $x \in [a, \infty)$ oder alle $x \in (-\infty, a]$ (mit $a \in R$) definiert sind, müssen nicht notwendig konvergent sein:

Definition 10.12.7

Eine reelle Funktion mit rechts- oder linksseitig unbeschränktem Definitionsbereich heißt für $x \to \pm\infty$ *divergent*, wenn sie nicht gegen einen Wert $y_0 \in R$ konvergiert.

Bei divergenten Funktionen unterscheidet man

- *bestimmte Divergenz* mit sogenanntem *uneigentlichem Grenzwert* ∞ bzw. $-\infty$: *bestimmte Divergenz uneigentlicher Grenzwert*

  Funktionen mit uneigentlichem Grenzwert sind solche, deren Funktionswerte für $x \to \infty$ (bzw. $x \to -\infty$) über alle Grenzen wachsen oder beliebig klein werden, wie z.B. bei $f(x) = (x-4)(x^2-4)$.

- *unbestimmte Divergenz*: *unbestimmte Divergenz*

  Zu den „unbestimmt divergenten" Funktionen gehören solche, bei denen die Funktionswerte beschränkt bleiben, die aber für $x \to \infty$ (oder $x \to -\infty$) nicht gegen einen festen Wert y_0 konvergieren, wie z.B. bei $f: [0, \infty) \to R$, $y = f(x) = \sin x$; vgl. Abb. 10.9.11.

10.13 Grenzwert einer Funktion für $x \to x_0$

Graphen von Funktionen können „glatt" verlaufen oder aber Lücken, Sprungstellen, „Zacken", usw. aufweisen. „Glatte" Graphen gehören zu Funktionen, die stetig bzw. differenzierbar sind (vgl. Abschnitt 10.15 bis 10.19). Bei der Untersuchung dieser beiden wichtigen Eigenschaften von Funktionen wird z.B. nach der Existenz von Grenzwerten für $x \to x_0$ gefragt.

Beim Grenzwert einer Funktion für $x \to \pm\infty$ wird das Verhalten der Funktionswerte $f(x)$ für sehr große (bzw. sehr kleine) Werte von x untersucht. Beim Grenzwert einer (reellen) Funktion f für $x \to x_0$ betrachtet man das Verhalten der Funktionswerte $f(x)$ für Argumente x aus der Umgebung eines Punktes $x_0 \in R$.

In Abb. 10.13.2 sind drei Graphen von in diesem Kapitel bereits behandelten Beispielfunktionen noch einmal zusammengestellt; es ist jeweils eine Stelle x_0 (auf der x-Achse) hervorgehoben. Zur Einführung in den Begriff des Grenzwertes einer Funktion $x \to x_0$ lesen wir zunächst das Verhalten der Funktionswerte für links- bzw. rechtsseitige Annäherung von x an x_0 mit Hilfe von gegen x_0 konvergierenden Folgen $\{x_n\}_{n \in N}$ aus den Graphen ab (vgl. Tabelle 10.13.3).

Wie diese Beispiele zeigen, kann das Verhalten der Funktionswerte $f(x)$ für Argumente x „in der Nähe" einer Stelle x_0 (bzw. x_1) grundsätzlich sehr unterschiedlich sein. Die im folgenden behandelten Begriffe „links- bzw. rechtsseitiger Grenzwert einer Funktion für $x \to x_0$" ermöglichen hierfür eine eindeutige und knappe Darstellung.

Bemerkung 10.13.1

Damit die Untersuchung des Verhaltens von Funktionswerten $f(x)$ bei Annäherung von x an x_0 überhaupt sinnvoll ist, muß die Funktion für die vorkommenden Argumente x (allerdings nicht notwendig für x_0 selbst) definiert sein. Wir formulieren: Die Funktion sei in einer Umgebung von x_0 definiert".

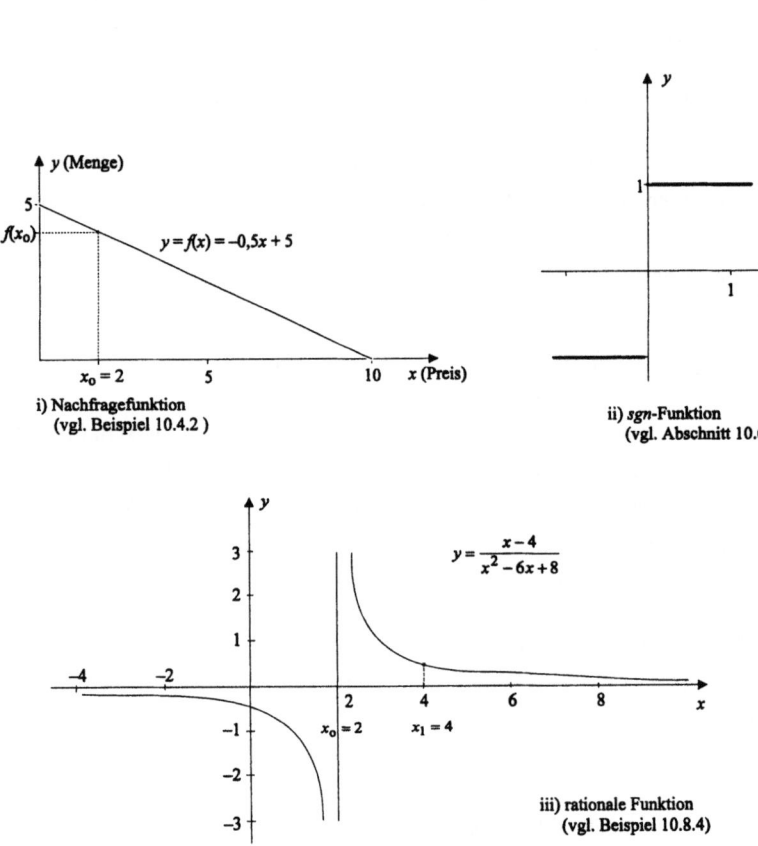

Abb. 10.13.2: Graphen von bereits behandelten Beispielfunktionen

10.13 Grenzwert einer Funktion für $x \to x_0$

Tabelle 10.13.3: Verhalten der Funktionswerte bei Annäherung von x an x_0

	Nachfrage-funktion (Abb.10.13.2 i)	sgn-Funktion (Abb.10.13.2 ii)	rationale Funktion (Abb.10.13.2 iii)	
ausgewählte Stelle x_0 bzw. x_1	$x_0 = 2$	$x_0 = 0$	$x_0 = 2$	$x_1 = 4$
Für jede monoton steigende, gegen x_0 (bzw. x_1) konvergierende Folge $\{x_n\}_{n \in N}$ gilt:	$f(x_n) \to 4$	$f(x_n) \to -1$	$f(x_n) \to -\infty$	$f(x_n) \to \frac{1}{2}$
Für jede monoton fallende, gegen x_0 (bzw. x_1) konvergierende Folge $\{x_n\}_{n \in N}$ gilt:	$f(x_n) \to 4$	$f(x_n) \to 1$	$f(x_n) \to +\infty$	$f(x_n) \to \frac{1}{2}$
Funktionswert $f(x_0)$ bzw. $f(x_1)$	$f(2) = 4$	$f(0) = 0$	existiert nicht	existiert nicht

Zur Definition des sog. *einseitigen* (d.h. des linksseitigen bzw. des rechtsseitigen) Grenzwertes einer Funktion für $x \to x_0$ benutzen wir den bereits in Tabelle 10.13.3 wieder aufgegriffenen Konvergenzbegriff bei Folgen:

einseitiger Grenzwert

Definition 10.13.4

Die Funktion f sei in einer Umgebung von $x_0 \in R$ definiert. Sofern für jede monoton steigende (bzw. monoton fallende), gegen x_0 konvergente Folge $\{x_n\}_{n \in N}$ die zugehörige Folge der Funktionswerte $\{f(x_n)\}_{n \in N}$ gegen (stets denselben) Grenzwert $y_0 \in R$ konvergiert, so heißt y_0 der *linksseitige* (bzw. der *rechtsseitige*) Grenzwert der Funktion f für $x \to x_0$.

linksseitiger bzw. rechtsseitiger Grenzwert

Man schreibt:

$\lim\limits_{x \to x_0^-} f(x) = y_0$ **(linksseitiger Grenzwert)**

bzw.

$\lim\limits_{x \to x_0^+} f(x) = y_0$ **(rechtsseitiger Grenzwert),**

wobei

$x \to x_0^-$ bedeutet: $x \to x_0$ mit $x < x_0$.

$x \to x_0^+$ bedeutet: $x \to x_0$ mit $x > x_0$.

Bemerkung 10.13.5

Der rechts- bzw. linksseitige Grenzwert ist auch für den Fall erklärt, daß nur eine sog. einseitige Umgebung von x_0 (z.B. das Intervall $(x_0 - \delta, x_0)$) in D_f liegt. Dies tritt z.B. auf, wenn x_0 als Randpunkt des Definitionsintervalles $[a, b]$, d.h. $x_0 = a$ oder $x_0 = b$, vorliegt.

Zur Erläuterung der Definition 10.13.4 greifen wir die in Abb. 10.13.2 dargestellten Beispiele wieder auf und notieren die in Tab. 10.13.3 zusammengestellten Aussagen in der Terminologie der einseitigen Grenzwerte (vgl. Tabelle 10.13.6).

Tabelle 10.13.6: Einseitige Grenzwerte für die in Abb. 10.13.2 dargestellten Funktionen

	Nachfragefunktion (Abb.10.13.2i)	sgn-Funktion (Abb.10.13.2ii)		rationale Funktion (Abb.10.13.2iii)
ausgewählte Stelle x_0 bzw. x_1	$x_0 = 2$	$x_0 = 0$	$x_0 = 2$	$x_1 = 4$
linksseitiger Grenzwert	$\lim_{x \to 2^-} f(x) = 4$	$\lim_{x \to 0^-} f(x) = -1$	existiert nicht	$\lim_{x \to 4^-} f(x) = \frac{1}{2}$
rechtsseitiger Grenzwert	$\lim_{x \to 2^+} f(x) = 4$	$\lim_{x \to 0^+} f(x) = 1$	existiert nicht	$\lim_{x \to 4^+} f(x) = \frac{1}{2}$
Funktionswert $f(x_0)$ bzw. $f(x_1)$	$f(2) = 4$	$f(0) = 0$	existiert nicht	existiert nicht

Anhand der in der vorstehenden Tabelle aufgeführten Gegenüberstellung können wir drei wichtige Aspekte erkennen:

i) Der links- bzw. rechtsseitige Grenzwert einer Funktion für $x \to x_0$ braucht nicht zu existieren. Für die rationale Funktion (vgl. Abb. 10.13.2c) existieren beide nicht für $x \to 2$. Es kommt aber auch vor, daß nur einer von beiden nicht existiert (vgl. Übungsaufgabe 10.13.8).

10.13 Grenzwert einer Funktion für $x \to x_0$

ii) Der links- und der rechtsseitige Grenzwert einer Funktion für $x \to x_0$ müssen nicht übereinstimmen (vgl. Abb. 10.13.2b). In dem Fall, daß diese beiden Grenzwerte übereinstimmen, spricht man von *dem Grenzwert* einer Funktion für $x \to x_0$ (vgl. Definition 10.13.7).

Grenzwert

iii) Sowohl die Existenz als auch der Wert des links- bzw. rechtsseitigen Grenzwertes einer Funktion für $x \to x_0$ ist unabhängig davon, ob x_0 im Definitionsbereich der Funktion liegt oder nicht (vgl. Abb. 10.13.2 bzw. Tabelle 10.13.6). Insbesondere sind die beiden einseitigen Grenzwerte unabhängig vom Funktionswert $f(x_0)$ (vgl. *sgn*-Funktion). Sofern diese beiden Grenzwerte aber übereinstimmen und gleich $f(x_0)$ sind, spricht man von Stetigkeit der Funktion in x_0 (vgl. Abschnitte 10.15 bis 10.19).

Definition 10.13.7

Die Funktion f sei in einer Umgebung von $x_0 \in R$ definiert. Sofern die beiden einseitigen Grenzwerte von f für $x \to x_0$ existieren und beide gleich y_0 sind:

$$\lim_{x \to x_0^-} f(x) = \lim_{x \to x_0^+} f(x) = y_0,$$

so heißt y_0 *der Grenzwert der Funktion f für $x \to x_0$.*

Man schreibt:

$$\lim_{x \to x_0} f(x) = y_0 \quad \text{oder} \quad f(x) \to y_0 \quad \text{für} \quad x \to x_0,$$

und sagt auch: *f konvergiert für $x \to x_0$ gegen den Grenzwert y_0* oder

$\lim_{x \to x_0} f(x)$ *existiert (und ist gleich y_0).*

Übungsaufgabe 10.13.8

Berechnen Sie – wenn möglich – den links- und den rechtsseitigen Grenzwert von f für $x \to 0$:

$$f(x) = \begin{cases} \dfrac{1}{x} & \text{für } x > 0 \\ 0 & \text{für } x \leq 0. \end{cases}$$

Übungsaufgabe 10.13.9

Zeichnen Sie den Graphen der Funktion f mit

$$f(x) = \frac{|x|}{x}, \quad x \in \mathbb{R}\setminus\{0\}.$$

Geben Sie die Grenzwerte $\lim_{x \to 0^-} f(x)$ und $\lim_{x \to 0^+} f(x)$ an.

Sind die Zahlen -1 und 1

i) zwei verschiedene linksseitige Grenzwerte von f für $x \to 0$,

ii) zwei verschiedene rechtsseitige Grenzwerte von f für $x \to 0$,

iii) ein linksseitiger und ein rechtsseitiger Grenzwert von f für $x \to 0$?

Kann es überhaupt für eine Funktion zwei verschiedene linksseitige Grenzwerte und/oder zwei verschiedene rechtsseitige Grenzwerte geben?

10.14 Rechnen mit Grenzwerten bei Funktionen

Mit Grenzwerten von Funktionen rechnet man wie mit Grenzwerten von Folgen. Die folgenden Grenzwertregeln gelten sowohl für Grenzwerte von Funktionen für $x \to \infty$ (oder $x \to -\infty$) als auch für Grenzwerte von Funktionen für $x \to x_0$. Die Angaben $x \to \pm\infty$ bzw. $x \to x_0$ unter dem lim-Zeichen sind daher im folgenden Satz nicht aufgeführt.

Satz 10.14.1

Sei $\lim f(x) = y_0$ und $\lim g(x) = z_0$. Dann gilt

i) $\lim(a f(x) \pm b g(x)) = a \lim f(x) \pm b \lim g(x) = a y_0 \pm b z_0$, $a, b \in \mathbb{R}$ (fest)

ii) $\lim(f(x) \cdot g(x)) = (\lim f(x)) \cdot (\lim g(x)) = y_0 \cdot z_0$

iii) $\lim \dfrac{f(x)}{g(x)} = \dfrac{\lim f(x)}{\lim g(x)} = \dfrac{y_0}{z_0}$, falls $z_0 \neq 0$ ist.

10.14 Rechnen mit Grenzwerten bei Funktionen

Bemerkung 10.14.2

Zu Teil iii) des vorstehenden Satzes ist zu beachten, daß aufgrund der Voraussetzung

$$\lim g(x) = z_0 \neq 0$$

auch

$$g(x) \neq 0$$

gilt, falls x „in der Nähe von x_0" liegt (bzw. falls x für $x \to +\infty$ „groß genug" und für $x \to -\infty$ „klein genug" ist).

Übungsaufgabe 10.14.3

Berechnen Sie mit Hilfe von Satz 10.14.1:

i) $\lim\limits_{x \to \infty} \dfrac{x^2 + 2}{5x^2 + 1}$,

ii) den Grenzwert der Funktion f für $x \to x_0$:

(1) $f(x) = \dfrac{x - \sqrt{x^3}}{x}$, $x_0 = 0$,

(2) $f(x) = \dfrac{x^3 - 9x}{x^2 + 3x}$, $x_0 = -3$.

10.15 Beispiele für stetige und nichtstetige Funktionen in der Ökonomie

Bei der Beschreibung von ökonomischen Zusammenhängen setzt man zur Vereinfachung im allgemeinen voraus, die Funktionen seien stetig. Unter Stetigkeit versteht man dabei die Eigenschaft, daß sich die Funktionswerte nur wenig unterscheiden, wenn die Argumente nahe beieinander liegen. Es sollen z.B. keine Sprünge vorkommen. „Ecken" oder „Knicke" können stetige Funktionen allerdings aufweisen (vgl. Übungsaufgabe 10.2.21).

Beispiele für stetige Funktionen in der Ökonomie haben wir bereits behandelt:

- Die Produktionskosten ändern sich stetig in Abhängigkeit von der produzierten Menge (wenn man von der Ganzzahligkeit absieht); ebenso ändert sich der Erlös stetig mit der verkauften Menge (vgl. Beispiel 10.2.1).
- Die Nachfrage nimmt stetig mit steigendem Preis ab (vgl. Beispiel 10.4.1).
- Der Absatz ist eine stetige Funktion der Zeit (vgl. Beispiel 10.7.1).
- Die Selbstbeteiligung ist eine stetige Funktion der Schadenssumme (vgl. Übungsaufgabe 10.2.21).

Es gibt aber auch Funktionen in der Ökonomie, die sich an bestimmten Stellen sprunghaft ändern, wie z.B. die Telefongebühren in Beispiel 10.2.19 oder wie z.B. Funktionen, die bei Lagerhaltungsmodellen vorkommen (vgl. das folgende Beispiel).

Beispiel 10.15.1 (Lagerhaltung)

Bei einem elementaren Lagerhaltungsmodell wird angenommen, daß ein Lager zum Zeitpunkt $t = 0$ einen Maximalbestand S aufweist und der Lagerbestand $f(t)$ gemäß einer festen Bedarfsrate $a > 0$ mit der Zeit t abnimmt, bis ein Minimalbestand s erreicht wird:

$$f(0) = S, \quad f(t) = S - at \quad \text{für} \quad t \leq t_1,$$

wobei t_1 den Zeitpunkt angibt, an dem der Minimalbestand s erreicht ist:

$$f(t_1) = S - at_1 = s \Rightarrow t_1 = \frac{S-s}{a}.\ [42]$$

Ist der Zeitpunkt t_1 erreicht, wird das Lager sofort wieder aufgefüllt. Das Auffüllen wird dabei als ein Vorgang betrachtet, der keine zeitliche Ausdehnung hat. Für $t > t_1$ nimmt der Lagerbestand wieder gemäß der Bedarfsrate $a > 0$ ab:

$$f(t) = S - a(t - t_1) \quad \text{für} \quad t > t_1,$$

bis der Minimalabstand s bei $t_2 = t_1 + \frac{S-s}{a}$ wieder erreicht ist.

Dieser sich periodisch wiederholende Prozeß läßt sich formelmäßig darstellen in der Form:

$$f(t) = S - a(t - nT) \quad \text{für} \quad nT < t \leq (n+1)T, \quad n \in N_0.$$

---

[42] Für die Dimensionen gilt: S [ME], t [ZE], a [ME / ZE] $\Rightarrow f(t)$ [ME]. Zudem muß sinnvollerweise $S > s \geq 0$ sein.

Dabei gibt $T = \dfrac{S-s}{a} < t_1$ die Länge des Zeitraumes an, in dem der Lagerbestand abnimmt.[43] Der Graph der den Lagerbestand beschreibenden Funktion f ist in der folgenden Abbildung dargestellt; an den Stellen $t_n = nT$, $n = 1, 2, 3, \ldots$, ändert sich der Lagerbestand sprunghaft von s auf S.

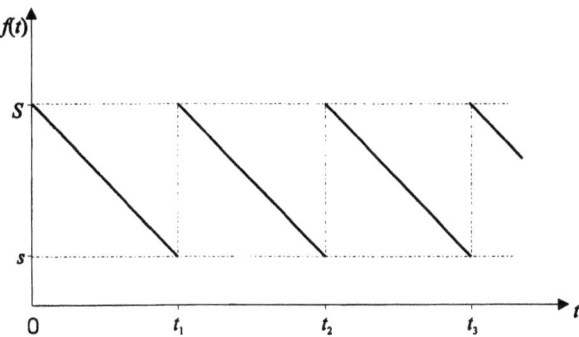

Abb. 10.15.2: Beispiel für ein elementares Lagerhaltungsmodell

10.16 Stetigkeit an einer Stelle x_0

Die beiden Beispiele 10.2.19 (Telefongebühren) und 10.15.1 (Lagerhaltung) zeigen, daß sich Funktionen an gewissen Stellen sprunghaft verändern können. Auf solche sog. Unstetigkeitsstellen gehen wir am Ende dieses Abschnittes näher ein. Um aber von einer Stelle $x_0 \in D_f$ entscheiden zu können, ob sie eine „Stetigkeitsstelle" oder eine „Unstetigkeitsstelle" ist, muß der Begriff „Stetigkeit an der Stelle x_0" definiert sein.

In Abschnitt 10.13 haben wir für die beiden Funktionen

$$f(x) = -\frac{1}{2}x + 5 \quad \text{bzw.} \quad sgn\, x = \begin{cases} -1 & \text{für } x < 0 \\ 0 & \text{für } x = 0 \\ 1 & \text{für } x > 0 \end{cases}$$

die jeweiligen (einseitigen) Grenzwerte an der Stelle $x_0 = 2$ bzw. $x_0 = 0$ ausführlich behandelt (vgl. Abb. 10.13.2 und Tabelle 10.13.6).

---

[43] f ist eine periodische Funktion mit der Periode T (vgl. Definition 10.9.13), denn es gilt: $f(t + T) = f(t)$ für alle $t \in [0, \infty)$.

Den Graphen in Abb. 10.13.2 entnehmen wir, daß die Nachfragefunktion an der Stelle $x_0 = 2$ stetig erscheint, die sgn-Funktion in $x_0 = 0$ dagegen nicht (ihr Funktionswert ändert sich dort sprunghaft). Mit „stetig" bzw. „sprunghaft" beschreiben wir dabei das Verhalten der Funktionswerte $f(x)$ für $x \to x_0$, das wir mit Hilfe des Grenzwertes von f für $x \to x_0$ präzise angeben können (vgl. Tabelle 10.13.6):

Für die Nachfragefunktion gilt:

$$\lim_{x \to 2} f(x) = 4 = f(2)$$

für die *sgn*-Funktion gilt:

$$\lim_{x \to 0^-} sgn\, x = -1, \quad \lim_{x \to 0^+} sgn\, x = 1, \quad sgn(0) = 0.$$

Mit anderen Worten:[44]

- bei der Nachfragefunktion existiert der Grenzwert von f für $x \to 2$, und er ist gleich dem Funktionswert von f an der Stelle 2.
- bei der *sgn*-Funktion existiert der Grenzwert für $x \to 0$ nicht (vgl. Definition 10.13.7, linksseitiger und rechtsseitiger Grenzwert stimmen nicht überein). Zudem ist keiner von beiden gleich dem Funktionswert an der Stelle 0, was aber hier nicht von Bedeutung ist.

Definition 10.16.1

an der Stelle x_0 (oder in x_0) stetig

Eine in einer Umgebung von $x_0 \in R$ definierte Funktion f heißt *an der Stelle x_0 (oder in x_0) stetig*, wenn

- $x_0 \in D_f$
- $\lim\limits_{x \to x_0} f(x)$ **existiert**
- $\lim\limits_{x \to x_0} f(x)$ **mit dem Funktionswert $f(x_0)$ übereinstimmt, d.h.**

$$\lim_{x \to x_0} f(x) = f(x_0)$$

Bemerkung 10.16.2

Definition 10.16.1 enthält die Formulierung: *stetig an der Stelle x_0*. Dies bedeutet insbesondere, daß aus der Stetigkeit der Funktion in x_0 nicht die Stetigkeit der

---

[44] Das hier beispielhaft aufgezeigte Kriterium, nämlich die Übereinstimmung des Grenzwertes der Funktion für $x \to x_0$ mit dem Funktionswert $f(x_0)$, kann allgemein zur Definition der Stetigkeit einer Funktion an einer Stelle x_0 verwendet werden.

10.16 Stetigkeit an einer Stelle x_0

Funktion an Stellen $x \neq x_0$ gefolgert werden kann. Umgekehrt gilt: Wenn eine Funktion an einer Stelle x_0 nicht stetig ist, so kann sie an Stellen $x \neq x_0$ sehr wohl stetig sein; z.B. ist die *sgn*-Funktion für jedes $x \neq 0$ stetig, aber nicht für $x_0 = 0$.

Wir kommen nun zu den sogenannten Unstetigkeitsstellen:

Definition 10.16.3

> **Ist eine Funktion f an der Stelle $x_0 \in D_f$ nicht stetig, so heißt x_0 eine Unstetigkeitsstelle von f.**   *Unstetigkeitsstelle*

Beispielsweise sind die Stellen $x = 0, 1, 2, \ldots$, der Funktion in Beispiel 10.2.19 (Telefongebühren) Unstetigkeitsstellen.

Für die Frage nach der Stetigkeit (bzw. Unstetigkeit) einer Funktion an einer Stelle x_0 ist es wesentlich, daß x_0 im Definitionsbereich D_f liegt (andernfalls wäre $f(x_0)$ nicht definiert).

Gilt $x_0 \notin D_f$, so ist weder Stetigkeit noch Unstetigkeit an dieser Stelle erklärt. Die Definitionslücken von rationalen Funktionen sind z.B. solche Stellen; sowohl die behebbaren Definitionslücken als auch die Polstellen sind also keine Unstetigkeitsstellen (vgl. Beispiel 10.16.4 und Satz 10.19.2).

Beispiel 10.16.4

i) Es sei f die Funktion mit $f(x) = \dfrac{-\frac{1}{2}x^2 + 6x - 10}{x - 2}$, $x \in \mathbf{R}\setminus\{2\}$. Die Funktion f hat bei $x_0 = 2$ eine Definitionslücke, für die übrigen $x \in [0, 10]$ stimmt sie mit der Nachfragefunktion von Beispiel 10.4.1 überein (vgl. Abb. 10.4.2).

Wir berechnen den Grenzwert $\lim\limits_{x \to 2} f(x)$

$$\lim_{x \to 2} f(x) = \lim_{x \to 2} \frac{-\frac{1}{2}x^2 + 6x - 10}{x - 2} = \lim_{x \to 2} \frac{\left(-\frac{1}{2}x + 5\right)(x - 2)}{x - 2} = \lim_{x \to 2}\left(-\frac{1}{2}x + 5\right) = 4.$$

Die Funktion ist an der Stelle $x_0 = 2$ weder stetig noch „nicht stetig", da $x_0 \notin D_f$. Lassen Sie sich durch die Existenz des Grenzwertes für $x \to 2$ nicht täuschen.

ii) Von der Funktion f in Beispiel 10.15.1 (Lagerhaltungsmodell) ermittelt man die Unstetigkeitsstellen mit Hilfe von Grenzwerten:

f ist unstetig an den Stellen:

$$t_n = n \cdot T = n \cdot \frac{S-s}{a}, \quad n \in N,$$

da $f(t) = S$ und $\lim_{t \to t_n^-} f(t) = s$ und $S \neq s$.

10.17 Globale Stetigkeit

lokale Stetigkeit
globale Stetigkeit

Ist eine Funktion f in x_0 stetig, so sagt man auch: „f ist *lokal* in x_0 *stetig*". Im Unterschied hierzu spricht man von „*globaler Stetigkeit*" oder auch schlechthin von „Stetigkeit" einer Funktion f, wenn f an jeder Stelle x_0 des Definitionsbereiches (lokal) stetig ist. „Lokal" weist also auf eine bestimmte Stelle und „global" auf den gesamten Definitionsbereich hin.

Zur Erläuterung der Stetigkeit einer Funktion auf einem Intervall bzw. auf D_f greifen wir noch einmal die in Abschnitt 10.13 (beim Grenzwert für $x \to x_0$) behandelten Beispiele auf (vgl. Abb. 10.13.2). Wir haben die Aussagen wieder in einer Tabelle zusammengestellt (vgl. Tabelle 10.17.1).

Tabelle 10.17.1: Stetigkeit der Funktionen von Abb. 10.13.2

Nachfragefunktion	sgn-Funktion	rationale Funktion	
$D_f = [0, 10]$	$D_{sgn} = R$	$D_f = R \setminus \{2, 4\}$	
f ist in jedem $x_0 \in D_f$ stetig	$x_0 = 0$ ($\in D_{sgn}$) ist Unstetigkeitsstelle; auf $(-\infty, 0)$ und auf $(0, \infty)$ ist die sgn-Funktion stetig	bei $x_0 = 2$ ($\notin D_f$) liegt ein Pol vor (keine Unstetigkeitsstelle)	bei $x_0 = 4$ ($\notin D_f$) liegt eine behebbare Definitionslücke vor (keine Unstetigkeitsstelle)
f ist (global, d.h. auf D_f) stetig	die *sgn*-Funktion ist nicht global stetig	f ist global (d.h. auf D_f stetig)	

10.18 Verknüpfung stetiger Funktionen

Die Stetigkeit einer Funktion muß nicht in jedem Einzelfall überprüft werden, da für gewisse „einfache" Funktionen die Stetigkeit leicht nachgewiesen werden kann (vgl. Beispiel 10.18.2) bzw. bekannt ist (vgl. Abschnitt 10.19) und die folgenden Regeln gelten:

Satz 10.18.1

> Sind zwei Funktionen auf demselben Intervall $[a, b]$ stetig, so gilt dies auch für ihre Summe, ihre Differenz und ihr Produkt. Es gilt ebenfalls für ihren Quotienten, sofern die Nennerfunktion in $[a, b]$ keine Nullstelle hat.

Beispiel 10.18.2

Für drei Beispiele weisen wir nun die Stetigkeit nach:

i) Jede konstante Funktion mit $f(x) = c$ für alle $x \in \mathbf{R}$ ist stetig (auf $D_f = \mathbf{R}$), $c \in \mathbf{R}$ fest.

Für beliebiges $x_0 \in D_f = \mathbf{R}$ gilt:
$$\lim_{x \to x_0} f(x) = \lim_{x \to x_0} c = c = f(x_0);$$
nach Definition 10.16.1 ist f also in x_0 stetig. Da dies für jedes $x_0 \in \mathbf{R}$ gilt, ist f auf $D_f = \mathbf{R}$ stetig.

ii) Die Identität $id(x) = x$ ist eine auf $D_{id} = \mathbf{R}$ stetige Funktion.

Für beliebiges $x_0 \in \mathbf{R}$ gilt:
$$\lim_{x \to x_0} id(x) = \lim_{x \to x_0} x = x_0 = id(x_0);$$
analog zu i) folgt die Stetigkeit der Identität auf $D_{id} = \mathbf{R}$.

iii) Jede Funktion f mit $f(x) = ax^2 + x + c$ ($a, c \in \mathbf{R}$, fest) ist (auf $D_f = \mathbf{R}$) stetig.

Die Funktion f läßt sich durch Additionen und Mulitiplikationen aus den beiden konstanten Funktionen f_1 und f_2 mit $f_1(x) = a$ und $f_2(x) = c$ und der Identität zusammensetzen:

$$f(x) = f_1(x) \cdot id^2(x) + id(x) + f_2(x).$$

Die Funktionen f_1, f_2 und id sind nach i) und ii) stetig; nach Satz 10.18.1 ist die Summe und das Produkt stetiger Funktionen stetig, also ist f stetig.

Satz 10.18.3

Ist $g: [c, d] \to R$ eine stetige Funktion und f eine auf $[a, b]$ stetige Funktion, deren Funktionswerte alle in $[c, d]$ liegen, so ist die zusammengesetzte Funktion $g \circ f: [a, b] \to R$, $(g \circ f)(x) = g(f(x))$ auf $[a, b]$ stetig.

10.19 Stetigkeit spezieller Funktionen

In Beispiel 10.18.2 haben wir gezeigt, daß die konstanten Funktionen und die Identität stetige Funktionen sind. Ein Polynom

$P_n(x) = a_n x^n + a_{n-1} x^{n-1} + \ldots + a_1 x + a_0$ läßt sich durch Multiplikationen und Additionen aus den konstanten Funktionen und der Identität erzeugen. Wenden wir nun noch Satz 10.18.1 an, nach dem die Addition und die Multiplikation stetiger Funktionen wieder zu stetigen Funktionen führt, so erhalten wir:

Satz 10.19.1

Die Polynome vom Grad n sind für jedes $n \in N$ stetige Funktionen (auf $D_f = R$).

Wenden wir Satz 10.18.1 auf Quotienten von Polynomen an, so erhalten wir:

Satz 10.19.2

Die rationalen Funktionen sind (auf ihrem Definitionsbereich) stetige Funktionen.

Darüber hinaus gilt:

Satz 10.19.3

1) Die Exponentialfunktionen a^x ($a > 0$, $a \neq 1$) sind stetig auf R.
2) Die Logarithmusfunktionen $\log_a x$ ($a > 0$, $a \neq 1$) sind stetig auf $(0, \infty)$.
3) Die trigonometrischen Funktionen *sin x*, *cos x*, *tan x* und *cot x* sind stetig auf ihrem Definitionsbereich.

Übungsaufgabe 10.19.4

Sind die folgenden Funktionen stetig? Verwenden Sie die Sätze dieses Abschnitts und Satz 10.18.1.

i) $\quad f(x) = x^2 \cdot e^x, \qquad x \in \mathbf{R}$

ii) $\quad f(x) = \dfrac{\sin x}{x^2} + 4x, \quad x \in \mathbf{R} \setminus \{0\}$.

Kapitel 11

Differentialrechnung für Funktionen einer Variablen

11.1 Grundlagen

Das Grundproblem der Differentialrechnung besteht darin, ein Maß für die lokale Änderung einer Funktion (in der Umgebung eines vorgegebenen Punktes) zu definieren und berechnen zu können. Wir verdeutlichen zunächst die Problemstellung an einem Beispiel.

Beispiel 11.1.1

In einem Unternehmen wird nur ein Gut produziert. Die Kosten für die Herstellung dieses Gutes lassen sich in Abhängigkeit von der jeweils produzierten Menge x mittels der Gesamtkostenfunktion $K(x)$ bestimmen. Momentan werden x_0 Einheiten dieses Gutes produziert, wodurch Gesamtkosten in Höhe von $K(x_0)$ entstehen.

Infolge einer gestiegenen Nachfrage beabsichtigt der Unternehmer, die Produktion für dieses Gut zu erhöhen, wodurch natürlich auch höhere Gesamtkosten entstehen. Nun ist der Unternehmer primär nicht an der absoluten Höhe der Gesamtkosten interessiert, die durch die z.B. auf x_1 erhöhte Produktionsmenge verursacht werden, als vielmehr an der Veränderung ΔK der Gesamtkosten mit $\Delta K = K(x_1) - K(x_0)$. Um beispielsweise Anhaltspunkte für seine Preiskalkulation zu gewinnen, möchte der Unternehmer wissen, wie hoch bei einer Steigerung der Produktion von x_0 auf x_1 Einheiten die (durchschnittlichen) Kosten pro zusätzlich gefertigter Einheit sind. Diese lassen sich bestimmen, indem man den Quotienten aus der Veränderung ΔK der Gesamtkosten und der Veränderung Δx der Ausbringungsmenge ($\Delta x = x_1 - x_0$) berechnet.

Für den Spezialfall einer *linearen* Gesamtkostenfunktion $K(x)$ ist bekannt, daß der Quotient $\dfrac{\Delta K}{\Delta x}$ die Steigung der Gesamtkostenkurve angibt und daß ferner die Steigung m dieser Geraden gemäß

11.1 Grundlagen

$$m = \frac{\Delta K}{\Delta x} = \frac{K(x_1) - K(x_0)}{x_1 - x_0} \qquad (11.1.01)$$

über dem gesamten Definitionsbereich konstant ist.[1] Insbesondere spielt es keine Rolle, welche zwei Geradenpunkte $P_0 = (x_0, K(x_0))^T$ und $P_1 = (x_1, K(x_1))^T$ man zur Berechnung der Geradensteigung heranzieht. Für eine lineare Gesamtkostenkurve gilt also: Die Kosten pro zusätzlich gefertigter Einheit betragen (konstant) m Geldeinheiten (GE), und zwar unabhängig davon, von welchem gegenwärtigen Produktionsniveau (hier gewählt: x_0) und in welchem Ausmaß Δx die Produktionserhöhung vorgenommen wird.

Für nichtlineare Gesamtkostenkurven trifft eine solche Aussage dagegen nicht zu. Abbildung 11.1.2 veranschaulicht dies.

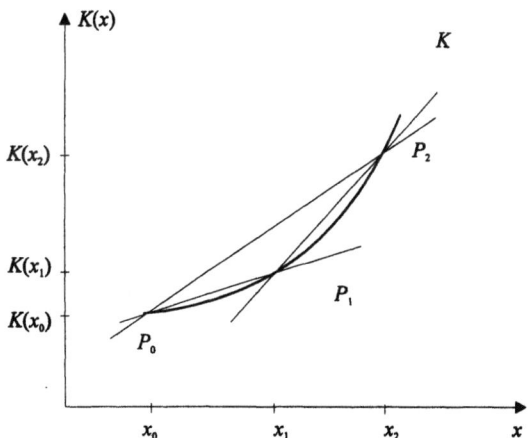

Abb. 11.1.2: Graph einer nichtlinearen Gesamtkostenfunktion K und verschiedene Sekanten

In Abb. 11.1.2 wurden die drei Punkte $P_0 = (x_0, K(x_0))^T$, $P_1 = (x_1, K(x_1))^T$ und $P_2 = (x_2, K(x_2))^T$ jeweils paarweise durch Sekanten verbunden.

Die Steigung der jeweiligen Sekanten berechnet sich gemäß (11.1.01):

$$m_{P_0 P_1} = \frac{K(x_1) - K(x_0)}{x_1 - x_0},$$

$$m_{P_0 P_2} = \frac{K(x_2) - K(x_0)}{x_2 - x_0},$$

$$m_{P_1 P_2} = \frac{K(x_2) - K(x_1)}{x_2 - x_1}.$$

---

[1] Vgl. Fußnote 17 in Abschnitt 10.7.

Die jeweiligen Sekantensteigungen geben die durchschnittlichen Kosten pro zusätzlich gefertigter Einheit bei entsprechend gewähltem Produktionsniveau und der gewählten Produktionserhöhung an. Wir können aus Abb. 11.1.2 folgende Beobachtungen festhalten:

- Eine Steigerung der Produktionsmenge von x_0 auf x_2 verursacht höhere (durchschnittliche) Kosten pro zusätzlich gefertigter Einheit als eine Produktionssteigerung von x_0 auf x_1 ($m_{P_0 P_2} > m_{P_0 P_1}$). Der (durchschnittliche) Anstieg der Gesamtkosten hängt also vom Ausmaß Δx der Produktionssteigerung ab.

- Eine Steigerung der Produktionsmenge von x_1 auf x_2 verursacht höhere (durchschnittliche) Kosten pro zusätzlich gefertigter Einheit als eine um die gleiche Menge Δx vorgenommene Produktionserhöhung von x_0 auf x_1 ($m_{P_1 P_2} > m_{P_0 P_1}$). Der (durchschnittliche) Anstieg der Gesamtkosten hängt somit auch vom jeweiligen Ausgangspunkt der Produktionserhöhung, d.h. von x_1 bzw. x_0 ab.

Damit wird deutlich, daß der Steigungsbegriff für lineare Kurven, also Geraden, nicht unmittelbar auf „allgemeine" Kurven zu übertragen ist. Eine Gerade hat die Eigenschaft, daß ihre Steigung über den gesamten Definitionsbereich konstant ist. Für „allgemeine" Kurven können wir bisher nur durchschnittliche Steigungen angeben, die zudem noch davon abhängig sind, welcher Ausgangspunkt x_0 und welche Veränderung Δx gewählt wird.

Das Grundproblem der Differentialrechnung besteht also darin, einen Steigungsbegriff zu definieren, mit dessen Hilfe es möglich ist, für jeden Punkt einer beliebigen Kurve die Steigung der Kurve in diesem Punkt eindeutig zu bestimmen.

Für die drei Sekanten in Abb. 11.1.2 wurden die Steigungen für je zwei Kurvenpunkte mit Hilfe der Quotienten aus der Ordinatendifferenz Δy und der Abszissendifferenz Δx berechnet. Den Term $\dfrac{\Delta y}{\Delta x}$ bezeichnet man deshalb auch als Differenzenquotienten.

Definition 11.1.3

Differenzenquotient

Der *Differenzenquotient* einer Funktion $y = f(x)$, $x \in D_f$, an einer Stelle $x_0 \in D_f$ ist der Quotient

11.1 Grundlagen

$$\frac{\Delta y}{\Delta x} = \frac{f(x)-f(x_0)}{x-x_0}, \quad x \neq x_0 \quad \text{bzw.} \tag{11.1.02}$$

$$\frac{\Delta y}{\Delta x} = \frac{f(x_0+\Delta x)-f(x_0)}{\Delta x}, \quad \Delta x \neq 0, \quad (x_0+\Delta x) \in D_f. \tag{11.1.03}$$

Es ist zu beachten, daß der Differenzenquotient sowohl von der Wahl der Stelle x_0 wie auch von Δx abhängt.

Der Differenzenquotient an einer Stelle x_0 gibt die Steigung der jeweiligen Sekante an, die den Punkt $P_0 = (x_0, f(x_0))^T$ mit einem anderen Kurvenpunkt $P = (x_0 + \Delta x, f(x_0 + \Delta x))^T$ verbindet. Daher liegt es nahe, den Differenzenquotienten als Näherungswert für die Steigung der Kurve im Punkte P_0 anzusehen. Je näher dieser andere Kurvenpunkt P bei dem Punkt P_0 liegt, d.h. je kleiner die Differenz Δx wird, umso besser ist der Näherungswert.

Existiert der Grenzwert des Differenzenquotienten für $\Delta x \to 0$, definiert man ihn als die Steigung der Kurve im Punkt $P_0 = (x_0, f(x_0))^T$. Man bezeichnet ihn als Ableitung der Funktion f an der Stelle x_0, und man sagt dann, daß die Funktion f an der Stelle x_0 differenzierbar ist.

Definition 11.1.4

i) Die Funktion $y = f(x)$ heißt *differenzierbar an der Stelle* x_0, wenn x_0 ein innerer Punkt[2] von D_f ist und der Grenzwert

differenzierbar an der Stelle x_0

$$f'(x_0) = \lim_{\Delta x \to 0} \frac{\Delta y}{\Delta x} = \lim_{\Delta x \to 0} \frac{f(x_0+\Delta x)-f(x_0)}{\Delta x}$$
$$= \lim_{x \to x_0} \frac{f(x)-f(x_0)}{x-x_0} \tag{11.1.04}$$

existiert. Man nennt den Grenzwert $f'(x_0)$ die Ableitung der Funktion f an der Stelle x_0.

ii) Ist eine Funktion f an einer Stelle x_0 differenzierbar, so heißt die Zahl $m \in R$ mit $m = f'(x_0)$ Steigung des Funktionsgraphen im Punkt $P_0 = (x_0, f(x_0))^T$.

---

[2] Ein Punkt $x \in R$ heißt ein innerer Punkt einer Menge $M \subset R$, wenn $U_\varepsilon(x) \subset M$ für ein genügend kleines $\varepsilon > 0$ gilt (vgl. die einführenden Bemerkungen zu Abschnitt 10.11 für die Definition der ε-Umgebung U_ε).

Neben der Schreibweise $f'(x_0)$ zur Charakterisierung der Ableitung einer Funktion f an einer Stelle x_0 mit der Funktionsgleichung $y = f(x)$ sind auch folgende Schreibweisen üblich:

$$f'(x_0) = \left.\frac{df(x)}{dx}\right|_{x=x_0} = \left.\frac{dy}{dx}\right|_{x=x_0}.$$

Differentialquotient

Eine mathematische Begründung, warum $f'(x_0)$ gemäß dieser Schreibweise auch *Differentialquotient* genannt wird, findet sich im Teil über die Differentialrechnung für Funktionen mehrerer Variabler.

Beispiel 11.1.5

Wir berechnen die Ableitung der Funktion $f(x) = x^2 - 6x + 11$, $x \in [0,5]$, an der Stelle $x_0 = 1$:

$$f'(x_0) = f'(1) = \lim_{x \to 1} \frac{f(x) - f(1)}{x - 1} = \lim_{x \to 1} \frac{x^2 - 6x + 11 - (1^2 - 6 + 11)}{x - 1}$$

$$= \lim_{x \to 1} \frac{x^2 - 6x + 5}{x - 1} = \lim_{x \to 1} \frac{(x-1)(x-5)}{x-1} = \lim_{x \to 1}(x - 5) = 1 - 5 = -4.$$

Definition 11.1.6

Tangente an den Graphen der Funktion f im Punkte P_0

Ist die Funktion f an der Stelle $x_0 \in D_f$ differenzierbar, so heißt die Gerade durch den Punkt $P_0 = (x_0, f(x_0))^T$ mit der Steigung $m = f'(x_0)$ die Tangente an den Graphen der Funktion f im Punkte P_0. Die Funktionsgleichung dieser Tangente lautet:[3]

$$y = f(x_0) + f'(x_0)(x - x_0) \qquad (11.1.05)$$

Als nächstes wollen wir zeigen, daß der Grenzwert des Differenzenquotienten an einer Stelle x_0 nicht immer zu existieren braucht.

---

[3] Man beachte, daß eine Tangente an den Funktionsgraph im Punkte P_0 außerhalb einer Umgebung um die Stelle x_0 sehr wohl den Funktionsgraphen schneiden oder berühren kann (im Gegensatz zu einer Tangente an einen Kreis).

Beispiel 11.1.7

Für die Betragsfunktion (vgl. Abschnitt 10.2) gilt:

$$\lim_{x \to 0^-} \frac{|x|-|0|}{x-0} = \lim_{x \to 0^-} \frac{-x}{x} = -1$$

$$\lim_{x \to 0^+} \frac{|x|-|0|}{x-0} = \lim_{x \to 0^+} \frac{x}{x} = 1$$

Wir nähern uns bei dieser Grenzwertbetrachtung der Stelle $x_0 = 0$ einmal von links und einmal von rechts. Beide einseitigen Grenzwerte existieren. Man bezeichnet sie als einseitige Ableitungen an der Stelle x_0:

$f_l'(0) = -1$, $f_r'(0) = +1$.

Definition 11.1.8

Eine Funktion f heißt *linksseitig (rechtsseitig) differenzierbar* an der Stelle $x_0 \in D_f$, falls der Grenzwert

linksseitig/ rechtsseitig differenzierbar

$$f_l'(x_0) = \lim_{\substack{\Delta x \to 0 \\ \Delta x < 0}} \frac{f(x_0 + Dx) - f(x_0)}{\Delta x} = \lim_{x \to x_0^-} \frac{f(x) - f(x_0)}{x - x_0} \qquad (11.1.06)$$

bzw.

$$f_r'(x_0) = \lim_{\substack{\Delta x \to 0 \\ \Delta x > 0}} \frac{f(x_0 + \Delta x) - f(x_0)}{\Delta x} = \lim_{x \to x_0^+} \frac{f(x) - f(x_0)}{x - x_0} \qquad (11.1.07)$$

existiert. Man nennt $f_l'(x_0)$ **die *linksseitige* (** $f_r'(x_0)$ **die *rechtsseitige*) Ableitung der Funktion f an der Stelle x_0.**

linksseitige/rechtsseitige Ableitung der Funktion f an der Stelle x_0

Zwar existieren beide einseitigen Ableitungen an der Stelle $x_0 = 0$, stimmen jedoch nicht überein. Daher kann auch der Grenzwert des Differenzenquotienten, also die Ableitung $f'(0)$, nicht existieren.

Satz 11.1.9

Eine Funktion f ist genau dann an einer Stelle $x_0 \in D_f$ differenzierbar, wenn sie an dieser Stelle rechtsseitig und linksseitig differenzierbar ist und $f_r'(x_0) = f_l'(x_0)$ gilt.

Die Funktion $f(x) = |x|$, $x \in R$, dient auch zur Veranschaulichung des Zusammenhangs zwischen der Stetigkeit und Differenzierbarkeit einer Funktion an einer Stelle x_0. Wir haben eben gezeigt, daß diese Funktion an der Stelle $x_0 = 0$ nicht differenzierbar ist; sie ist jedoch dort stetig. Aus der Stetigkeit folgt somit nicht die Differenzierbarkeit. Die Umkehrung gilt hingegen:

Satz 11.1.10

Ist eine Funktion f an einer Stelle x_0 differenzierbar, so ist sie dort auch stetig.

Bemerkung 11.1.11

i) Aus Satz 11.1.10 folgt sofort, daß eine Funktion f, die an der Stelle x_0 nicht stetig ist, dort auch nicht differenzierbar ist. Die Stetigkeit von f an einer Stelle x_0 stellt eine notwendige Bedingung für die Differenzierbarkeit an x_0 dar.

ii) Bei der Betrachtung des Graphen einer Funktion können wir im Hinblick auf Stetigkeit und Differenzierbarkeit folgende Anhaltspunkte festhalten: Stetigkeit einer Funktion kommt dadurch anschaulich zum Ausdruck, daß der Funktionsgraph in einem Zuge „ohne abzusetzen" gezeichnet werden kann. Es spielt dabei keine Rolle, ob „Knicke" oder „Ecken" vorhanden sind (vgl. Kap. 10).

Die Differenzierbarkeit einer Funktion drückt sich im Funktionsgraphen dadurch aus, daß keine derartigen „Ecken" und „Knicke" vorkommen, also (mit anderen Worten) eine „glatte" Funktion vorliegt.

iii) Es gibt jedoch auch Kurven, die zwar im obigen Sinne glatt sind, jedoch Punkte besitzen, in denen eine Tangente parallel zur y-Achse zu verlaufen scheint. An derartigen Stellen existiert keine Ableitung.

Betrachten wir beispielsweise die Funktion

$$f(x) = \begin{cases} \sqrt{x}, & x \geq 0, \\ -\sqrt{|x|}, & x < 0, \end{cases}$$

deren Funktionsgraph in Abb. 11.1.12 dargestellt ist. Die Ableitung an der Stelle $x_0 = 0$ existiert nicht, da der Grenzwert des Differenzenquotienten an dieser Stelle nicht existiert.

11.1 Grundlagen

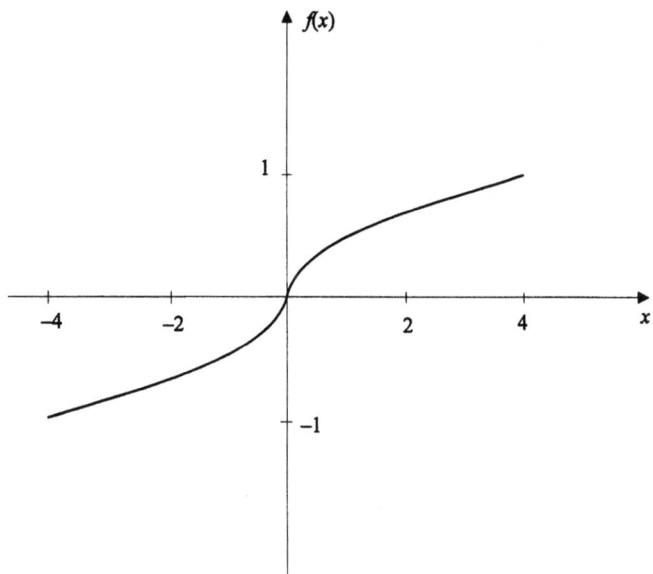

Abb. 11.1.12: Graph der Funktion f mit $f(x) = \begin{cases} \sqrt{x}, & x \geq 0 \\ -\sqrt{|x|}, & x < 0 \end{cases}$

Wir wollen nun von einer lokalen, d.h. auf einzelne Stellen x_0 bezogenen Betrachtungsweise übergehen auf eine Betrachtung der Differenzierbarkeit von Funktionen über Intervallen. Dabei ist zwischen offenen und abgeschlossenen Intervallen zu unterscheiden.

Definition 11.1.13

i) **Eine Funktion f heißt *differenzierbar über einem offenen Intervall* (a, b), wenn sie für alle $x \in (a, b)$ differenzierbar ist.** *differenzierbar über einem offenen Intervall (a,b)*

ii) **Eine Funktion f heißt *differenzierbar über einem abgeschlossenen Intervall* $[a, b]$, wenn sie für alle x aus dem offenen Intervall (a, b) differenzierbar ist *und* die einseitigen Ableitungen $f'_r(a)$ und $f'_l(b)$ existieren.** *differenzierbar über einem abgeschlossenen Intervall [a,b]*

Die Menge aller Argumente (= Menge aller x-Werte aus D_f) einer Funktion f, an denen f differenzierbar ist, nennt man den *Differenzierbarkeitsbereich $D_{f'}$* von f. *Differenzierbarkeitsbereich* Dieser ist stets Teilmenge des Definitionsbereichs D_f, d.h. $D_{f'} \subset D_f$.

Die Funktion, die jedem x aus dem Differenzierbarkeitsbereich $D_{f'}$ die Ableitung der Funktion f' an dieser Stelle zuordnet, nennt man die Ableitungsfunktion von f.

Definition 11.1.14

Ableitungsfunktion von f

Die zu einer Funktion f mit $y = f(x)$, $x \in D_f$, im Differenzierbarkeitsbereich $D_{f'}$ definierte Funktion f' mit $y' = f'(x)$, $x \in D_{f'}$, heißt die *Ableitungsfunktion von f*.

Bemerkung 11.1.15

i) Statt Ableitungsfunktion sagt man oft kurz Ableitung, obwohl zwischen der Ableitung an einer Stelle x_0 als einer reellen Zahl und der Ableitungsfunktion als einer neuen Funktion begrifflich zu unterscheiden ist.

stetig differenzierbar ii) Ist die Ableitung f' einer Funktion f über $D_{f'}$ stetig, so heißt die Funktion f *stetig differenzierbar*.

iii) Statt der Schreibweise $f'(x)$ zur Kennzeichnung der Ableitung verwendet man auch häufig die folgenden Symbole:

$$y' = f'(x) = \frac{dy}{dx} = \frac{df(x)}{dx} = \frac{d}{dx} f(x)$$

(z.B. $\dfrac{dy}{dx}$ gelesen als: dy nach dx).

11.2 Ableitungsregeln

Man muß nicht für jede einzelne Funktion ihre Ableitung bestimmen, indem man den Grenzwert des Differenzenquotienten an einer beliebigen Stelle aus dem Differenzierbarkeitsbereich berechnet. Es gibt Regeln, die es gestatten, die Ableitung einer Funktion ohne Grenzwertbetrachtung einfacher und schneller zu bilden. Die Regeln werden nun aufgezählt und mit in der Literatur üblichen Namen versehen.

Für die konstante Funktion f mit

$$f(x) = c, \quad x \in D_f, \quad c \in \mathbf{R}, \quad \text{gilt} \quad f'(x) = 0, \quad x \in D_f. \tag{11.2.01}$$

Für die identische Funktion id mit

$$id(x) = x, \quad x \in \mathbf{R}, \quad \text{gilt} \quad id'(x) = 1, \quad x \in \mathbf{R}. \tag{11.2.02}$$

11.2 Ableitungsregeln

Für die Funktion f mit

$$f(x) = x^r, \quad x \in D_f, \ r \in \mathbf{R}, \quad r \neq 0, \quad \text{gilt:}$$
$$f'(x) = rx^{r-1}, \quad x \in D_f. \tag{11.2.03}$$

Bemerkung 11.2.1

Wegen $\mathbf{Z} \subset \mathbf{R}$ kann man mit Hilfe von (11.2.03) natürlich auch die Ableitung der Potenzfunktion f mit $f(x) = x^n$, $x \in D_f$, $n \in \mathbf{Z}$, $n \neq 0$, berechnen.

Für die weiteren Regeln gelte $D = D_f \cap D_g$ und $D' = D_{f'} \cap D_{g'}$.

Faktorregel

> Für die Funktion g mit
>
> $g(x) = c \cdot f(x)$, $x \in D$, $c \in \mathbf{R}$, gilt
> $g'(x) = c \cdot f'(x)$, $x \in D'$, \hfill (11.2.04)
>
> oder kurz: für $g = c \cdot f$ gilt $g' = cf'$.

Summenregel

> Für die Funktion h mit
>
> $h(x) = f(x) + g(x)$, $x \in D$, gilt
> $h'(x) = f'(x) + g'(x)$, $x \in D'$, \hfill (11.2.05)
>
> oder kurz: für $h = f + g$ gilt $h' = f' + g'$.

Produktregel

> Für die Funktion h mit
>
> $h(x) = f(x) \cdot g(x)$, $x \in D$, gilt
> $h'(x) = f'(x)g(x) + f(x)g'(x)$, $x \in D'$, \hfill (11.2.06)
>
> oder kurz: für $h = f \cdot g$ gilt $h' = f'g + fg'$.

Quotientenregel **Quotientenregel**

> Für die Funktion h mit
>
> $h(x) = \dfrac{f(x)}{g(x)}$, $g(x) \neq 0$ für $x \in D$ gilt
>
> $h'(x) = \dfrac{f'(x)g(x) - f(x)g'(x)}{[g(x)]^2}$, $x \in D'$ \hfill (11.2.07)
>
> oder kurz: für $h = \dfrac{f}{g}$ gilt $h' = \dfrac{f'g - fg'}{g^2}$.

Bemerkung 11.2.2

Als Spezialfall der Quotientenregel ist die Ableitung der zur Funktion f reziproken Funktion h mit $h(x) = \dfrac{1}{f(x)}$ mit $f(x) \neq 0$ aufzufassen:

$$h'(x) = -\frac{f'(x)}{[f(x)]^2}, \quad x \in D_{f'} \quad \text{mit} \quad f(x) \neq 0. \qquad (11.2.08)$$

✍

Für die Ableitung zusammengesetzter Funktionen gilt die folgende

Kettenregel **Kettenregel**

> Für die Funktion h mit
>
> $h(x) = g(f(x))$, $x \in D_f$, $z = f(x) \in D_g$ gilt
>
> $h'(x) = g'(z) \cdot f'(x) = g'(f(x)) \cdot f'(x)$, $x \in D'_f$, $z = f(x) \in D'_g$. \hfill (11.2.09)

Bemerkungen 11.2.3

äußere Funktion i) Die Funktion $g(z)$, $z = f(x)$, in $h(x) = g(f(x))$ heißt *äußere Funktion*, die Funk-
innere Funktion   tion $f(x)$ heißt *innere Funktion*. Analog nennt man $g'(z)$ die *äußere*, $f'(x)$ die
äußere Ableitung   *innere Ableitung*.
innere Ableitung

ii) Die Ableitung der reziproken Funktion läßt sich auch über die Anwendung der Kettenregel berechnen. Dies wird deutlich, wenn man die reziproke Funktion umschreibt:

$$\frac{1}{f(x)} = [f(x)]^{-1}.$$

11.2 Ableitungsregeln

Setzt man $z = f(x)$ und $g(z) = z^{-1}$, so folgt nach der Kettenregel (11.2.09) unter Beachtung von (11.2.03)

$$h'(x) = (-1)\,[f(x)]^{-2} \cdot f'(x) = -\frac{f'(x)}{[f(x)]^2}.$$

iii) Als weiterer Sonderfall der Kettenregel ist festzuhalten: Besitzt die Funktion f den Differenzierbarkeitsbereich D_f, dann ist für jedes $r \in \mathbf{R}$, $r \neq 0$, auch die Funktion h mit $h(x) = [f(x)]^r$ auf D_f differenzierbar, und es gilt mit (11.2.03):

$$h'(x) = r[f(x)]^{r-1} f'(x), \qquad x \in D_f. \tag{11.2.10}$$

iv) Es gibt eine Regel für die Berechnung der Ableitung der Umkehrfunktion f^{-1}: Ist die Funktion $y = f(x)$ auf einer Menge $M \subset D_f$ umkehrbar und differenzierbar mit $f'(x) \neq 0$ für $x \in M$, dann ist die Umkehrfunktion $x = f^{-1}(y)$ auf der Menge $\{f(x) | x \in M\}$ differenzierbar. Es gilt

$$(f^{-1})'(y) = \frac{1}{f'(f^{-1}(y))}. \tag{11.2.11}$$

Wir führen die Anwendung der Produkt-, der Quotienten- und der Kettenregel jeweils an einem Beispiel vor:

Beispiel 11.2.4

Für die Anwendung der Produktregel wählen wir

$$f(x) = x^2 \sqrt{x}, \quad x > 0.$$

Die Funktion f läßt sich als Produkt der beiden Funktionsterme

$$f_1(x) = x^2 \quad \text{und} \quad f_2(x) = \sqrt{x}$$

darstellen.

Mit (11.2.03) erhalten wir als Ableitungen der beiden Funktionsterme:

$$f_1'(x) = 2x \quad \text{und} \quad f_2'(x) = \frac{1}{2\sqrt{x}}.$$

Setzen wir diese Funktionsterme in (11.2.06) ein, so lautet die Ableitung der Funktion f:

$$f'(x) = f_1'(x)\, f_2(x) + f_1(x)\, f_2'(x) = 2x\sqrt{x} + x^2 \cdot \frac{1}{2\sqrt{x}} = \frac{5}{2} x^{3/2}.$$

Übungsaufgabe 11.2.5

Berechnen Sie die Ableitung der Funktion h mit $h(x) = x^{5/2}$, $x > 0$, und vergleichen Sie das Ergebnis mit dem aus Beispiel 11.2.4.

⌛

Beispiel 11.2.6

Zur Veranschaulichung der Quotientenregel wählen wir die Funktion k mit[4]

$$k(x) = \frac{100x^2 + 150}{x}.$$

Setzt man $K(x) = 100x^2 + 150$ und $g(x) = x$, so erhält man mit $K'(x) = 200x$ und $g'(x) = 1$ (vgl. (11.2.03)):

$$\begin{aligned} k'(x) &= \frac{K'(x)g(x) - K(x)g'(x)}{[g(x)]^2} \\ &= \frac{200x \cdot x - (100x^2 + 150) \cdot 1}{[x]^2} \\ &= \frac{200x^2 - 100x^2 - 150}{x^2} \\ &= \frac{100x^2 - 150}{x^2}. \end{aligned}$$

☞

Beispiel 11.2.7

Die Kettenregel wollen wir anhand der Funktion h mit

$$h(x) = \sqrt{x^2 + 1}, \quad x \in \mathbf{R},$$

erläutern. Die Funktion h setzt sich aus folgenden Funktionen zusammen:

- die innere Funktion f mit $f(x) = x^2 + 1$, $x \in \mathbf{R}$, und
- die äußere Funktion g mit $g(z) = \sqrt{z}$, $z \geq 0$.

Die Funktionsgleichung der zusammengesetzten Funktion h läßt sich dann schreiben als:

---

[4] Vom betriebswirtschaftlichen Standpunkt kann man die Funktion k z. B. wie folgt interpretieren: faßt man den Funktionsterm im Zähler als Funktionsgleichung der Gesamtkostenfunktion K mit $K(x) = 100\,x^2 + 150$, $x > 0$, auf und dividiert man die Gesamtkosten (der entsprechenden Produktionsmenge) durch die jeweilige Produktionsmenge, so erhält man die durchschnittlichen Kosten pro Stück (jeweils bezogen auf die entsprechende Produktionsmenge). Die Funktion k läßt sich also als Durchschnitts-Kostenfunktion interpretieren.

11.2 Ableitungsregeln

$$h(x) = \sqrt{x^2+1} = \sqrt{f(x)} = g(z) \quad \text{mit} \quad z = f(x), \; x \in \mathbf{R}.$$

Mit (11.2.03) und (11.2.05) berechnen wir die Ableitungen der Funktionen f und g und erhalten:

$$f'(x) = 2x \quad \text{und} \quad g'(z) = \frac{1}{2\sqrt{z}}.$$

Durch Einsetzen der entsprechenden Funktionsterme in (11.2.09) und mit $z = x^2 + 1$ ergibt sich

$$h'(x) = g'(z) \cdot f'(x) = \frac{1}{2\sqrt{z}} \cdot 2x = \frac{x}{\sqrt{x^2+1}}, \quad x \in \mathbf{R}.$$

Übungsaufgabe 11.2.8

Bestimmen Sie die Ableitungen der folgenden Funktionen:

i) $f(x) = (5x-4)^3, \; x \in \mathbf{R}$,

ii) $f(x) = \dfrac{x^2 - 4}{1 - x}, \; x \in \mathbf{R}, \; x \neq 1$,

iii) $f(x) = \dfrac{x^3 \sqrt{x}}{1 + x^2}, \; x \in \mathbf{R}, \; x \geq 0$.

Für einige spezielle Funktionen werden in Tabelle 11.2.9 jeweils der Definitionsbereich D_f, die Ableitung f' und der Differenzierbarkeitsbereich $D_{f'}$ angegeben.

Tabelle 11.2.9: Ableitungen und Differenzierbarkeitsbereiche einiger wichtiger Funktionen

$f(x)$	D_f	$f'(x)$	$D_{f'}$
$\sin x$	$x \in \mathbf{R}$	$\cos x$	$x \in \mathbf{R}$
$\cos x$	$x \in \mathbf{R}$	$-\sin x$	$x \in \mathbf{R}$
$\tan x$	$x \in \left(-\frac{\pi}{2}, \frac{\pi}{2}\right)$	$\dfrac{1}{\cos^2 x}$	$x \in \left(-\frac{\pi}{2}, \frac{\pi}{2}\right)$
$\cot x$	$x \in (0, \pi)$	$\dfrac{-1}{\sin^2 x}$	$x \in (0, \pi)$
$x^r, r \in \mathbf{R}, r \neq 0$	$x \in \mathbf{R}_+$	$r x^{r-1}$	$x \in \mathbf{R}_+$
e^x	$x \in \mathbf{R}$	e^x	$x \in \mathbf{R}$
$a^x, a > 0$	$x \in \mathbf{R}$	$a^x \ln a$	$x \in \mathbf{R}$
$\ln x$	$x \in \mathbf{R}_+$	$\dfrac{1}{x}$	$x \in \mathbf{R}_+$
$\log_a x, a > 0$	$x \in \mathbf{R}_+$	$\dfrac{1}{x \ln a}$	$x \in \mathbf{R}_+$

Aus den Ableitungsregeln (11.2.01) bis (11.2.10) folgen unmittelbar die beiden im nachstehenden Satz festgehaltenen Aussagen.

Satz 11.2.10

    i)   **Jedes Polynom (ganz rationale Funktion) ist differenzierbar über ganz *R*.**

    ii)   **Jede gebrochen rationale Funktion ist differenzierbar über ihrem Definitionsbereich.**

Da die Ableitung f' einer Funktion f selbst wieder eine Funktion darstellt, ist es möglich, die Funktion f' ebenfalls zu differenzieren. Man bildet somit die Ableitung der Ableitungsfunktion f'. Auf die Ausgangsfunktion f bezogen sagt man dann: die Funktion f wird zweimal differenziert.

Zur Kennzeichnung der zweiten Ableitung einer Funktion f verwendet man die folgenden Schreibweisen:

$$\frac{\mathrm{d}}{\mathrm{d}x} f'(x) = \frac{\mathrm{d}^2}{\mathrm{d}x^2} f(x) = \frac{\mathrm{d}^2 y}{\mathrm{d}x^2} = f''(x).$$

Beispiel 11.2.11

Die Ausgangsfunktion f sei

$$f(x) = x^3 - 3x^2 + 3x + 12, \quad x \in \mathbf{R},$$

Wir berechnen die Ableitung f' mit Hilfe von (11.2.05) und (11.2.01) bis (11.2.03):

$$f'(x) = 3x^2 - 6x + 3, \quad x \in \mathbf{R}.$$

zweite Ableitung der Funktion f
Wegen Satz 11.2.10 i) können wir auch die Ableitung der Funktion f', also die *zweite Ableitung* der Funktion f bilden:

$$\frac{\mathrm{d}}{\mathrm{d}x} f'(x) = 6x - 6, \quad x \in \mathbf{R}.$$

dritte Ableitung der Funktion f
Auch f'' ist als Polynom wiederum differenzierbar. Die *dritte Ableitung* von f lautet:

$$\frac{\mathrm{d}}{\mathrm{d}x} f''(x) = 6, \quad x \in \mathbf{R}.$$

n-te Ableitung der Funktion f
Dies läßt sich solange fortsetzen, wie die einzelnen Ableitungsfunktionen differenzierbar sind, und man erhält entsprechend die vierte, fünfte bzw. allgemein die *n-te Ableitung* der Funktion f.

11.2 Ableitungsregeln

Folgende Schreibweisen sind zur Kennzeichnung dieser sog. *höheren Ableitungen* üblich:

$$f', f'', f''', f^{(4)}, f^{(5)}, \ldots, f^{(n)} \quad \text{oder} \quad \frac{dy}{dx}, \frac{d^2y}{dx^2}, \frac{d^3y}{dx^3}, \ldots, \frac{d^n y}{dx^n}.$$

höhere Ableitungen

Für bestimmte Zwecke wählt man für die Ausgangsfunktion f auch die Schreibweise $f = f^{(0)}$ („0-te Ableitung"); dann schreibt man für f', f'', f''' auch $f^{(1)}$, $f^{(2)}$, $f^{(3)}$.

Definition 11.2.12

> **Eine Funktion heißt genau dann *n-mal differenzierbar*, wenn die Ableitungen $f', f'', \ldots, f^{(n)}$ existieren.**

n-mal differenzierbar

Für die im obigen Beispiel gewählte Funktion f lautet die vierte und fünfte Ableitung:

$$f^{(4)}(x) = f^{(5)}(x) = 0.$$

Alle weiteren Ableitungen sind folglich ebenfalls die Nullfunktion. Existieren alle Ableitungen, nennt man die Funktion *unendlich oft differenzierbar*. Die höheren Ableitungen müssen nicht notwendigerweise, wie in Beispiel 11.2.11 gleich der Nullfunktion sein. Dies zeigt z. B. die Funktion f mit $f(x) = e^x$, $x \in R$, sie ist ebenfalls unendlich oft differenzierbar und $f'(x) = f''(x) = \cdots = e^x$.

unendlich oft differenzierbar

Übungsaufgabe 11.2.13

Wie oft ist die Funktion f mit

$$f(x) = |x|^3 = \begin{cases} x^3, & x \geq 0 \\ -x^3, & x < 0 \end{cases}$$

über ganz R differenzierbar?

Übungsaufgabe 11.2.14

Bestimmen Sie die ersten vier Ableitungen der folgenden Funktionen:

i) $f(x) = 3x^4 + 2x^3 + x^2 - 10, \quad x \in R$,

ii) $f(x) = \sin x, \quad x \in R$.

11.3 Extremstellen

In den weiteren Abschnitten werden die Grundlagen einer sog. Kurvendiskussion erarbeitet. Dabei ist eine Funktion auf solche Eigenschaften hin zu untersuchen, mit deren Hilfe sich der Graph dieser Funktion möglichst genau bestimmen läßt. Zu diesen Eigenschaften zählen neben dem Monotonie- und Krümmungsverhalten des Graphen auch Merkmale wie Nullstellen, Extremstellen, Wendestellen und Sattelstellen, die es im folgenden näher zu erläutern gilt. Die Differentialrechnung stellt dabei ein wichtiges Hilfsmittel zur Beschreibung und Charakterisierung dieser Eigenschaften dar.

Extremstellen

Neben den Nullstellen einer Funktion, die die Schnittpunkte des Funktionsgraphen mit der x-Achse angeben, sind die Stellen einer Funktion von besonderem Interesse, an denen sie – verglichen mit den Werten in ihrer Umgebung – einen größten bzw. einen kleinsten Wert besitzt. Diese Stellen nennt man allgemein *Extremstellen*.

Wir wollen zunächst anhand einer graphischen Darstellung aufzeigen, welche möglichen Arten von Extremstellen auftauchen können.

In Abb. 11.3.1 sind fünf Stellen besonders gekennzeichnet: die Ränder a und b des Intervalls $[a, b]$, sowie die Stellen x_1, x_2 und x_3.

Für hinreichend kleine Umgebungen der Stelle x_1 bzw. x_3 ist jeweils der Funktionswert $f(x_1)$ bzw. $f(x_3)$ größer als alle anderen Funktionswerte dieser Umgebungen. Die Stelle x_1 bzw. x_3 nennt man deshalb *lokale (oder relative) Maximalstelle* und den zugehörigen Funktionswert $f(x_1)$ bzw. $f(x_3)$ *lokales (oder relatives) Maximum*. Den Punkt $P_1 = (x_1, f(x_1))^T$ bzw. $P_3 = (x_3, f(x_3))^T$ bezeichnet man auch als *Hochpunkt*.

lokale (relative) Maximalstelle lokales (relatives) Maximum Hochpunkt

lokales (relatives) Minimum lokale (relative) Minimalstelle Tiefpunkt

Entsprechend sagt man, daß die Funktion f an der Stelle x_2 ein *lokales (oder relatives) Minimum* besitzt, spricht von x_2 als *lokaler (oder relativer) Minimalstelle* und bezeichnet den Punkt $P_2 = (x_2, f(x_2))^T$ als *Tiefpunkt*.

Neben den Stellen x_1, x_2 und x_3 verdienen die Randpunkte a und b des Intervalls $[a, b]$ besondere Aufmerksamkeit. Bzgl. der Stelle a können wir die Funktion f nur auf dem Bereich $[a, b] \cap U_\varepsilon(a)$ betrachten. Es gilt

$$f(a) < f(x) \quad \text{für} \quad x \in U_\varepsilon(a) \cap [a, b],$$

wobei $U_\varepsilon(a)$ hinreichend klein gewählt wird. Eine entsprechende Aussage läßt sich auch unter Berücksichtigung einer hinreichend klein gewählten Umgebung $U_\varepsilon(b)$ für den Funktionswert $f(b)$ treffen. Aus diesem Grunde wird der Funktionswert $f(a)$ bzw. $f(b)$ als Randminimum bezeichnet.

11.3 Extremstellen

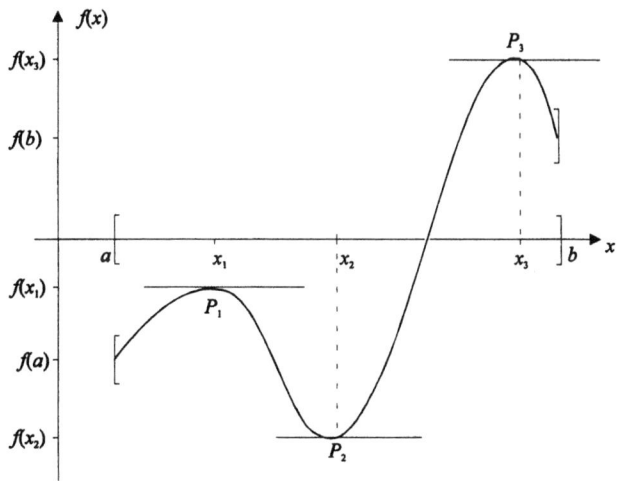

Abb. 11.3.1: Graph der Funktion f mit $D_f = [a, b]$

Sucht man den größten bzw. den kleinsten Funktionswert, den die Funktion f über dem Intervall $[a, b]$ annimmt, so vergleicht man die lokalen Maxima und Randmaxima[5] bzw. die lokalen Minima und Randminima.

Wir können aus Abb. 11.3.1 ablesen, daß die Funktion f an der Stelle x_3 ein *globales (oder absolutes) Maximum* und an der Stelle x_2 ein *globales (oder absolutes) Minimum* besitzt.

globales (absolutes) Minimum bzw. Maximum

Durch die beschriebene Vorgehensweise kann stets das absolute Maximum und das absolute Minimum aus endlich vielen Extrema ermittelt werden; für stetige Funktionen existiert es stets.[6]

In Abb. 11.3.1 ist ein weiterer wichtiger Sachverhalt aufgezeigt: der Funktionsgraph besitzt in den Punkten P_1, P_2 und P_3 waagerechte Tangenten. An den Stellen x_1, x_2 und x_3 sind also die Ableitungen gleich Null. Dieser Zusammenhang gilt für jede differenzierbare Funktion:

Satz 11.3.2

> **Falls die Funktion f in x_0 differenzierbar ist und in x_0 ein lokales Extremum besitzt, so gilt $f'(x_0) = 0$.**

---

[5] Ein Randmaximum ist in analoger Weise zum Randminimum zu erklären.

[6] Dies folgt aus dem Extremwertsatz von Weierstraß, der besagt, daß jede auf einem abgeschlossenen Intervall $[a, b]$ stetige Funktion dort sowohl ihr absolutes Maximum als auch ihr absolutes Minimum annimmt.

kritische Stelle   Allgemein nennt man eine Stelle x_0[7], für die $f'(x_0) = 0$ gilt, eine *kritische Stelle* der Funktion f. Eine lokale Extremstelle einer differenzierbaren Funktion kann also nur an einer kritischen Stelle vorliegen.

Übungsaufgabe 11.3.3

Begründen Sie anhand des Graphen der Funktion f mit $f(x) = x^3$, $x \in \mathbb{R}$, daß die Funktion f an der Stelle $x_0 = 0$ zwar eine kritische Stelle, aber keine lokale Extremstelle besitzt.

⌛

11.4 Zusammenhang zwischen dem Monotonieverhalten einer Funktion und deren Ableitungsfunktion

Nachdem wir anhand von Abb. 11.3.1 die verschiedenen Arten von Extremstellen erarbeitet haben, wollen wir nun zeigen, wie man ein lokales Extremum rechnerisch bestimmen kann.

Wir nehmen wieder eine graphische Darstellung (Abb. 11.4.1) zu Hilfe.

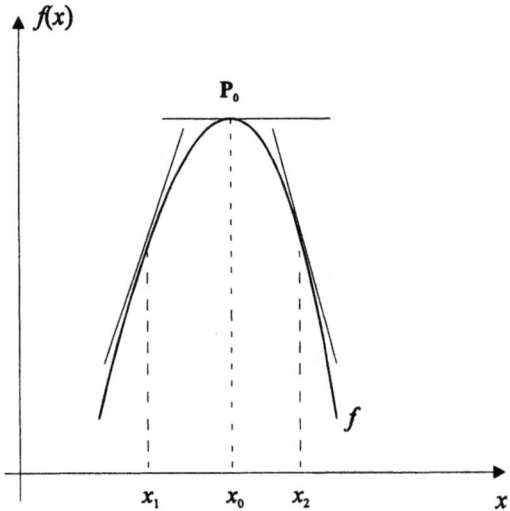

Abb. 11.4.1: Graph einer Funktion f mit lokalem Maximum bei x_0

---

[7]   Damit $f'(x_0)$ existiert, darf x_0 z.B. kein Randpunkt eines Intervalls sein, dort sind nur einseitige Ableitungen von f definiert, vgl. Def. 11.1.8.

11.4 Zusammenhang zw. dem Monotonieverhalten einer Funktion und deren Ableitungsfunktion 113

Die Funktion f besitzt an der Stelle x_0 ein lokales Maximum und im Punkt $P_0 = (x_0, f(x_0))^T$ eine waagerechte Tangente. Für die Stelle x_0 gilt also: $f'(x_0) = 0$. Durchläuft man die Kurve im Sinne wachsender x-Werte, so erkennt man, daß die Funktion vor dem Hochpunkt P_0 monoton[8] steigt und nach diesem monoton fällt.

Neben der waagerechten Tangente im Punkt P_0 sind zwei weitere Tangenten an den Graph von f gezeichnet. Während für die Stelle x_1 gilt: $f'(x_1) > 0$, ist an der Stelle x_2 die Steigung der Tangente negativ: $f'(x_2) < 0$. Würde man über dem Intervall (x_1, x_0) weitere Tangenten einzeichnen, würde man feststellen, daß alle Tangenten eine positive Steigung besitzen, über dem Intervall (x_0, x_2) dagegen sind die Steigungen aller Tangenten an den Graphen von f negativ.

- Über dem Bereich, in dem f monoton steigt, gilt: $f'(x) \geq 0$,
- über dem Bereich, in dem f monoton fällt, gilt: $f'(x) \leq 0$.

Offensichtlich besteht ein Zusammenhang zwischen dem Monotonieverhalten von f und der Ableitung von f'. Die folgende verallgemeinerte Aussage gibt eine notwendige und hinreichende Bedingung für das Monotonieverhalten der Funktion f an:

Satz 11.4.2

Sei f eine über einem Intervall $[a, b]$ differenzierbare Funktion. Dann gilt

i) **f ist über $[a, b]$ genau dann monoton steigend, wenn für alle $x \in [a, b]$ gilt:** $f'(x) \geq 0$,

ii) **f ist über $[a, b]$ genau dann monoton fallend, wenn für alle $x \in [a, b]$ gilt:** $f'(x) \leq 0$.

Anhand von Abb. 11.4.1 können wir einen weiteren Sachverhalt erläutern:

Bisher wurde die Eigenschaft der Stelle x_0 als lokale Maximalstelle nicht berücksichtigt. Stellt man eine Beziehung zwischen dem Monotonieverhalten von f und der Stelle x_0 her, so ist zu erkennen, daß an der Maximalstelle x_0 ein Wechsel von monotonem Steigen zum monotonen Fallen erfolgt. Für die Ableitung f' folgt wegen des obigen Satzes dann, daß f' an der Stelle x_0 einen Vorzeichenwechsel vom positiven in den negativen Bereich vornimmt.

Wir kehren noch einmal zurück zu Abb. 11.3.1 und betrachten die Stelle x_2. Die Stelle x_2 ist eine lokale Minimalstelle. Der Funktionsgraph von f zeigt, daß f über

---

[8] Zum Begriff der Monotonie vgl. Kap. 10.

dem Intervall $[x_1, x_2]$ monoton fällt und über $[x_2, x_3]$ monoton steigt. Aufgrund der Monotoniekriterien in Satz 11.4.2 ist zu folgern, daß die Ableitung f' an der Stelle x_2 einen Vorzeichenwechsel vom negativen in den positiven Bereich vornimmt.

Der Zusammenhang zwischen der Art der Extremstelle und der Richtung des Vorzeichenwechsels der Ableitung läßt sich allgemein als erstes *hinreichendes* Kriterium zur Ermittlung von Extremstellen differenzierbarer Funktionen formulieren:

Satz 11.4.3

hinreichendes Kriterium für Extremstellen

Sei die Funktion f stetig an einer Stelle $x_0 \in D_f$ und differenzierbar in einer Umgebung $U_\varepsilon(x_0)\setminus\{x_0\}$. Dann gilt:

wechselt $f'(x)$ an der Stelle x_0 das Vorzeichen von plus nach minus (bzw. von minus nach plus), so hat die Funktion f an der Stelle x_0 ein lokales Maximum (bzw. ein lokales Minimum).

Übungsaufgabe 11.4.4

In welchen Intervallen sind die durch folgende Funktionsgleichungen gegebenen Funktionen monoton steigend bzw. monoton fallend?

i) $\quad f(x) = x^2 - x - 6, \quad x \in \mathbf{R}$

ii) $\quad f(x) = \dfrac{1}{x}, \qquad x \in \mathbf{R}, \quad x \neq 0$

iii) $\quad f(x) = \sin x, \qquad x \in \mathbf{R}$

⌛

11.5 Zusammenhang zwischen dem Krümmungsverhalten eines Funktionsgraphen und der Ableitungsfunktion

Neben dem Monotonieverhalten läßt sich eine Kurve auch durch ihr Krümmungsverhalten beschreiben; anhand dessen wollen wir ein weiteres Kriterium für das Auffinden von lokalen Extremstellen einer Funktion f erarbeiten.

Zunächst ist dazu der Begriff Krümmung zu präzisieren bzw. zu definieren. Zur Veranschaulichung betrachten wir die graphischen Darstellungen in Abb. 11.5.1 und 11.5.2. Bewegt man sich auf dem in Abb. 11.5.1 dargestellten Funktionsgraphen in Richtung wachsender x-Werte, so führt man eine Drehung im Uhrzeiger-

sinn durch, also „rechts herum": man nennt den Graphen deshalb auch *rechtsge-*   *rechtsgekrümmt*
krümmt (*oder konkav*). Entsprechend bewegt man sich entlang eines *linksge-*   *(konkav)*
krümmten (*oder konvexen*) Funktionsgraphen entgegen dem Uhrzeigersinn.   *linksgekrümmt*
   (konvex)

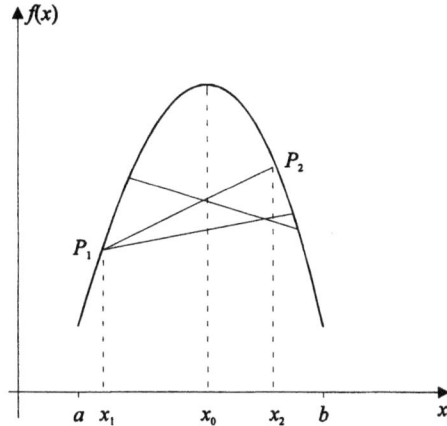

Abb. 11.5.1: Beispiel für einen rechtsgekrümmten (konkaven) Graphen mit verschiedenen Sehnen

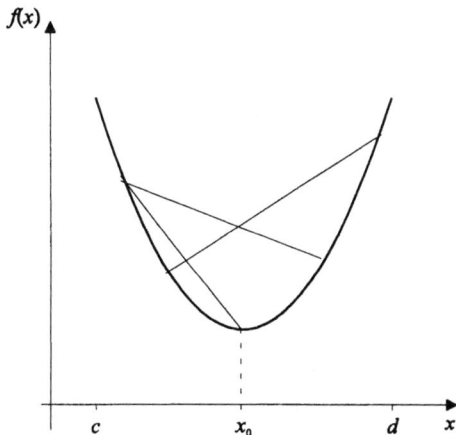

Abb. 11.5.2: Beispiel für einen linksgekrümmten (konvexen) Graphen mit verschiedenen Sehnen

Die Beschreibung des Krümmungsverhaltens wollen wir nun formal erfassen. In Abb. 11.5.1 sind drei Sehnen eingezeichnet, die jeweils zwei Punkte der Kurve miteinander verbinden. Wählt man z.B. die Sehne, die die Punkte $P_1 = (x_1, f(x_1))^T$ und $P_2 = (x_2, f(x_2))^T$ miteinander verbindet, so lassen sich für jeden Punkt $P = (x, y)^T$ auf der Sehne die Koordinaten wie folgt angeben:

$$x = \lambda x_1 + (1 - \lambda) x_2, \quad 0 \leq \lambda \leq 1.$$
$$y = \lambda f(x_1) + (1 - \lambda) f(x_2).$$

Für die Punkte des Funktionsgraphen von f über dem Intervall $[x_1, x_2]$ gilt:

$$x = \lambda x_1 + (1-\lambda)x_2,$$
$$f(x) = f(\lambda x_1 + (1-\lambda)x_2).$$

Für beliebiges $x \in [x_1, x_2]$ ergibt der Vergleich der Funktionswerte der Sehne und der Funktion f, daß der Funktionswert $f(x)$ größer oder gleich dem entsprechenden Funktionswert der Sehne ist, d. h. formal ausgedrückt: für alle Punkte $P = (x, y)^T$ der Sehne, die P_1 und P_2 verbindet, gilt über $[x_1, x_2]$ die Ungleichung

$$y = \lambda f(x_1) + (1-\lambda)f(x_2) \leq f(x) = f(\lambda x_1 + (1-\lambda)x_2). \qquad (11.5.01)$$

Die zwei weiteren in Abb. 11.5.1 dargestellten Sehnen sollen veranschaulichen, daß – unter entsprechender Modifizierung – (11.5.01) für jede Sehne gilt, die über dem Intervall $[a, b]$ zwei beliebige Punkte des Funktionsgraphen von f verbindet. Aufgrund dieser Beziehung kann die Rechtskrümmung wie folgt beschrieben werden:

Definition 11.5.3

Der Graph einer Funktion f heißt rechtsgekrümmt (oder konkav) über einem Intervall $[a, b]$, wenn für je zwei beliebige Stellen x_1 und x_2 aus $[a, b]$ gilt:

$$\lambda f(x_1) + (1-\lambda)f(x_2) \leq f(\lambda x_1 + (1-\lambda)x_2), \quad 0 \leq \lambda \leq 1.$$

Entsprechend läßt sich der Begriff der Linkskrümmung eines Funktionsgraphen definieren. Abb. 11.5.2 zeigt, daß über $[c, d]$ nunmehr die Punkte der Sehnen über den entsprechenden Punkten des Funktionsgraphen liegen. Mithin ist für die Definition eines linksgekrümmten (oder konvexen) Graphen einer Funktion f das Ungleichheitszeichen in (11.5.01) umzukehren.

Die Eigenschaft einer Funktion, in einem Bereich konkav bzw. konvex zu sein, steht in Beziehung zu (lokalen) Maxima bzw. Minima. Der Funktionsgraph in Abb. 11.5.1 ist über $[a, b]$ konkav und die Funktion f besitzt in $x_0 \in [a, b]$ ein lokales Maximum. Der Graph von f in Abb. 11.5.2 ist über $[c, d]$ konvex und die Funktion f besitzt in $x_0 \in [c, d]$ ein lokales Minimum.

Allgemein gilt, daß nur in den Intervallen, über denen der Funktionsgraph konvex ist, die Funktion f eine lokale Minimalstelle besitzen bzw. in den Intervallen, in denen der Funktionsgraph konkav ist, eine lokale Maximalstelle von f vorliegen kann.

11.5 Zusammenhang zw. dem Krümmungsverhalten eines Funktionsgraphen und der Ableitungsfkt.

Wenn es also gelingt, den Bereich zu bestimmen, in dem der Funktionsgraph z.B. konvex ist, dann ist für eine Stelle x_0 aus diesem Bereich, für die $f'(x_0) = 0$ gilt, garantiert, daß f in x_0 eine lokale Minimalstelle besitzt und eine entsprechende Aussage ist für eine lokale Maximalstelle formulierbar.

Nächstes Ziel ist es also, rechnerisch die Bereiche, über denen der Funktionsgraph konvex bzw. konkav ist, zu bestimmen. Dazu wird ein Zusammenhang ausgenutzt, der zwischen dem Krümmungsverhalten einer Funktion f und den Monotonieeigenschaften ihrer Ableitungsfunktion f' besteht.

Die in dem nachstehenden Beispiel gewählte Funktion soll dabei helfen, einige Zusammenhänge zunächst optisch zu vermitteln.

Beispiel 11.5.4

Wir betrachten die Funktion f mit

$$f(x) = x^3 - 9x^2 + 24x - 12$$

über dem Intervall $[0, 5]$.

Abb. 11.5.5 zeigt die Graphen von f, f' mit $f'(x) = 3x^2 - 18x + 24$ und f'' mit $f''(x) = 6x - 18$.

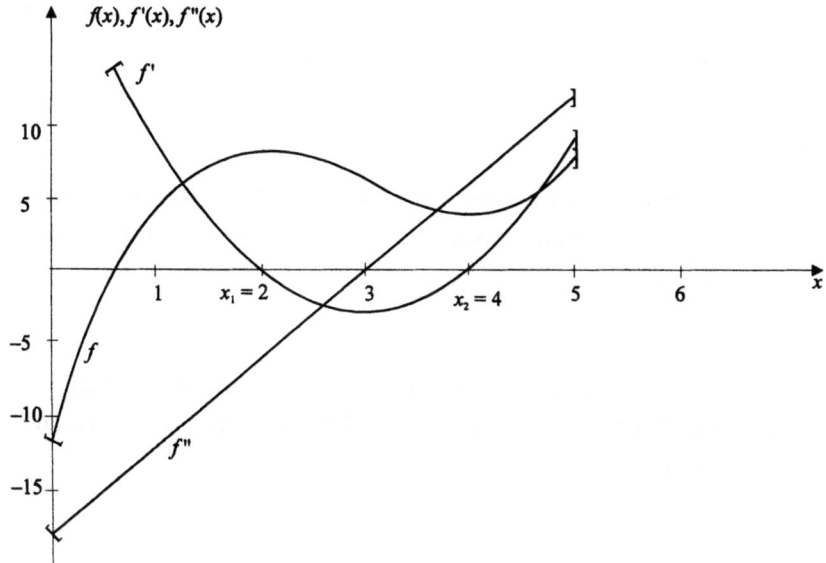

Abb. 11.5.5: Graphen der Funktionen f, f' und f'' in Beispiel 11.5.4

Die Funktion f besitzt an den Stellen $x_1 = 2$ und $x_2 = 4$ (lokale) Extremstellen. Im Falle $x_1 = 2$ liegt eine lokale Maximalstelle, in $x_2 = 4$ eine lokale Minimalstelle vor.[9] In einer Umgebung der Maximalstelle x_1 ist der Funktionsgraph von f konkav, in einer Umgebung der Minimalstelle x_2 ist er dagegen konvex.

Für die Bestimmung der konvexen und konkaven Bereiche läßt sich das Verhalten des Graphen der Ableitung f' heranziehen.

Für bestimmte Umgebungen von x_1 bzw. x_2 ist f' monoton fallend bzw. monoton steigend. Mit Hilfe der Monotonie-Kriterien in Satz 11.4.2 können wir dies präzisieren.

Aus der Funktionsgleichung $f''(x) = 6x - 18$ folgt:

$f''(x) \leq 0$ für alle $x \in [0, 3]$,
$f''(x) \geq 0$ für alle $x \in [3, 5]$.

Somit können wir anhand von f'' angeben, über welchen Bereichen die Funktion f konvex bzw. konkav ist. Über $[0, 3]$ ist f konkav und über $[3, 5]$ ist f konvex. Betrachten wir jetzt die kritischen Stellen $x_1 = 2$ und $x_2 = 4$, so folgt wegen $f''(x_1) = 6x_1 - 18 = -6 < 0$ und $f''(x_2) = 6x_2 - 18 = 6 > 0$, daß x_1 (x_2) im konkaven (konvexen) Bereich liegt und daß in x_1 (x_2) die Funktion f ein Maximum (Minimum) annimmt.

Allgemein formulieren wir nun folgenden

Satz 11.5.6

Der Graph einer über einem Intervall $[a, b]$ differenzierbaren Funktion ist genau dann konvex (konkav), wenn die Ableitung f' in $[a, b]$ monoton steigt (fällt).

Die Monotoniebereiche von f' können ermittelt werden, indem die in Satz 11.4.2 angegebenen Monotonie-Kriterien auf die Funktionen f' und f'' entsprechend angewandt werden:

---

[9] Das absolute Maximum von f über $[0, 5]$ wird an zwei Stellen angenommen: in $x_1 = 2$ und $x = 5$ mit $f(2) = f(5) = 8$. Es stimmen lokales Maximum, Randmaximum und absolutes Maximum somit überein. Das absolute Minimum wird am Rand in 0 angenommen mit $f(0) = -12$.

f' ist auf $[a, b]$ monoton steigend (fallend) genau dann, wenn für alle $x \in [a, b]$ gilt:

$f''(x) \geq 0 \quad (f''(x) \leq 0)$.

Daraus läßt sich ein Zusammenhang zwischen dem Krümmungsverhalten von f und der zweiten Ableitung f'' formulieren.

Satz 11.5.7

> **Eine über einem Intervall $[a, b]$ zweimal differenzierbare Funktion f ist über $[a, b]$ konvex (konkav) genau dann, wenn für alle $x \in [a, b]$ gilt $f''(x) \geq 0 \ (f''(x) \leq 0)$.**

Ohne stets die Konvexität bzw. Konkavität auf dem gesamten Bereich untersuchen zu müssen, kann für das Auffinden von lokalen Extremstellen das folgende hinreichende Kriterium formuliert werden.

Satz 11.5.8

> **Ist eine Funktion f über einem Intervall $[a, b]$ zweimal differenzierbar und gilt für eine Stelle x_0 aus $[a, b]$: $f'(x_0) = 0$ und $f''(x_0) < 0$, dann besitzt die Funktion f in x_0 ein lokales Maximum (x_0 ist die zugehörige lokale Maximalstelle). Gilt für die Stelle $x_0 \in [a, b]$: $f'(x_0) = 0$ und $f''(x_0) > 0$, dann ist x_0 eine lokale Minimalstelle.**

In Satz 11.5.8 ist der Fall $f''(x_0) = 0$ ausgeschlossen worden, da x_0 in diesen Fall nicht notwendig eine Extremstelle sein muß. Wie in Übungsaufgabe 11.3.2 bereits gezeigt worden ist, nimmt die Funktion $f(x) = x^3$ in $x_0 = 0$ keinen Extremwert an, obwohl x_0 eine kritische Stelle ist. An dieser Stelle gilt $f''(x_0) = 6x_0 = 0$. In $x_0 = 0$ geht der Konkavitätsbereich in den Konvexitätsbereich über, d.h. die Funktion f ändert in x_0 ihr Krümmungsverhalten (es vollzieht sich ein Wechsel von einer Rechtskrümmung in eine Linkskrümmung).

Definition 11.5.9

> **Jede Stelle x_W, an der eine Funktion ihr Krümmungsverhalten ändert, heißt eine *Wendestelle*, der Punkt $(x_W, f(x_W))^T$ heißt *Wendepunkt*.**

Wendestelle
Wendepunkt

Satz 11.5.10

Hat eine an einer Stelle x_w zweimal differenzierbare Funktion f eine Wendestelle, so gilt

$$f''(x_w) = 0.$$

Sattelpunkt
horizontaler Wendepunkt, Sattelstelle

Ein Sonderfall einer Wendestelle x_w liegt vor, wenn in x_w auch die erste Ableitung verschwindet, d.h. falls $f'(x_w) = 0$ gilt (vgl. $f(x) = x^3$ in Übungsaufgabe 11.3.2). In diesem Fall heißt der Punkt $(x_w, f(x_w))^T$ *Sattelpunkt* oder auch *horizontaler Wendepunkt*, x_w heißt *Sattelstelle*.

Bis jetzt ist mit Satz 11.5.10 nur ein notwendiges Kriterium für die Existenz einer Wendestelle formuliert worden.

Um auch ein hinreichendes Kriterium für das Vorliegen einer Wendestelle x_w zu erarbeiten, betrachten wir die Funktion f aus Beispiel 11.5.4 Es gilt

$$f''(x) = 6x - 18 = 0 \iff x_w = 3,$$

d.h. nur in $x_w = 3$ kann eine Wendestelle vorliegen.

Die zugehörige Funktion f' besitzt an der Stelle x_w eine lokale Extremstelle: ein lokales Minimum (vgl. Abb. 11.5.5).

Ein hinreichendes Kriterium für das Vorliegen einer Wendestelle einer Funktion f kann allgemein mit Hilfe der hinreichenden Kriterien für die Existenz von Extremstellen der 1. Ableitung f' formuliert werden.

Satz 11.5.11

Ist eine Funktion f an einer Stelle x_w dreimal differenzierbar und gilt $f''(x_w) = 0$ und $f'''(x_w) \neq 0$, so liegt in x_w eine Wendestelle vor.

Übungsaufgabe 11.5.12

Bestimmen Sie die Intervalle, in denen die Graphen konkav bzw. konvex sind:

i) $f(x) = x^3$, $x \in \mathbf{R}$,

ii) $f(x) = \dfrac{1}{x^2}$, $x \in \mathbf{R}$, $x \neq 0$.

Übungsaufgabe 11.5.13

Bestimmen Sie die lokalen und absoluten Extrema der folgenden Funktionen:

i) $f(x) = 4 - x^2$, $\quad x \in [-2, 3]$,

ii) $f(x) = \dfrac{x}{2}$, $\quad x \in [-1, 1]$,

iii) $f(x) = |x - 1|$, $\quad x \in (0, 2)$.

11.6 Systematische Kurvendiskussion

In den vorhergehenden Abschnitten wurde eine Reihe von Eigenschaften einer Funktion (und ihrer Ableitungsfunktionen) behandelt. Hier stellen wir nun vor, wie man in systematischer Weise „eine Kurve diskutiert", d.h. die Eigenschaften „errechnet".

Zunächst stellen wir zusammen, welche Punkte im Rahmen einer Kurvendiskussion in der aufgeführten Reihenfolge sinnvoll zu bearbeiten sind.

i) Festlegung des natürlichen Definitionsbereiches,
ii) Festlegung des Stetigkeits- und Differenzierbarkeitsbereiches,
iii) Bestimmung der (ersten drei) Ableitungen von f,
iv) Untersuchung der Funktion an den Rändern des Definitionsbereiches, und zwar
    a) an den äußeren Rändern,
    b) an den (evtl. unter i) gefundenen) Polstellen,
v) Bestimmung der Nullstellen von f,
vi) Bestimmung der Extremstellen und der zugehörigen Extrema von f,
vii) Bestimmung der Wendestellen und der zugehörigen Wendepunkte von f,
viii) Untersuchung des Monotonieverhaltens von f,
ix) Untersuchung des Krümmungsverhaltens von f,
x) Berechnung spezieller Funktionswerte,
xi) Zeichnen des Funktionsgraphen.

Anhand der folgenden Funktion gehen wir die Schritte i) bis xi) durch:

$$f(x) = \frac{x^3}{x^2 - 3} = \frac{Z(x)}{N(x)}.$$

i) Festlegung des natürlichen Definitionsbereiches.
Da f eine gebrochen rationale Funktion ist, besteht der maximale Definitionsbereich aus ganz R, ausgenommen der Stellen, an denen das Nennerpolynom N mit $N(x) = x^2 - 3$ Nullstellen besitzt. Wegen

$(x^2 - 3) = (x + \sqrt{3})(x - \sqrt{3})$ sind die Stellen $x_1 = -\sqrt{3}$ und $x_2 = +\sqrt{3}$ Nullstellen von N und damit Polstellen von f. Für den Definitionsbereich D_f erhalten wir:

$$D_f = R \setminus \{-\sqrt{3}, \sqrt{3}\}.$$

ii) Festlegung des Stetigkeits- und Differenzierbarkeitsbereiches.
Die Funktion f ist wegen ihrer Eigenschaft als gebrochen rationale Funktion über ganz D_f stetig und beliebig oft differenzierbar.

iii) Bestimmung der ersten drei Ableitungen von f.
Um die Kriterien zur Auffindung von Extrem- und Wendestellen anwenden zu können, benötigen wir die ersten drei Ableitungen von f:

$$f'(x) = \frac{x^4 - 9x^2}{(x^2 - 3)^2}$$

$$f''(x) = \frac{6x^3 + 54x}{(x^2 - 3)^3}$$

Wiederholte Anwendung der Quotientenregel liefert:

$$f'''(x) = \frac{(18x^2 + 54)(x^2 - 3) - 6x(6x^3 + 54x)}{(x^2 - 3)^4}.$$

iv) Untersuchung der Funktionswerte.
Betrachtung der Funktionswerte $f(x)$ an den Rändern des Definitionsbereiches, und zwar

a) an den äußeren Rändern:

Wegen $D_f = R \setminus \{-\sqrt{3}, \sqrt{3}\}$ müssen wir eine Grenzwertbetrachtung für $x \to -\infty$ und $x \to \infty$ vornehmen. Dividiert man das Zählerpolynom Z mit $Z(x) = x^3$ durch das Nennerpolynom N, so erhalten wir:

$$\frac{x^3}{x^2 - 3} = x + \frac{3x}{x^2 - 3} = x + \frac{\frac{3}{x}}{1 - \frac{3}{x^2}}$$

11.6 Systematische Kurvendiskussion

Da sich der Term $\dfrac{\frac{3}{x}}{1-\frac{3}{x^2}}$ für $x \to \infty$ und $x \to -\infty$ gegen Null bewegt,

folgt, daß die Funktion f für $x \to \pm\infty$ sich wie die Funktion f_1 mit $f_1(x) = x$ verhält und ebenfalls gegen $+\infty$ bzw. $-\infty$ strebt. Man nennt die Gerade $f_1(x) = x$ dann auch die *Asymptote* zu f. *Asymptote*

b) an den Polstellen:

Die Polstellen von f liegen bei $x_1 = -\sqrt{3}$ und $x_2 = +\sqrt{3}$. Wir müssen untersuchen, welche Vorzeichen die Funktionswerte bei rechts- und linksseitiger Annäherung an die jeweiligen Polstellen besitzen:

- für $x \to -\sqrt{3}\ -: Z(x) < 0$, $N(x) > 0 \Rightarrow f(x) < 0$

- für $x \to -\sqrt{3}\ +: Z(x) < 0$, $N(x) < 0 \Rightarrow f(x) > 0$

- für $x \to \sqrt{3}\ -: Z(x) > 0$, $N(x) < 0 \Rightarrow f(x) < 0$

- für $x \to \sqrt{3}\ +: Z(x) > 0$, $N(x) > 0 \Rightarrow f(x) > 0$

Somit folgt:

- $\lim\limits_{x \to -\sqrt{3}^-} \dfrac{x^3}{x^2-3} = -\infty$

- $\lim\limits_{x \to -\sqrt{3}^+} \dfrac{x^3}{x^2-3} = +\infty$

- $\lim\limits_{x \to \sqrt{3}^-} \dfrac{x^3}{x^2-3} = -\infty$

- $\lim\limits_{x \to \sqrt{3}^+} \dfrac{x^3}{x^2-3} = +\infty$

v) Bestimmung der Nullstellen.

Da eine Stelle x_N genau dann Nullstelle der Funktion f ist, wenn für $x_N \in D_f$ gilt: $f(x_N) = 0$, ermittelt man die Nullstellen der Funktion f als Lösungen der Gleichung $Z(x_N) = 0$:

$Z(x_N) = x_N^3 = 0 \Leftrightarrow x_N = 0$

Da $x_N = 0$ in D_f liegt, ist x_N die einzige Nullstelle der Funktion f.

vi) Bestimmung der Extremstellen und der zugehörigen Extrema von f.
Notwendig für das Vorliegen einer Extremstelle $x_E \in D_f$ ist: $f'(x_E) = 0$ (vgl. Satz 11.3.2).

$$f'(x_E) = \frac{x_E^4 - 9x_E^2}{(x_E^2 - 3)^2} = 0$$

$$\Leftrightarrow x_E^4 - 9x_E^2 = 0$$

$$\Leftrightarrow x_E^2(x_E^2 - 9) = 0$$

$$\Leftrightarrow x_E = 0 \quad \text{oder} \quad x_E = 3 \quad \text{oder} \quad x_E = -3.$$

Alle drei Stellen liegen im Definitionsbereich und sind somit kritische Stellen, d.h. an diesen Stellen können lokale Extrema auftreten.

Wir prüfen mit Hilfe der hinreichenden Bedingung in Satz 11.5.8, ob und wenn ja, welche Art von Extremstelle vorliegt.

Wegen $f''(-3) < 0$ liegt an der Stelle $x_E = -3$ ein lokales Maximum, wegen $f''(3) > 0$ liegt an der Stelle $x_E = 3$ ein lokales Minimum vor.

Für die Stelle $x_E = 0$ gilt: $f''(0) = 0$. Damit kann mit Hilfe des Satzes keine Aussage gemacht werden, ob in $x_E = 0$ ein lokales Extremum vorliegt.

Wegen $f'''(0) \neq 0$ liegt in $x_E = 0$ keine Extremstelle vor, sondern eine Kurvenwendestelle mit waagerechter Tangente, d.h. eine Sattelstelle. Für die Funktionswerte berechnen wir $f(0) = 0$, $f(-3) = -4{,}5$, $f(3) = 4{,}5$.

vii) Bestimmung der Wendestellen und der zugehörigen Wendepunkte von f.
Notwendig für das Vorliegen einer Wendestelle x_W ist:
$f''(x_W) = 0$ für $x_W \in D_f$ (vgl. Satz 11.5.10).

$$f''(x_W) = \frac{6x_W^3 + 54x_W}{(x_W^2 - 3)^3} = 0$$

$$\Leftrightarrow 6x_W^3 + 54x_W = 0$$

$$\Leftrightarrow x_W(x_W^2 + 9) = 0$$

$$\Leftrightarrow x_W = 0 \quad \text{oder} \quad x_W = -\sqrt{-9} \quad \text{oder} \quad x_W = \sqrt{-9}.$$

Wegen $x_W = -\sqrt{-9} \notin R$ und $x_W = \sqrt{-9} \notin R$ ist $x_W = 0$ die einzige Wendestelle der Funktion, und zwar – wie unter vi) ausgeführt – eine Sattelstelle.

11.6 Systematische Kurvendiskussion

viii) Untersuchung des Monotonieverhaltens von f.

Unter Punkt vi) haben wir zwei lokale Extremstellen von f ermittelt: eine lokale Minimalstelle in $x_E = 3$ und eine lokale Maximalstelle in $x_E = -3$. Außerdem haben wir unter Punkt ii) festgestellt, daß die Funktion f über ganz D_f stetig ist.

Wegen der Polstellen $x_1 = -\sqrt{3}$ und $x_2 = \sqrt{3}$ teilen wir D_f in drei Teilintervalle auf:

$$I_1 = (-\infty, -\sqrt{3}), \quad I_2 = (-\sqrt{3}, \sqrt{3}), \quad I_3 = (\sqrt{3}, \infty).$$

Für das Monotonieverhalten über den einzelnen Teilintervallen können wir dann folgendes aussagen (vgl. Abschnitt 11.4):

$I_1 = (-\infty, -\sqrt{3})$: Da die lokale Maximalstelle $x_E = -3$ in I_1 liegt, ist die Funktion f über $(-\infty, -3]$ monoton steigend, über $[-3, -\sqrt{3})$ monoton fallend.

$I_2 = (-\sqrt{3}, +\sqrt{3})$: Da in I_2 keine Extremstelle liegt und wegen der unter Punkt iv)-b) hergeleiteten Ergebnisse, ist f über ganz I_2 monoton fallend.

$I_3 = (\sqrt{3}, \infty)$: Da die lokale Minimalstelle $x_E = 3$ in I_3 liegt, ist f über $(\sqrt{3}, 3]$ monoton fallend, über $[3, \infty)$ monoton steigend.

ix) Untersuchung des Krümmungsverhaltens.

Wieder müssen wir f über den Teilintervallen I_1, I_2 und I_3 betrachten. Da wir unter Punkt vi) und vii) nur eine Wendestelle ermittelt haben, die mit $x_w = 0$ in I_2 liegt, können wir sagen, daß der Funktionsgraph über den Intervallen I_1 und I_3 eine gleichbleibende Krümmung besitzt und nur über I_2, d.h. in $x_w = 0$, einmal sein Krümmungsverhalten ändert.

Anhand von Satz 11.5.7 ermitteln wir über die zweite Ableitung die Bereiche, über denen der Funktionsgraph von f konvex bzw. konkav ist:

$I_1 = (-\infty, -\sqrt{3})$: Wegen $f''(x) \leq 0$ für $x \in I_1$ ist der Graph von f über I_1 rechtsgekrümmt.

$I_2 = (-\sqrt{3}, +\sqrt{3})$: Wegen $f''(x) \geq 0$ für alle $x \in (-\sqrt{3}, 0]$ ist der Graph von f über $(-\sqrt{3}, 0]$ linksgekrümmt und über $[0, \sqrt{3})$ rechtsgekrümmt.

$I_3 = (\sqrt{3}, \infty)$: Wegen $f''(x) \geq 0$ für alle $x \in I_3$ ist der Graph von f über ganz I_3 linksgekrümmt.

x) Berechnung spezieller Funktionswerte.

Um den Graphen zeichnen zu können, benötigen wir natürlich auch die entsprechenden Funktionswerte. Neben den Funktionswerten der „ausgezeichneten" Stellen ist es ratsam, weitere Funktionswerte an sog. Zwischenpunkten zu berechnen. Nachfolgend ist ein Beispiel für eine solche Wertetabelle aufgeführt:

x	-4	-3	-2	-1,5	-1	0	1	1,5	2	3	4
$f(x)$	-4,9	-4,5	-8	-4,5	0,5	0	-0,5	-4,5	8	4,5	4,9
	ausgezeichnete Stelle	lokale Maximalstelle				Nullstelle u. Sattelstelle				lokale Minimalstelle	

xi) Zeichnen des Funktionsgraphen.

Den Graph der Funktion f zeigt Abb. 11.6.1.

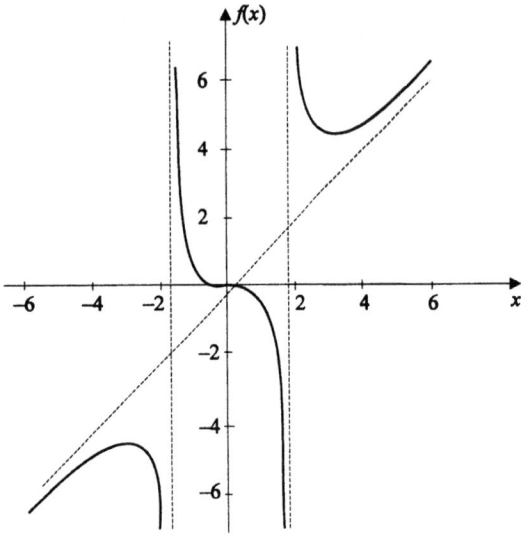

Abb. 11.6.1: Graph der Funktion f mit $f(x) = \dfrac{x^3}{x^2-3}$

Übungsaufgabe 11.6.2

Führen Sie eine systematische Kurvendiskussion für die folgenden Funktionen durch. Zeichnen Sie die Graphen.

i) $f(x) = \dfrac{2x}{1+x^2}$

ii) $f(x) = \dfrac{x^2 - 4}{1 - x^2}$

iii) $f(x) = \dfrac{4}{1 + x^2}$

11.7 Grenzwerte bei unbestimmten Ausdrücken

Bei der Behandlung der Stetigkeit und Differenzierbarkeit von Funktionen dürfte die von Grenzwerten außerordentliche Bedeutung deutlich geworden sein. Dort haben wir durch das Berechnen entsprechender Grenzwerte geprüft, ob eine Funktion bestimmte Eigenschaften erfüllt. Wir erinnern uns, daß eine Funktion an einer Stelle x_0 differenzierbar ist, wenn der Grenzwert des Differenzenquotienten der Funktion an dieser Stelle existiert.

In diesem Abschnitt zeigen wir, wie umgekehrt die Eigenschaft der Differenzierbarkeit ausgenutzt werden kann, um Grenzwerte von Funktionen zu bestimmen. Es gibt nämlich Fälle, in denen das bisherige Instrumentarium zur Berechnung von Grenzwerten nicht ausreicht.

Beispiel 11.7.1

Es sei h die Funktion mit

$$h(x) = \frac{x}{\sin x}.$$

Wir wollen untersuchen, ob der Grenzwert

$$\lim_{x \to 0} h(x) = \lim_{x \to 0} \frac{x}{\sin x}$$

existiert.

Die Funktion h stellt sich dar als Quotient der beiden Funktionen f und g mit $f(x) = x$, $x \in \mathbf{R}$, und $g(x) = \sin x$, $x \in \mathbf{R}$. Für beide Funktionen f und g gilt, daß sie an der Stelle $x_0 = 0$ stetig und differenzierbar sind, also insbesondere ihre jeweiligen Grenzwerte für $x \to 0$ existieren.

Es liegt nun nahe, den Grenzwert der Funktion h über den Quotienten der einzelnen Grenzwerte der Funktionen f und g zu berechnen. Wegen $\lim_{x \to 0} f(x) = 0 = \lim_{x \to 0} g(x)$

erhält man aber für den Quotienten einen Ausdruck der Form „$\frac{0}{0}$". Aus diesem Ausdruck kann man nicht unmittelbar auf den Grenzwert schließen.

Wie man sich in einem solchen Fall behilft, hat de l'Hospital[10] aufgezeigt. Wir werden Schritt für Schritt seine Erkenntnis erarbeiten. Zunächst jedoch folgende

Definition 11.7.2

Es seien f und g zwei Funktionen mit $\lim\limits_{x \to 0} f(x) = \lim\limits_{x \to 0} g(x) = 0$, dann bezeichnet man den Ausdruck $\lim \frac{f(x)}{g(x)}$ als *unbestimmten Ausdruck vom Typ* „$\frac{0}{0}$".

Wir halten nun fest:

Regel von de l'Hospital

Regel von de l' Hospital

Unter bestimmten Voraussetzungen, die im folgenden näher angegeben werden, ist der Grenzwert

$$\lim_{x \to x_0} \frac{f(x)}{g(x)} \text{ gleich dem Grenzwert } \lim_{x \to x_0} \frac{f'(x)}{g'(x)}, \qquad (11.7.01)$$

d.h. der Grenzwert für $x \to x_0$ des Quotienten der ursprünglichen Funktionen ist gleich dem Grenzwert für $x \to x_0$ des Quotienten der entsprechenden Ableitungsfunktionen.

Die Voraussetzungen, die für die Anwendung dieser Regel erfüllt sein müssen, lauten:

- Die Funktionen f und g sind in einer Umgebung der Stelle x_0 differenzierbar. **(11.7.02)**

- Die Ableitung g' ist in einer Umgebung von x_0 für alle $x \neq x_0$ ungleich Null. **(11.7.03)**

- Der Grenzwert $\lim\limits_{x \to x_0} \frac{f'(x)}{g'(x)}$ existiert als endlicher oder als uneigentlicher Grenzwert. **(11.7.04)**

11.7 Grenzwerte bei unbestimmten Ausdrücken

Es sei angemerkt, daß es genügt vorauszusetzen, die Funktionen seien in einer einseitigen Umgebung von x_0 definiert; es sind dann entsprechend einseitige Grenzwerte zu bilden (vgl. auch die Beispiele 11.7.7 und 11.7.8).

Wir kehren zum obigen Beispiel zurück und prüfen nach, ob neben (11.7.01) und (11.7.02) die weiteren Voraussetzungen für die Regel von de l'Hospital für die Funktionen f und g an der Stelle $x_0 = 0$ erfüllt sind.

Zu (11.7.03): $g'(x) = cos\ x \neq 0$ für alle $x \in U_\varepsilon(x_0)$ (mit $cos\ x_0 = cos\ 0 = 1$).

Zu (11.7.04): $\lim\limits_{x \to x_0} \dfrac{f'(x)}{g'(x)} = \lim\limits_{x \to 0} \dfrac{1}{cos\ x} = \dfrac{1}{1} = 1.$

Also ist die Regel von de l'Hospital anwendbar und es gilt

$$\lim\limits_{x \to 0} \dfrac{x}{sin\ x} = \lim\limits_{x \to 0} \dfrac{1}{cos\ x} = 1.$$

Man beachte, daß die Regel von de l'Hospital zum einen die Existenz des Grenzwerts $\lim\limits_{x \to x_0} \dfrac{f(x)}{g(x)}$ unter bestimmten Voraussetzungen garantiert, und zum anderen seine Berechnungsweise angibt.

Nun kann es durchaus vorkommen, daß sich nach der Anwendung der Regel von de l'Hospital erneut ein unbestimmter Ausdruck der Form „$\dfrac{0}{0}$" ergibt.

In diesem Fall prüft man nach, ob die Voraussetzungen (11.7.01) bis (11.7.04) auch für die jeweiligen Ableitungen f' und g' gelten. Die Erweiterung auf höhere Ableitungen liegt auf der Hand.

Übungsaufgabe 11.7.3

Berechnen Sie $\lim\limits_{x \to 0} \dfrac{x^2}{1 - cos\ x}$.

Prüfen Sie dazu die jeweiligen Voraussetzungen (11.7.02) bis (11.7.04)! ⌛

Die Regel von de l'Hospital kann bei entsprechender Modifizierung der Voraussetzungen auch auf Grenzwertbetrachtungen für $x \to \infty$ bzw. $x \to -\infty$ übertragen

---

[10]   C. F. A. de l' Hospital (1661 – 1704), frz. Mathematiker.

werden. Im folgenden werden wir deshalb (außer bei konkreten Beispielen) die Bedingungen $x \to x_0$, $x \to \infty$ bzw. $x \to -\infty$ unter dem Limeszeichen weglassen, um nicht alle möglichen Fälle unterscheiden zu müssen.

Sind die Grenzwerte der Funktionen f und g uneigentlich, d.h. es gilt

$$\lim f(x) = \lim g(x) = \infty, \tag{11.7.05}$$

so erhält man für $\lim \dfrac{f(x)}{g(x)}$ einen unbestimmten Ausdruck vom Typ „$\dfrac{\infty}{\infty}$". Auch für diesen Fall gilt die Regel von de l'Hospital, ist also $\lim \dfrac{f'(x)}{g'(x)}$ zu bestimmen.

Beispiel 11.7.4

Zu berechnen ist $\lim\limits_{x \to \infty} \dfrac{\ln x}{x}$.

Mit $f(x) = \ln x$ und $g(x) = x$ hat man

$$\lim_{x \to \infty} f(x) = \lim_{x \to \infty} \ln x = \infty \quad \text{und} \quad \lim_{x \to \infty} g(x) = \lim_{x \to \infty} x = \infty.$$

Es liegt somit ein unbestimmter Ausdruck vom Typ „$\dfrac{\infty}{\infty}$" vor. Nach der vorstehenden Regel gilt dann

$$f'(x) = \frac{1}{x}, \quad g'(x) = 1$$

$$\lim_{x \to \infty} \frac{\ln x}{x} = \lim_{x \to \infty} \frac{f'(x)}{g'(x)} = \lim_{x \to \infty} \frac{\frac{1}{x}}{1} = \lim_{x \to \infty} \frac{1}{x} = 0.$$

Neben den unbestimmten Ausdrücken vom Typ „$\dfrac{0}{0}$" oder vom Typ „$\dfrac{\infty}{\infty}$" existieren eine Reihe weiterer unbestimmter Ausdrücke, und zwar vom Typ „$0 \cdot \infty$", „1^∞", „0^0", „∞^0" sowie vom Typ „$\infty - \infty$".

Da die Regel von de l'Hospital nur bei den Ausdrücken vom Typ „$\dfrac{0}{0}$" bzw. „$\dfrac{\infty}{\infty}$" anwendbar ist, werden wir im folgenden für die anderen unbestimmten Ausdrücke zeigen, wie man sie anhand geeigneter Transformationen auf die Ausdrücke vom Typ „$\dfrac{0}{0}$" bzw. „$\dfrac{\infty}{\infty}$" zurückführen kann.

i) Typ „$0 \cdot \infty$"

Gegeben seien zwei Funktionen f und g mit $\lim f(x) = 0$ und $\lim g(x) = \infty$. Für das Produkt der beiden Funktionen ergibt $\lim f(x)g(x)$ einen unbestimmten Ausdruck vom Typ „$0 \cdot \infty$".

Durch die Transformation

$$f(x) \cdot g(x) = \frac{f(x)}{\frac{1}{g(x)}} \qquad (11.7.06)$$

führen wir den Ausdruck vom Typ „$0 \cdot \infty$" in einen Ausdruck vom Typ „$\frac{0}{0}$" über.

Entsprechend führt die Transformation

$$\frac{g(x)}{\frac{1}{f(x)}} \qquad (11.7.07)$$

zu einem Ausdruck vom Typ „$\frac{\infty}{\infty}$".

Beispiel 11.7.5

Der Grenzwert $\lim\limits_{x \to \infty} x \cdot e^{-x}$ soll berechnet werden. Wir setzen $f(x) = x$, $g(x) = e^{-x}$. Wegen $\lim\limits_{x \to \infty} f(x) = \lim\limits_{x \to \infty} x = \infty$ und $\lim\limits_{x \to \infty} g(x) = \lim\limits_{x \to \infty} e^{-x} = 0$ liegt ein Ausdruck vom Typ „$0 \cdot \infty$" vor. Unter Verwendung der Transformation (11.7.07) erhalten wir einen Ausdruck vom Typ „$\frac{\infty}{\infty}$" und berechnen mit der Regel von de l'Hospital:

$$\lim\limits_{x \to \infty} x \cdot e^{-x} = \lim\limits_{x \to \infty} \frac{x}{e^{-x}} = \lim\limits_{x \to \infty} \frac{1}{e^x} = 0.$$

Beachten Sie, daß eine Zurückführung auf den Typ „$\frac{0}{0}$" zu keinem Ergebnis geführt hätte, da sich nach jeder Differentiation der Zähler- und Nennerterme wieder unbestimmte Ausdrücke vom Typ „$\frac{0}{0}$" bilden:

$$\lim\limits_{x \to \infty} x \cdot e^{-x} = \lim\limits_{x \to \infty} \frac{e^{-x}}{\frac{1}{x}} \quad (\text{Typ } „\frac{0}{0}\text{"})$$

$$= \lim\limits_{x \to \infty} \frac{-e^{-x}}{-\frac{1}{x^2}}$$

$$= \lim_{x \to \infty} \frac{e^{-x}}{\frac{2}{x^3}}.$$

Es kommt also darauf an, die geeignete Transformation zu finden!

ii) Typ „1^∞"

Mit $\lim f(x) = 1$ und $\lim g(x) = \infty$ erhält man für $\lim f(x)^{g(x)}$ einen unbestimmten Ausdruck vom Typ „1^∞".

Mit Hilfe der folgenden Transformation, die wegen der Stetigkeit der Exponentialfunktion erlaubt ist, kann dieser unbestimmte Ausdruck auf einen bzgl. des Exponentialterms unbestimmten Ausdruck vom Typ „$0 \cdot \infty$" (vgl. i)) zurückgeführt werden:

$$\lim f(x)^{g(x)} = \lim e^{g(x) \cdot \ln f(x)} = e^{\lim [g(x) \cdot \ln f(x)]}$$

und $\lim [g(x) \cdot \ln f(x)] = \infty \cdot 0$. \hfill (11.7.08)

Beispiel 11.7.6

Wir wollen $\lim_{x \to \infty} \left(1 + \frac{2}{x}\right)^x$ berechnen. Mit $f(x) = \left(1 + \frac{2}{x}\right)$ und $g(x) = x$ gilt

$$\lim_{x \to \infty} f(x) = \lim_{x \to \infty} \left(1 + \frac{2}{x}\right) = 1$$

und

$$\lim_{x \to \infty} g(x) = \lim_{x \to \infty} x = \infty.$$

Dann folgt unter Verwendung der Transformation (11.7.08)

$$\lim_{x \to \infty} \left(1 + \frac{2}{x}\right)^x = \lim_{x \to \infty} e^{x \cdot \ln(1+2/x)} = e^{\lim_{x \to \infty} [x \cdot \ln(1+2/x)]}$$

Mit i) untersuchen wir das Grenzverhalten des Exponentialterms:

$$\lim_{x \to \infty} x \cdot \ln\left(1 + \frac{2}{x}\right) = \lim_{x \to \infty} \frac{\ln\left(1 + \frac{2}{x}\right)}{\frac{1}{x}}$$

11.7 Grenzwerte bei unbestimmten Ausdrücken

$$= \lim_{x\to\infty} \frac{\frac{1}{1+\frac{2}{x}} \cdot \frac{(-2)}{x^2}}{-\frac{1}{x^2}}$$

$$= \lim_{x\to\infty} \frac{2}{1+\frac{2}{x}} = 2.$$

Damit folgt: $\lim_{x\to\infty}\left(1+\frac{2}{x}\right)^x = e^2$.

iii) Typ „0^0"

Mit $\lim f(x) = \lim g(x) = 0$ erhält man für

$$\lim f(x)^{g(x)}$$

einen unbestimmten Ausdruck vom Typ „0^0".

Durch die Transformation

$$\lim f(x)^{g(x)} = \lim e^{g(x) \cdot \ln f(x)}$$
$$= e^{\lim[g(x) \cdot \ln f(x)]} \qquad (11.7.09)$$

erhält man für den Exponentialterm wieder einen unbestimmten Ausdruck vom Typ „$0 \cdot \infty$" (vgl. i)).

Beispiel 11.7.7

Wir berechnen

$$\lim_{x\to 0^+} x^x.$$

Die Transformation (11.7.09) führt zu

$$\lim_{x\to 0^+} x^x = \lim_{x\to 0^+} e^{x \ln x} = e^{\lim_{x\to 0^+} x \ln x}$$

und damit für den Exponentialterm zum Typ „$0 \cdot \infty$". Wegen

$$\lim_{x \to 0+} x \ln x = \lim_{x \to 0+} \frac{\ln x}{\frac{1}{x}}$$

$$\lim_{x \to 0+} \frac{\frac{1}{x}}{-\frac{1}{x^2}} = \lim_{x \to 0+} -x = 0.$$

folgt:

$$\lim_{x \to 0+} x^x = e^0 = 1.$$

iv) Typ „∞^0"

Mit $\lim f(x) = \infty$ und $\lim g(x) = 0$ erhält man für $\lim f(x)^{g(x)}$ einen unbestimmten Ausdruck von Typ „∞^0".

Durch die Transformation

$$\lim f(x)^{g(x)} = \lim e^{g(x) \cdot \ln f(x)}$$
$$= e^{\lim[g(x) \cdot \ln f(x)]} \tag{11.7.10}$$

erhält man für den Exponentialterm wieder einen unbestimmten Ausdruck vom Typ „$0 \cdot \infty$" (vgl. i)).

Beispiel 11.7.8

Wir berechnen

$$\lim_{x \to 0+} \left(\frac{1}{x}\right)^x.$$

Nach der Transformation

$$\lim_{x \to 0+} \left(\frac{1}{x}\right)^x = \lim_{x \to 0+} e^{x \cdot \ln \frac{1}{x}} = e^{\lim_{x \to 0+}[x \cdot (-\ln x)]}$$

untersuchen wir den Exponentialterm

$$\lim_{x \to 0+} x \cdot (-\ln x) = \lim_{x \to 0+} \frac{-\ln x}{\frac{1}{x}} = \lim_{x \to 0+} \frac{-\frac{1}{x}}{-\frac{1}{x^2}} = \lim_{x \to 0+} x = 0.$$

Damit folgt

$$\lim_{x \to 0+} \left(\frac{1}{x}\right)^x = e^0 = 1.$$

11.7 Grenzwerte bei unbestimmten Ausdrücken

v) Typ „∞ − ∞"

Mit $\lim f(x) = \lim g(x) = \infty$ erhält man für $\lim [f(x) - g(x)]$ einen unbestimmten Ausdruck vom Typ „∞ − ∞".

Mit Hilfe der nachstehenden Transformation kann dieser unbestimmte Ausdruck auf einen unbestimmten Ausdruck vom Typ „$\frac{0}{0}$" zurückgeführt werden, der dann eine direkte Anwendung der Regel von de l'Hospital erlaubt:

$$\lim [f(x) - g(x)] = \lim \frac{\frac{1}{g(x)} - \frac{1}{f(x)}}{\frac{1}{g(x)} \cdot \frac{1}{f(x)}} \tag{11.7.11}$$

Beispiel 11.7.9

Wir berechnen

$$\lim_{x \to 1} \left(\frac{1}{\ln x} - \frac{1}{x-1} \right).$$

Unter Verwendung der Transformation (11.7.11) folgt:

$$\lim_{x \to 1} \left(\frac{1}{\ln x} - \frac{1}{x-1} \right) = \lim_{x \to 1} \left(\frac{(x-1) - \ln x}{(x-1) \ln x} \right) \text{(Typ },, \frac{0}{0}\text{")}$$

$$= \lim_{x \to 1} \frac{1 - \frac{1}{x}}{\ln x + \frac{x-1}{x}} \text{(Typ },, \frac{0}{0}\text{")}$$

3)

$$= \lim_{x \to 1} \frac{\frac{1}{x^2}}{\frac{1}{x} + \frac{x-(x-1)}{x^2}} = \frac{1}{2}.$$

Übungsaufgabe 11.7.10

i) Berechnen Sie für die Produktionsfunktion f vom sog. Cobb-Douglas-Typ mit

$$f(x) = x^{ax^b}, \quad \text{für} \quad x, a, b \in \mathbb{R}, \quad x, a, b > 0$$

das Grenzverhalten für $x \to 0+$.

ii) $\displaystyle\lim_{x \to 0} \frac{e^x - 1}{x}$

iii) $\displaystyle\lim_{x \to \infty} \frac{\ln x}{x^n}$ $\quad (n \in N)$

iv) $\displaystyle\lim_{x \to \infty} \frac{e^x}{x^n}$ $\quad (n \in N)$

v) $\displaystyle\lim_{x \to \infty} \frac{2x^2 - 1}{x^2 - 6x + 1}$

vi) $\displaystyle\lim_{x \to 2} \frac{\sqrt{x} - \sqrt{2}}{\sqrt{x - 2}}$

vii) $\displaystyle\lim_{x \to 0} \frac{x - \sin x}{x(1 - \cos x)}$

viii) $\displaystyle\lim_{x \to 0} \left(\frac{1}{\sin x} - \frac{1}{x} \right)$

Kapitel 12

Integralrechnung

Die Integralrechnung hat sich historisch aus der Frage entwickelt, wie man den Inhalt krummlinig begrenzter Flächenstücke in der Ebene messen kann. Die Grundaufgabe ist die Berechnung des Inhalts einer Fläche, die vom Graphen einer nichtnegativen Funktion f, der x-Achse und den senkrechten Geraden bei $x = a$ und $x = b$ begrenzt wird.

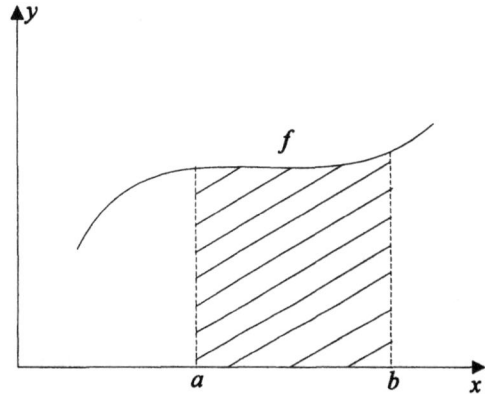

Abb. 12.1: Fläche zwischen $f(x)$, der x-Achse und den Grenzen $x = a$ und $x = b$.

Wie sich später herausstellen wird (vgl. Satz 12.2.17), ist die Lösung dieser Problematik eng verwandt mit der zunächst scheinbar davon unabhängigen Frage, wie man zu einer gegebenen Funktion f eine Funktion F konstruiert, deren Ableitung mit f übereinstimmt. Wir wollen uns zunächst letzterer Frage widmen. Wir beschäftigen uns also mit der Umkehrung der Grundaufgabe der Differentialrechnung, die in der Bestimmung der Ableitung einer vorgegebenen Funktion besteht.

12.1 Das unbestimmte Integral

Durch die voraufgegangene Überlegung wird der folgende Begriff motiviert.

Definition 12.1.1

i) Es sei eine reellwertige Funktion $f: D \to R$ gegeben ($D \subset R$). Eine differenzierbare Funktion $F: D \to R$ heißt eine *Stammfunktion* von f, wenn

$$F'(x) = f(x)$$

für alle $x \in D$ gilt.

ii) Wenn eine Funktion $f: D \to R$ eine Stammfunktion besitzt, so heißt f eine *unbestimmt integrierbare* Funktion. **Insbesondere sind alle stetigen Funktionen unbestimmt integrierbar.**

Beispiel 12.1.2

Die unstetige Funktion $f: [-1,1] \to R$ mit

$$f(x) = \begin{cases} 1 & \text{für } 0 \leq x \leq 1 \\ -1 & \text{für } -1 \leq x < 0 \end{cases}$$

besitzt keine Stammfunktion, da eine solche Funktion für $x > 0$ die Steigung $+1$ und für $x < 0$ die Steigung -1 haben müßte. Eine Funktion mit diesen Steigungseigenschaften ist aber an der Stelle $x = 0$ nicht differenzierbar.

Wenn F eine Stammfunktion von f ist, so ist für jede reelle Zahl c die Funktion F_c mit $F_c(x) = F(x) + c$ ebenfalls eine Stammfunktion von f, da $F'_c(x) = F'(x) = f(x)$ gilt.

Sind umgekehrt F_1 und F_2 Stammfunktionen von f, so gilt

$$(F_1(x) - F_2(x))' = F'_1(x) - F'_2(x) = f(x) - f(x) = 0,$$

d.h. $F_1(x) - F_2(x) = \text{const.}$ für alle $x \in D$.

Ist F eine beliebige Stammfunktion von f, so ergibt sich zusammenfassend, daß die Gesamtheit aller Stammfunktionen von f aus allen Funktionen der Form F_c mit $c \in R$ besteht. Diese Gesamtheit entspricht der folgenden (nicht ganz exakten aber etablierten) Begriffsbildung des unbestimmten Integrals.

12.1 Das unbestimmte Integral

Definition 12.1.3

Ist $F: D \to R$ eine Stammfunktion einer unbestimmt integrierbaren Funktion f, so heißt

$$\int f(x)\,dx = F(x) + c \quad (c \in R)$$

das *unbestimmte Integral* der Funktion f.

Dabei heißt x die *Integrationsvariable*, $f(x)$ der *Integrand* und c die *Integrationskonstante*. Die Bestimmung einer Stammfunktion F für eine Funktion f heißt *(unbestimmte) Integration*.

unbestimmtes Integral
Integrationsvariable, Integrationskonstante (unbestimmte)Integration

Der Begriff der Stammfunktion bzw. des unbestimmten Integrals sei an den folgenden Beispielen veranschaulicht.

Beispiel 12.1.4

Es sei $f(x) = 5x$. Wegen $\left(\dfrac{5}{2}x^2\right)' = 5x$ ist $F(x) = \dfrac{5}{2}x^2$ eine Stammfunktion von f.

Das unbestimmte Integral ist folglich

$$\int 5x\,dx = \frac{5}{2}x^2 + c.$$

Beispiel 12.1.5

Es sei $f(x) = -\cos x$.

Wegen $(-\sin x)' = -\cos x$ ist $F(x) = -\sin x$ eine Stammfunktion von f.

Das unbestimmte Integral ist nun

$$\int (-\cos x)\,dx = -\sin x + c.$$

Für einige elementare Funktionen f sind zugehörige Stammfunktionen F in der folgenden Tabelle zusammengefaßt (vgl. Tabelle 11.2.6). Man bestätigt die Ergebnisse leicht durch Überprüfen der Beziehung $F'(x) = f(x)$.

Tabelle 12.1.6: Unbestimmte Integrale einiger wichtiger Funktionen

$f(x)$	$F(x)$	Bemerkungen
x^r	$\dfrac{x^{r+1}}{r+1}$	$x > 0, r \in \mathbf{R}\setminus\{-1\}$
x^n	$\dfrac{x^{n+1}}{n+1}$	$x \in \mathbf{R}, n \in \mathbf{N}_0$
$\dfrac{1}{x^m}$	$\dfrac{-1}{(m-1)\,x^{m-1}}$	$x \neq 0, m \in \mathbf{N}\setminus\{1\}$
$\dfrac{1}{x}$	$ln|x|$	$x \neq 0$
a^x	$\dfrac{a^x}{\ln a}$	$x \in \mathbf{R}, a > 0, a \neq 1$
$e^{\alpha x}$	$\dfrac{e^{\alpha x}}{\alpha}$	$x \in \mathbf{R}, \alpha \neq 0$
$\sin x$	$-\cos x$	$x \in \mathbf{R}$
$\cos x$	$\sin x$	$x \in \mathbf{R}$

Grundintegral   Integrale, die sich wie in der obigen Tabelle unmittelbar aus den entsprechenden Differentiationsregeln ergeben, bezeichnet man auch als *Grundintegrale*.

Übungsaufgabe 12.1.7

Ermitteln Sie die folgenden unbestimmten Integrale.

$$\int 5^x \, dx,$$

$$\int \frac{1}{x^7} \, dx, \, x \neq 0,$$

$$\int x^{4/9} \, dx, \, x > 0.$$

Da die Integration die Umkehrung der Differentialrechnung ist, läßt sich aus jeder Differentiationsregel (vgl. Abschnitt 11.2) eine Integrationsregel herleiten, indem die jeweilige zur Differentiation gehörige Gleichung integriert wird. Man erhält die folgenden Integrationsregeln.

12.1 Das unbestimmte Integral

Faktorregel der Integration

> Ist f eine unbestimmt integrierbare Funktion und $\alpha \in \mathbf{R}$, so ist auch die Funktion αf mit $(\alpha f)(x) = \alpha f(x)$, $x \in D_f$, unbestimmt integrierbar, und es gilt
> $$\int \alpha f(x)\,dx = \alpha \int f(x)\,dx. \qquad (12.1.01)$$

Die Beziehung erhält man aus der entsprechenden Gleichung der Differentiationsregel

$$(\alpha g(x))' = \alpha g'(x) \qquad (12.1.02)$$

wie folgt: die Funktion $\alpha g(x)$ ist eine Stammfunktion von $(\alpha g(x))'$. Integration beider Seiten von (12.1.02) liefert daher

$$\int \alpha g'(x)\,dx = \alpha g(x) + c$$
$$= \alpha(g(x) + c_1)$$
$$= \alpha \int g'(x)\,dx$$

$(\alpha c_1 = c, c \in \mathbf{R})$.

Substituiert man darin $g'(x)$ durch $f(x)$, so ergibt sich die Faktorregel.

Beispiel 12.1.8

Die Faktorregel liefert

$$\int 5x^3\,dx = 5\int x^3\,dx = \frac{5}{4}x^4 + c.$$

Übungsaufgabe 12.1.9

Ermitteln Sie die folgenden unbestimmten Integrale mit Hilfe der Faktorregel.

$$\int \frac{x^7}{8}\,dx,$$
$$\int \frac{1}{\pi}x^\pi\,dx, \quad x > 0,$$
$$\int 7x^{5/3}\,dx, \quad x > 0.$$

Summenregel der Integration

> Sind f und g unbestimmt integrierbare Funktionen, so ist auch die Funktion $f+g$ mit $(f+g)(x) = f(x) + g(x)$, $x \in D_f \cap D_g$, unbestimmt integrierbar, und es gilt
> $$\int (f(x) + g(x))\,dx = \int f(x)\,dx + \int g(x)\,dx. \qquad (12.1.03)$$

Dies erhält man ausgehend von der Gleichung

$$(s(x) + t(x))' = s'(x) + t'(x). \qquad (12.1.04)$$

Integration beider Seiten führt dabei zu

$$\int (s'(x) + t'(x))\,dx = s(x) + t(x) + c$$
$$= s(x) + c_1 + t(x) + c_2.$$

Die Substitutionen $f(x) = s'(x)$ und $g(x) = t'(x)$ liefern dann (12.1.03), da

$$s(x) + c_1 = \int f(x)\,dx \quad \text{bzw.} \quad t(x) + c_2 = \int g(x)\,dx$$

gilt.

Beispiel 12.1.10

Für $x \neq 0$ gilt

$$\int \left(\sin x + \frac{1}{x}\right)dx = \int \sin x\,dx + \int \frac{1}{x}\,dx = -\cos x + \ln|x| + c.$$

Beispiel 12.1.11

Durch Kombination von Faktor- und Summenregel ergibt sich für $x \geq 0$

$$\int (2e^x + 3\sqrt{x})\,dx = 2\int e^x\,dx + 3\int x^{1/2}\,dx = 2e^x + 2x^{3/2} + c.$$

Übungsaufgabe 12.1.12

Berechnen Sie mittels der Summenregel das Integral

$$\int (5\sqrt{x} - 6e^x)\,dx, \quad x > 0.$$

12.1 Das unbestimmte Integral

Regel der partiellen Integration

> Es seien f, g stetig differenzierbare Funktionen. Dann gilt für $x \in D_f \cap D_g$
> $$\int f(x) g'(x) \, dx = f(x) g(x) - \int f'(x) g(x) \, dx. \qquad (12.1.05)$$

Die Integrale existieren dabei, da fg' und $f'g$ als Produkte stetiger Funktionen ebenfalls stetig sind. Das Resultat ergibt sich sofort durch Integration und Umstellen der Produktregel der Differentiation

$$(f(x) g(x))' = f'(x) g(x) + f(x) g'(x).$$

Beispiel 12.1.13

Das Integral $\int x \sin x \, dx$ soll bestimmt werden. Um die Regel der partiellen Integration anwenden zu können, müssen wir es in der Form $\int f(x) g'(x) \, dx$ schreiben. Dies erreicht man durch den Ansatz

$$\begin{aligned} f(x) &= x &\Rightarrow f'(x) &= 1 \\ g'(x) &= \sin x &\Rightarrow g(x) &= -\cos x. \end{aligned} \qquad (12.1.06)$$

Für die Funktionen in (12.1.05) braucht man nur die entsprechenden Terme von (12.1.06) einzusetzen und erhält

$$\begin{aligned} \int x \sin x \, dx &= x(-\cos x) - \int 1(-\cos x) \, dx \\ &= -x \cos x + \sin x + c. \end{aligned}$$

Beispiel 12.1.14

Analog zu Beispiel 12.1.13 ergibt sich für $x > 0$

$$\begin{aligned} \int \ln x \, dx &= \int (\ln x) \cdot 1 \, dx = (\ln x) x - \int \frac{1}{x} x \, dx \\ &= x \ln x - x + c = x(\ln x - 1) + c. \end{aligned}$$

Dabei ist

$$\begin{aligned} f(x) &= \ln x \Rightarrow f'(x) = \frac{1}{x} \\ g'(x) &= 1 \quad \Rightarrow g(x) = x \end{aligned}$$

gesetzt worden.

Beispiel 12.1.15

Das Integral $\int e^x \cos x \, dx$ soll ermittelt werden. Man erhält zunächst

$$\int e^x \cos x \, dx = e^x \sin x - \int e^x \sin x \, dx \qquad (12.1.07)$$

für

$$f(x) = e^x \Rightarrow f'(x) = e^x$$
$$g'(x) = \cos x \Rightarrow g(x) = \sin x.$$

Analog ergibt sich

$$\int e^x \sin x \, dx = -e^x \cos x + \int e^x \cos x \, dx. \qquad (12.1.08)$$

Einsetzen der rechten Seite von (12.1.08) für das letzte Integral in (12.1.07) ergibt

$$\int e^x \cos x \, dx = e^x \sin x + e^x \cos x - \int e^x \cos x \, dx.$$

Addiert man nun das linke Integral zu beiden Seiten der Gleichung und dividiert durch 2, so ergibt sich das Resultat

$$\int e^x \cos x \, dx = \frac{e^x}{2} (\sin x + \cos x) + c.$$

Übungsaufgabe 12.1.16

Wenden Sie die Regel der partiellen Integration auf die folgenden Integrale an:

$$\int \sin x \cos x \, dx,$$
$$\int x \ln x \, dx, \quad x > 0,$$
$$\int \ln(x^2) \, dx, \quad x > 0.$$

Substitutionsregel

Gegeben sei eine unbestimmt integrierbare Funktion f mit der Stammfunktion F und eine differenzierbare Funktion g mit $W_g \subset D_f$. Dann gilt für $x \in D_g$

$$\int f(g(x)) g'(x) \, dx = F(g(x)) + c. \qquad (12.1.09)$$

12.1 Das unbestimmte Integral

Übungsaufgabe 12.1.17

Bestätigen Sie die Regel (12.1.09) durch Ableiten der rechten Seite mit Hilfe der Kettenregel der Differentiation.

Beispiel 12.1.18

Das Integral

$$\int \sin(x^2)\, x\, dx \qquad (12.1.10)$$

soll berechnet werden. Um (12.1.09) anwenden zu können, muß es in der Form

$$\int f(g(x))\, g'(x)\, dx$$

geschrieben werden. Man ermöglicht dies, indem man (12.1.10) zunächst als

$$\frac{1}{2}\int \sin(x^2)\, 2x\, dx$$

darstellt und dann

$$g(x) = x^2 \Rightarrow g'(x) = 2x$$
$$f(y) = \sin y \Rightarrow F(y) = -\cos y$$

setzt. Nun muß man in (12.1.09) für $f(y)$, $F(y)$, $g(x)$ und $g'(x)$ die entsprechenden Ausdrücke einsetzen und erhält

$$\int \sin(x^2)\, x\, dx = \frac{1}{2}\int \sin(x^2)\, 2x\, dx = -\frac{1}{2}\cos(x^2) + c.$$

Beispiel 12.1.19

$$\int \sin(e^x)\, e^x\, dx = -\cos(e^x) + c$$

(Anwendung von (12.1.09) mit $f(y) = \sin y \Rightarrow F(y) = -\cos y$, $g(x) = e^x \Rightarrow g'(x) = e^x$).

Übungsaufgabe 12.1.20

Wenden Sie die Substitutionsregel auf das folgende Integral an:

$$\int \cos(x^2)\, 2x\, dx.$$

Wir wollen vier wichtige Spezialfälle von (12.1.09) aufführen, die sich ergeben, wenn f und g von spezieller Form sind:

Fall 1:

$g(x) = ax + b \quad (a \neq 0)$:

$$\int f(ax+b)\,dx = \frac{1}{a} F(ax+b) + c \qquad (12.1.11)$$

Man erhält dies, indem man in (12.1.09) den Ausdruck $ax + b$ für $g(x)$ und folglich a für $g'(x)$ einsetzt und die Gleichung durch a dividiert.

Beispiel 12.1.21

$$\int e^{5x+3}\,dx = \frac{1}{5} e^{5x+3} + c$$

(Anwendung von (12.1.11) mit $f(y) = e^y \Rightarrow F(y) = e^y$, $a = 5$, $b = 3$).

Übungsaufgabe 12.1.22

Ermitteln Sie das Integral

$$\int \cos(5x+2)\,dx$$

mit Hilfe von (12.1.11).

Fall 2:

$f(y) = y^z \Rightarrow F(y) = \dfrac{y^{z+1}}{z+1}$

($z \in Z / \{-1\}$; $g(x) \neq 0$ für $x \in D_g$ falls $z \leq -2$): $\qquad (12.1.12)$

$$\int (g(x))^z g'(x)\,dx = \frac{1}{z+1} (g(x))^{z+1} + c$$

Übungsaufgabe 12.1.23

Berechnen Sie das Integral

$$\int (\sin x)^2 \cos x\,dx$$

mittels (12.1.12).

Fall 3:

$$f(y) = \frac{1}{y} \Rightarrow F(y) = \ln|y|$$

$(g(x) \neq 0$ für $x \in D_g)$: (12.1.13)

$$\int \frac{g'(x)}{g(x)} dx = \ln|g(x)| + c$$

Beispiel 12.1.24

$$\int \tan(x) \, dx = -\int \frac{-\sin x}{\cos x} dx = -\ln|\cos x| + c$$

für

$$x \neq \frac{\pi}{2} + z\pi, z \in \mathbb{Z}.$$

(Anwendung von (12.1.13) mit $g(x) = \cos x$).

Übungsaufgabe 12.1.25

Berechnen Sie das Integral

$$\int \cot x \, dx, \; x \neq z\pi, \; z \in \mathbb{Z}.$$

Fall 4:

$$f(y) = e^y \Rightarrow F(y) = e^y:$$
$$\int e^{g(x)} g'(x) = e^{g(x)} + c.$$
(12.1.14)

Übungsaufgabe 12.1.26

Bestimmen Sie die Integrale

$$\int \frac{e^{\sqrt{x}}}{2\sqrt{x}} dx, \; x > 0,$$

$$\int e^{\sin x} \cos x \, dx.$$

12.2 Das bestimmte Integral

In diesem Abschnitt wird das am Beginn des Kapitels angesprochenen Problem der Flächeninhaltsbestimmung wieder aufgegriffen. Zunächst sei von der Frage abgesehen, ob für „komplizierte" Flächen überhaupt der Flächeninhalt definiert ist (vgl. Beispiel 12.2.11). Stattdessen nehmen wir unsere anschauliche Vorstellung von diesem Begriff zu Hilfe und illustrieren eine auf RIEMANN[1] zurückführende Idee, die Fläche zwischen dem Graphen einer *nichtnegativen*, beschränkten Funktion auf einem Intervall $[a,b]$ und der x-Achse zu ermitteln (vgl. Abb. 12.1). Hierzu ist der folgende Formalismus erforderlich.

Definition 12.2.1

Zerlegung eines Intervalls

Eine endliche Menge $Z = \{x_0, x_1, ..., x_n\} \subset [a,b]$ heißt eine *Zerlegung des Intervalls* $[a,b]$, wenn $x_0 = a$, $x_n = b$ und $x_0 < x_1 < ... < x_n$ gilt.

i-tes Intervall

Norm einer Zerlegung

Durch die Zerlegung Z wird das Intervall $[a, b]$ in n Teilintervalle $[x_{i-1}, x_i]$, $i = 1, ..., n$, zerlegt. Die *Länge des i-ten Intervalls* $[x_{i-1}, x_i]$ ist $\Delta_i = x_i - x_{i-1}$. Die größte auftretende Länge Max $\{\Delta_i | i = 1, ..., n\}$ nennt man die *Norm der Zerlegung Z*.

äquidistante Zerlegung

Eine Zerlegung heißt *äquidistant*, wenn alle Teilintervalle gleich lang sind.

&

Zum Beispiel ist $\{2, 3.8, 4, 8, 9.12, 10\}$ eine Zerlegung des Intervalls $[2, 10]$ mit der Norm 4.

Definition 12.2.2

Es sei $f(x)$ eine auf dem Intervall $[a, b]$ beschränkte Funktion und Z eine Zerlegung von $[a,b]$. Man definiert

Untersumme

i) **die *Untersumme* von f zur Zerlegung Z**

$$s(f,Z) = \sum_{i=1}^{n} m_i \Delta x_i,$$

wobei m_i das Infimum von f auf dem Zerlegungsintervall $[x_{i-1}, x_i]$ bezeichnet, d.h.

---

[1] Riemann, Bernhard (1826 – 1866), dt. Mathematiker

$$m_i = \inf\{f(x)|x_{i-1} \leq x \leq x_i\}$$

(vgl. Definition 10.4.8),

ii) **die *Obersumme* von f zur Zerlegung Z** *Obersumme*

$$S(f,Z) = \sum_{i=1}^{n} M_i \Delta x_i,$$

wobei M_i das Supremum von f auf dem Zerlegungsintervall $[x_{i-1}, x_i]$ bezeichnet, d.h.

$$M_i = \sup\{f(x)|\, x_{i-1} \leq x \leq x_i\}$$

(vgl. Definition 10.4.8).

Die Begriffe werden in der folgenden Abb. 12.2.3 veranschaulicht.

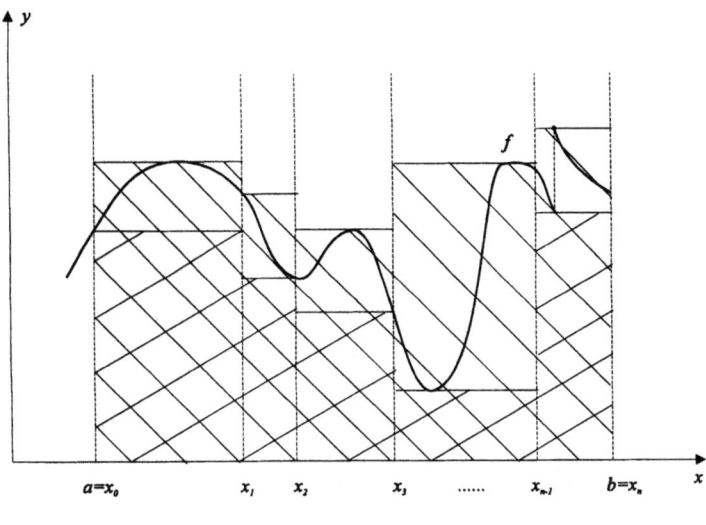

Abb. 12.2.3: Unter- und Obersumme einer Funktion

Die Höhe des doppelt schraffierten Rechtecks über dem Intervall $[x_{i-1}, x_i]$ in Abb. 12.2.3 ist so gewählt, daß der Funktionsgraph „so eben von unten berührt wird", d.h. die Höhe ist das mit m_i bezeichnete Infimum von f auf $[x_{i-1}, x_i]$.

Bemerkung 12.2.4

Dabei ist zu beachten, daß man im allgemeinen nicht vom „Minimum einer Funktion f auf $[x_{i-1}, x_i]$" sprechen kann, wie das Beispiel

$$f(x) = \begin{cases} 2 & \text{für } x_{i-1} \leq x \leq x_{i-1} + \dfrac{\Delta}{2} \\ \dfrac{x - x_{i-1}}{x_i - x_{i-1}} + 1 & \text{für } x_{i-1} + \dfrac{\Delta}{2} < x < x_i \end{cases} \qquad (12.2.01)$$

$(\Delta = x_i - x_{i-1})$

zeigt (vgl. Abb. 12.2.5). Dabei werden alle Werte y mit $\dfrac{3}{2} < y \leq 2$ (und nur diese) von der Funktion f angenommen. Der Wertebereich ist also ein links offenes Intervall $\{f(x) | x_{i-1} \leq x \leq x_i\} = \left(\dfrac{3}{2}, 2\right]$ d.h. das Minimum dieser Menge existiert nicht.

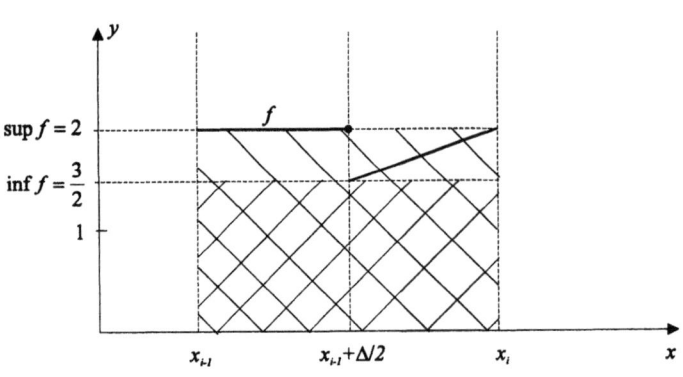

Abb. 12.2.5: Illustration der unstetigen Funktion f (12.2.01) über dem Zerlegungsintervall $[x_{i-1}, x_i]$

Bei den weiteren Betrachtungen wollen wir uns wieder auf Abb. 12.2.3 beziehen. Der Flächeninhalt des doppelt schraffierten Rechtecks über $[x_{i-1}, x_i]$ ist also $m_i \Delta x_i = m_i(x_i - x_{i-1})$, d.h. er entspricht dem i-ten Summanden in der Untersumme $s(f, Z)$. Somit gibt die Untersumme den Inhalt der unteren Treppenfläche an.

Die Höhe des einfach schraffierten Rechtecks über dem Intervall $[x_{i-1}, x_i]$ ist so gewählt, daß der Funktionsgraph „so eben von oben berührt wird", d.h. die Höhe ist gleich dem Supremum M_i der Funktion f auf $[x_{i-1}, x_i]$.

Analog zur obigen Überlegung bzgl. Infimum und Minimum kann man zeigen, daß im allgemeinen nicht vom „Maximum einer Funktion f auf $[x_{i-1}, x_i]$" gesprochen werden darf.

Der Flächeninhalt dieses Rechtecks ist $M_i \Delta x_i = M_i (x_i - x_{i-1})$, er entspricht also dem i-ten Summanden in der Obersumme $S(f, Z)$, und die Obersumme gibt den Inhalt der oberen Treppenfläche an.

Im folgenden wollen wir der Einfachheit halber nur Unter- und Obersummen zu äquidistanten Zerlegungen betrachten.

Definition 12.2.6

Es sei f eine beschränkte Funktion auf $[a, b]$.

Mit s_n und S_n seien die Untersumme bzw. die Obersumme zur Zerlegung in n gleichgroße Intervalle bezeichnet. Für die gemeinsame Intervallänge gilt nun $\Delta = \dfrac{b-a}{n}$ und folglich $x_i = a + i\Delta$ $(i = 0, \ldots, n)$.

Aus Definition 12.2.2 ergibt sich somit

$$s_n = \sum_{i=1}^{n} m_i \Delta = \Delta \sum_{i=1}^{n} m_i,$$

$$S_n = \sum_{i=1}^{n} M_i \Delta = \Delta \sum_{i=1}^{n} M_i,$$

wobei m_i und M_i **das Infimum bzw. Supremum von f auf dem Intervall**

$$[x_{i-1}, x_i] = [a + (i-1)\Delta, a + i\Delta]$$

bezeichnen.

Die Begriffe werden in Abb. 12.2.7 für $f(x) = x^2$, $a = 0$, $b = 10$ und $n = 10$ illustriert.

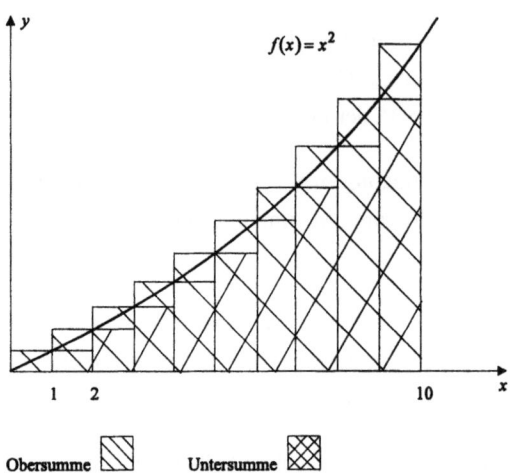

Abb. 12.2.7: Untersumme s_{10} und Obersumme S_{10} für $f(x) = x^2$ auf dem Intervall $[0,10]$

Wie die obige Abbildung veranschaulicht, bilden die Untersumme s_n und die Obersumme S_n Näherungen für den Flächeninhalt F zwischen dem Funktionsgraphen und der x-Achse, die im allgemeinen mit wachsendem n immer genauer werden. Dabei gilt offenbar

$$s_n \leq F \leq S_n.$$

Es ist nun naheliegend, die Grenzwerte $s = \lim\limits_{n \to \infty} s_n$ und $S = \lim\limits_{n \to \infty} S_n$ zu untersuchen. Abgesehen von speziell konstruierten, komplizierten Funktionen f stimmen diese stets überein. In diesem Fall stellt der übereinstimmende Grenzwert ein plausibles Maß für den gesuchten Flächeninhalt F dar. Die Überlegungen führen zur folgenden Definition.

Definition 12.2.8

auf $[a,b]$ integrierbar

Es sei f eine auf $[a,b]$ beschränkte Funktion. Dann heißt f *auf $[a,b]$ integrierbar*, wenn $\lim\limits_{n \to \infty} s_n = \lim\limits_{n \to \infty} S_n$ gilt. Der übereinstimmende Grenz-

bestimmtes Integral

wert heißt das *bestimmte Integral von f über $[a,b]$* und wird mit

$$\int_a^b f(x)\,dx$$

untere bzw. obere Integrationsgrenze
Integrationsintervall
Integrationsvariable
Integrand

bezeichnet. Dabei heißen a und b die untere bzw. obere Integrationsgrenze, $[a,b]$ das Integrationsintervall, x heißt Integrationsvariable und $f(x)$ heißt der Integrand.

12.2 Das bestimmte Integral

Für den gesuchten Flächeninhalt ergibt sich also

$$F = \int_a^b f(x)\,dx.$$

Bemerkung 12.2.9

i) Auch für nicht integrierbare Funktionen f auf $[a, b]$ existieren stets die (verschiedenen) Grenzwerte $s = \lim_{n\to\infty} s_n$ und $S = \lim_{n\to\infty} S_n$. Sie sind gleich dem Supremum der Menge aller Untersummen bzw. gleich dem Infimum der Menge aller Obersummen. Die Grenzwerte werden auch als das *Unterintegral* bzw. das *Oberintegral* von f im Intervall $[a,b]$ bezeichnet.

Unter-, Oberintegral

ii) Der Vollständigkeit halber sei erwähnt, daß im Falle der Integrierbarkeit auch Folgen von Unter- bzw. Obersummen zu nicht äquidistanten Zerlegungen gegen $s = S$ konvergieren, sofern die Norm der Zerlegungen gegen 0 konvergiert.

Beispiel 12.2.10

Es sei $f: [a,b] \to \mathbf{R}$ die konstante Funktion mit

$f(x) = 5$ und $a = 2$, $b = 10$.

Offenbar sind für alle möglichen Zerlegungen von $[a, b]$ die Unter- und Obersummen gleich $5(b - a) = 40$, da die Stufen der Treppenfunktionen alle die gleiche Höhe haben.

Insbesondere gilt $s_n = S_n = 40$ für alle n, also $\lim_{n\to\infty} s_n = \lim_{n\to\infty} S_n = 40$ und somit

$$\int_2^{10} f(x)\,dx = \int_2^{10} 5\,dx = 40.$$

Das Ergebnis der formalen Überlegungen stimmt mit der anschaulichen Vorstellung überein, da die Fläche zwischen Funktionsgraph und x-Achse ein Rechteck mit den Kantenlängen 5 und $(b - a) = 10 - 2 = 8$ ist.

Beispiel 12.2.11

Um zu demonstrieren, daß das bestimmte Integral nicht immer existiert, betrachten wir die Funktion $f\colon [5, 10] \to \mathbf{R}$ mit

$$f(x) = \begin{cases} 1 & \text{für } 5 \le x \le 10,\ x \text{ rational} \\ 0 & \text{für } 5 \le x \le 10,\ x \text{ irrational.} \end{cases}$$

Für jedes (noch so kleine) Intervall einer Zerlegung ist das Infimum der Funktion gleich 0, und das Supremum ist gleich 1. Also gilt $s_n = 0$ für alle n und $S_n = 1$ für alle n. Somit ist

$$\lim_{n \to \infty} s_n = 0 \neq \lim_{n \to \infty} S_n = 1.$$

Die Funktion f ist also nicht auf $[5, 10]$ integrierbar, d.h. es ist nicht möglich, den „Inhalt der Fläche zwischen dem Funktionsgraphen und der x-Achse" mit dem gegebenen Integralbegriff sinnvoll zu definieren.

Beispiel 12.2.12

Es sei $f\colon [a, b] \to \mathbf{R}$ definiert durch

$f(x) = x^2$ und $a = 0$, $b = 10$.

Die Bestimmung der Unter- und Obersummen s_n und S_n ist in diesem Fall komplizierter. Wir betrachten das Zerlegungsintervall $[x_{i-1}, x_i]$ mit $x_i = a + i\Delta$, $\Delta = \dfrac{b-a}{n}$

(vgl. Definition 12.2.6).

Da f monoton wachsend ist, ist das Infimum auf $[x_{i-1}, x_i]$ gleich

$$m_i = f(x_{i-1}) = x_{i-1}^2 = ((i-1)\Delta)^2 = (i-1)^2 \Delta^2.$$

(vgl. Abb. 12.2.7). Analog gilt für das Supremum

$$M_i = f(x_i) = x_i^2 = (i\Delta)^2 = i^2 \Delta^2.$$

Für s_n und S_n folgt somit

12.2 Das bestimmte Integral

$$s_n = \Delta \sum_{i=1}^{n} (i-1)^2 \Delta^2$$

$$= \Delta^3 \sum_{i=1}^{n} (i-1)^2$$

$$= \Delta^3 \sum_{i=1}^{n-1} i^2,$$

$$S_n = \Delta \sum_{i=1}^{n} i^2 \Delta^2$$

$$= \Delta^3 \sum_{i=1}^{n} i^2.$$

Wenn wir die Formel

$$\sum_{i=1}^{n} i^2 = \frac{n}{6}(n+1)(2n+1) \qquad (12.2.02)$$

verwenden, ergibt sich daraus

$$S_n = \left(\frac{b-a}{n}\right)^3 \frac{n}{6}(n+1)(2n+1)$$

$$= \frac{(b-a)^3}{6} \frac{n(n+1)(2n+1)}{n^3}$$

$$= \frac{(b-a)^3}{6}\left(1+\frac{1}{n}\right)\left(2+\frac{1}{n}\right)$$

für die Obersumme und

$$s_n = \left(\frac{b-a}{n}\right)^3 \frac{n-1}{6} n(2(n-1)+1)$$

$$= \frac{(b-a)^3}{6} \frac{(n-1)n(2n-1)}{n^3}$$

$$= \frac{(b-a)^3}{6} \frac{2n^2-2n+1}{n^2}$$

$$= \frac{(b-a)^3}{6}\left(2-\frac{2}{n}+\frac{1}{n^2}\right)$$

für die Untersumme. Offenbar gilt nun

$$\lim_{n\to\infty} S_n = \frac{(b-a)^3}{6} \cdot 2 = \frac{1000}{3}$$

und

$$\lim_{n\to\infty} s_n = \frac{(b-a)^3}{6} \cdot 2 = \frac{1000}{3}.$$

Also ist

$$\int_0^{10} x^2 \mathrm{d}x = \frac{1000}{3}.$$

Im Anschluß an Definition 12.2.8 liegt die Frage nahe, unter welchen Voraussetzungen eine Funktion auf einem Intervall $[a, b]$ integrierbar ist. Einfache hinreichende Bedingungen sind im folgenden Satz aufgeführt.

Satz 12.2.13

> **Es sei f eine reellwertige Funktion auf dem Intervall $[a,b]$, die monoton oder stetig ist. Dann ist f auf $[a,b]$ integrierbar.**

Bemerkung 12.2.14

Aus Satz 12.2.13 folgt insbesondere, daß die monoton wachsende Funktion f in Beispiel 12.1.2 auf $[-1,1]$ integrierbar ist, obwohl diese nicht unbestimmt integrierbar ist (vgl. auch Beispiel 12.2.31).

Wie Beispiel 12.2.11 verdeutlicht, steht eine exakte Begriffsbildung wie die des bestimmten Integrals unabdingbar im Zusammenhang mit der Bestimmung von Flächeninhalten.

Andererseits ist die Definition des bestimmten Integrals als Grenzwert einer Folge von Ober- bzw. Untersummen für die explizite Berechnung des Flächeninhalts ungeeignet, da die Ermittlung dieses Grenzwertes, abgesehen vom Trivialfall konstanter Funktionen (vgl. Beispiel 12.2.10), sehr aufwendig ist. Bereits für den Fall einer einfachen quadratischen Funktion (vgl. Beispiel 12.2.12) sind relativ langwierige Rechnungen erforderlich.

Einen eleganten Ausweg aus diesem Dilemma ermöglicht der Hauptsatz der Differential- und Integralrechnung, den wir im Anschluß an den folgenden vorbereitenden Satz 12.2.15 präsentieren.

12.2 Das bestimmte Integral

Anstelle streng formaler Beweise soll wieder die geometrische Anschauung zu Hilfe genommen werden. Es erweist sich als zweckmäßig, zunächst das Integral mit variabler oberer Grenze zu untersuchen.

Satz 12.2.15

Es sei f eine auf $[a, b]$ stetige (und somit integrierbare) Funktion. Die durch

$$A(x) = \int_a^x f(t) dt \qquad (12.2.03)$$

auf $[a,b]$ definierte Funktion A ist eine Stammfunktion von f.

Zum Beweis ist zu zeigen, daß

$$\lim_{\Delta x \to 0} \frac{A(x_0 + \Delta x) - A(x_0)}{\Delta x} = f(x_0) \qquad (12.2.04)$$

für $x_0 \in (a,b)$ gilt.

Definitionsgemäß kann $A(x)$ als der Inhalt der Fläche zwischen dem Funktionsgraphen von f und der x-Achse im Intervall $[a, x]$ interpretiert werden (vgl. Abb. 12.2.16 i)). Folglich gibt die Differenz $A(x_0+\Delta x) - A(x_0)$ den Flächeninhalt des schraffierten Bereichs in Abbildung 12.2.16 ii) an.

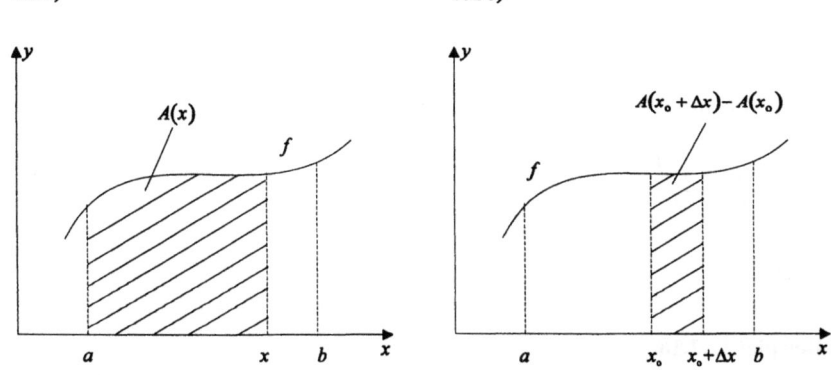

Abb. 12.2.16: Illustration der Funktion A in (12.2.03)

Da Δx die Breite dieses Flächenstücks ist, läßt sich der Differentialquotient in (12.2.04) als seine mittlere Höhe interpretieren. Für $\Delta x \to 0$ strebt dieser Wert gegen $f(x_0)$.

Als Folgerung zu Satz 12.2.15 erhält man den angekündigten *Hauptsatz der Differential- und Integralrechnung:*

Satz 12.2.17

Hauptsatz der Differential- und Integralrechnung

Es sei f eine auf $[a,b]$ stetige Funktion, und F sei eine beliebige Stammfunktion von f. Für das bestimmte Integral gilt dann

$$\int_a^b f(x)\,dx = F(b) - F(a).$$

Nach Abschnitt 12.1 läßt sich jede Stammfunktion von f in der Form $F(x) = A(x) + c$ ($c \in \mathbb{R}$) schreiben. Mit Satz 12.2.15 erhält man dann

$$\int_a^b f(x)\,dx = A(b) - 0 = A(b) - A(a)$$
$$= (A(b)+c) - (A(a)+c) = F(b) - F(a).$$

Zur Vereinfachung der Schreibweise verwendet man anstelle von $F(b) - F(a)$ häufig die Bezeichnung $F(x)\Big|_b^a$, beispielsweise kann man damit die Differenz

$$\frac{\sin(b^2)}{\sqrt{1+b^2}} - \frac{\sin(a^2)}{\sqrt{1+a^2}}$$

verkürzt in der Form

$$\frac{\sin(x^2)}{\sqrt{1+x^2}}\bigg|_a^b$$

darstellen.

Beispiel 12.2.18

Wir betrachten erneut Beispiel 12.2.12, d.h. das bestimmte Integral $\int_0^{10} x^2\,dx$ soll berechnet werden.

12.2 Das bestimmte Integral

Aus der Tabelle der Grundintegrale in Abschnitt 12.1 (Tabelle 12.1.6) entnimmt man, daß $F(x) = \dfrac{x^3}{3}$ eine Stammfunktion von $f(x) = x^2$ ist. Also gilt

$$\int_0^{10} x^2 dx = F(10) - F(0)$$
$$= \frac{1}{3} 10^3 - \frac{1}{3} 0^3$$
$$= \frac{1000}{3}.$$

Ein Vergleich mit den Berechnungen in Beispiel 12.2.12 verdeutlicht den Nutzen des Hauptsatzes für die Auswertung bestimmter Integrale.

Beispiel 12.2.19

$$\int_3^5 e^{2x} dx = F(5) - F(3)$$
$$= \frac{1}{2} e^{2 \cdot 5} - \frac{1}{2} e^{2 \cdot 3}$$
$$= \frac{1}{2}(e^{10} - e^6)$$

mit $F(x) = \dfrac{1}{2} e^{2x}$.

Beispiel 12.2.20

$$\int_{-10}^{-5} \frac{1}{x} dx = F(-5) - F(-10)$$
$$= ln|-5| - ln|-10|$$
$$= ln\, 5 - ln\, 10$$

mit $F(x) = ln|x|$.

Übungsaufgabe 12.2.21

Berechnen Sie das bestimmte Integral

$$\int_0^1 e^{\alpha x} dx, \ \alpha \in \mathbf{R} \setminus \{0\}.$$

Im Hinblick auf die geometrische Interpretation als Flächeninhalt (vgl. Abb. 12.1) wurde bisher davon ausgegangen, daß das bestimmte Integral

$$\int_a^b f(x)\,dx \tag{12.2.05}$$

nur für den Fall $a < b$ und $f(x) \geq 0$ definiert ist. Die Definitionen 12.2.2, 12.2.6 und 12.2.8 lassen sich jedoch völlig identisch für den Fall beliebiger reellwertiger Funktionen formulieren.

Das bestimmte Integral

$$\int_a^b f(x)\,dx$$

einer auf $[a,b]$ nichtpositiven Funktion f erhält dann einen Wert ≤ 0, und zwar gilt

$$\int_a^b f(x)\,dx = -\int_a^b (-f(x))\,dx.$$

Hat man eine Funktion, die sowohl negative als auch positive Werte annimmt, so ist bei der geometrischen Interpretation des bestimmten Integrals als Flächeninhalt zu beachten, daß Flächenstücke unterhalb der x-Achse einen negativen Wert erhalten. Ein Beispiel hierzu geben wir am Ende des Abschnitts (vgl. Beispiel 12.2.33).

Um die Definition in (12.2.05) auf den Fall $a \geq b$ zu erweitern, setzt man

$$\int_a^a f(x)\,dx = 0,$$

und im Hinblick auf Satz 12.2.17 ist die Vereinbarung

$$\int_a^b f(x)\,dx = F(b) - F(a) = -(F(a) - F(b)) = -\int_b^a f(x)\,dx$$

für $a > b$ naheliegend.

Man erhält die folgenden Rechenregeln bei der bestimmten Integration (vgl. (12.1.01), (12.1.03), (12.1.05) und (12.1.09)).

Faktorregel

$$\int_a^b \alpha f(x)\,dx = \alpha \int_a^b f(x)\,dx \tag{12.2.06}$$

12.2 Das bestimmte Integral

Ist nämlich F eine Stammfunktion von f, so folgt nach dem Hauptsatz 12.2.17

$$\alpha \int_a^b f(x)\mathrm{d}x = \alpha(F(b) - F(a)). \tag{12.2.07}$$

Wegen $(\alpha F(x))' = \alpha F'(x) = \alpha f(x)$ ist $\alpha F(x)$ auch eine Stammfunktion von $\alpha f(x)$. Nach Satz 12.2.17 folgt nun

$$\int_a^b \alpha f(x)\mathrm{d}x = \alpha F(b) - \alpha F(a). \tag{12.2.08}$$

Da die rechten Seiten in (12.2.07) und (12.2.08) übereinstimmen, gilt auch (12.2.06).

Summenregel

$$\int_a^b (f(x) + g(x))\mathrm{d}x = \int_a^b f(x)\mathrm{d}x + \int_a^b g(x)\mathrm{d}x \tag{12.2.09}$$

Man kann die Beziehung wie folgt herleiten. Wenn F und G Stammfunktionen von f und g bezeichnen, gilt zunächst

$$\int_a^b f(x)\mathrm{d}x = F(b) - F(a) \tag{12.2.10}$$

bzw.

$$\int_a^b g(x)\mathrm{d}x = G(b) - G(a) \tag{12.2.11}$$

Da wegen $(F(x) + G(x))' = F'(x) + G'(x) = f(x) + g(x)$ die Summenfunktion $F(x) + G(x)$ auch eine Stammfunktion von $f(x) + g(x)$ ist, erhält man ferner nach Satz 12.2.17

$$\int_a^b (f(x) + g(x))\mathrm{d}x = (F(b) + G(b)) - (F(a) + G(a)). \tag{12.2.12}$$

Offenbar ist die rechte Seite von (12.2.12) gleich der Summe der rechten Seiten von (12.2.11) und (12.2.10). Entsprechendes gilt dann auch für die linken Seiten, d.h. es gilt (12.2.09).

Beispiel 12.2.22

$$\int_3^5 (2\sin x - 4x^2)\mathrm{d}x = \int_3^5 2\sin x\,\mathrm{d}x - \int_3^5 4x^2\mathrm{d}x$$

$$= 2\int_3^5 \sin x\,\mathrm{d}x - 4\int_3^5 x^2\mathrm{d}x$$

$$= 2(-\cos x)\Big|_3^5 - 4\left(\frac{x^3}{3}\right)\Big|_3^5$$

$$= 2(-\cos 5 - (-\cos 3)) - 4\left(\frac{5^3}{3} - \frac{3^3}{3}\right) \approx -133{,}2.$$

(Anwendung von (12.2.06) und (12.2.09))

Übungsaufgabe 12.2.23

Verwenden Sie die Summenregel zur Berechnung von

$$\int_2^6 (\sin 5x + x^2)\mathrm{d}x.$$

Analog zur unbestimmten Integration erhält man die

Regel der partiellen Integration

$$\int_a^b f(x)g'(x)\mathrm{d}x = f(x)g(x)\Big|_a^b - \int_a^b f'(x)g(x)\mathrm{d}x. \qquad (12.2.13)$$

Beispiel 12.2.24

$$\int_\pi^{5\pi} x\cos x\,\mathrm{d}x = 5\pi \sin(5\pi) - \pi \sin\pi - \int_\pi^{5\pi} \sin x\,\mathrm{d}x$$

$$= 0 + \int_\pi^{5\pi} (-\sin x)\mathrm{d}x$$

$$= \cos x\Big|_\pi^{5\pi}$$

$$= \cos(5\pi) - \cos\pi = -1 - (-1) = 0.$$

(Anwendung der Regel der partiellen Integration mit dem Ansatz

$f(x) = x \Rightarrow f'(x) = 1$,
$g'(x) = \cos x \Rightarrow g(x) = \sin x$.)

Übungsaufgabe 12.2.25

Berechnen Sie das Integral

$$\int_0^{2\pi} x \sin x \, dx$$

mittels der Regel der partiellen Integration.

Ferner gilt die

Substitutionsregel

$$\int_a^b f(g(x))g'(x)dx = F(g(x))\Big|_a^b , \qquad (12.2.14)$$

wobei F eine Stammfunktion von f ist.

Beispiel 12.2.26

$$\int_2^3 e^{x^2} x \, dx = \frac{1}{2}\int_2^3 e^{x^2} 2x \, dx$$

$$= \frac{1}{2} e^{x^2} \Big|_2^3$$

$$= \frac{1}{2}(e^{3^2} - e^{2^2}) \approx 4024{,}2.$$

(Anwendung von (12.2.06) und der Substitutionsregel mit

$f(y) = e^y \Rightarrow F(y) = e^y$,
$g(x) = x^2 \Rightarrow g'(x) = 2x$).

Übungsaufgabe 12.2.27

Berechnen Sie das bestimmte Integral

$$\int_{-2}^{3} e^{x^4} x^3 dx$$

mit Hilfe der Substitutionsregel.

Als Folgerung von (12.2.14) ergibt sich

$$\int_a^b f(g(x))g'(x)dx = \int_{g(a)}^{g(b)} f(y)dy \tag{12.2.15}$$

Denn nach dem Hauptsatz 12.2.17 gilt

$$\int_{g(a)}^{g(b)} f(y)dy = F(y)\Big|_{g(a)}^{g(b)} = F(g(x))\Big|_a^b,$$

was mit (12.2.14) zusammen (12.2.15) ergibt.

Wenn g eine umkehrbare Funktion ist, kann man alternativ zu (12.2.15) auch

$$\int_{g^{-1}(a)}^{g^{-1}(b)} f(g(x))g'(x)dx = \int_a^b f(y)dy \tag{12.2.16}$$

schreiben.

Dies ergibt sich offenbar, wenn man in (12.2.15) die Integrationsgrenzen a und b durch $g^{-1}(a)$ und $g^{-1}(b)$ ersetzt.

Beispiel 12.2.28

$$\int_4^9 e^{\sqrt{y}} dy = \int_2^3 e^{\sqrt{x^2}} 2x\, dx$$

$$= 2\int_2^3 xe^x dx$$

$$= 2((xe^x)\Big|_2^3 - \int_2^3 e^x dx)$$

$$= 2(3e^3 - 2e^2 - e^3 + e^2) = 4e^3 - 2e^2.$$

12.2 Das bestimmte Integral

(Anwendung von (12.2.16) „von rechts nach links" mit $f(y) = e^{\sqrt{y}}$ und $g(x) = x^2$ ($x \geq 0$) sowie von (12.2.13) mit $f(x) = x$ und $g(x) = e^x$.)

Übungsaufgabe 12.2.29

Verwenden Sie die Variante (12.2.15) der Substitutionsregel zur Berechnung des bestimmten Integrals

$$\int_0^5 \sqrt{1+2x}\,dx.$$

Wir erwähnen schließlich zwei Regeln, die sich leicht graphisch veranschaulichen lassen.

Für $a < c < b$ gilt für eine auf $[a,b]$ integrierbare Funktion f (vgl. Abb. 12.2.30)

$$\int_a^b f(x)dx = \int_a^c f(x)dx + \int_c^b f(x)dx. \qquad (12.2.17)$$

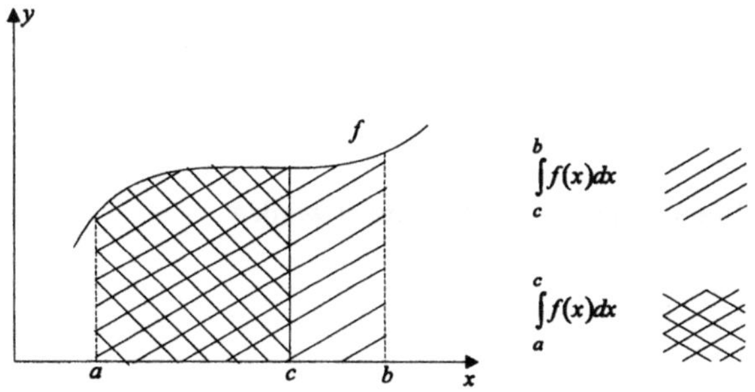

Abb. 12.2.30: Illustration der Additivität bzgl. des Integrationsintervalls in (12.2.17)

Beispiel 12.2.31

Für die Funktion f in Beispiel 12.1.2 (vgl. auch Bemerkung 12.2.14) gilt

$$\int_{-1}^1 f(x)dx = \int_{-1}^0 f(x)dx + \int_0^1 f(x)dx$$
$$= \int_{-1}^0 (-1)dx + \int_0^1 1\,dx$$
$$= -1+1 = 0.$$

Für auf $[a,b]$ integrierbare Funktionen f und g mit $f(x) \le g(x)$ auf $[a, b]$ gilt (vgl. Abb. 12.2.32)

$$\int_a^b f(x)\mathrm{d}x \le \int_a^b g(x)\mathrm{d}x. \tag{12.2.18}$$

Wir beenden den Abschnitt mit einem Beispiel zur Flächenberechnung.

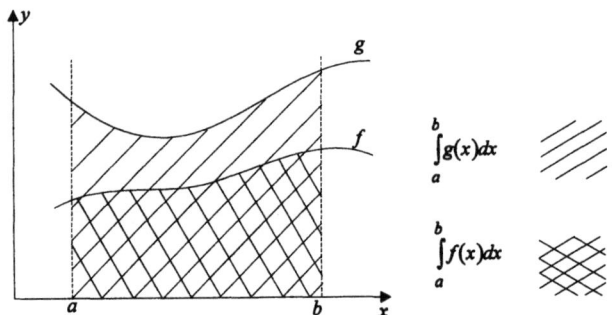

Abb. 12.2.32: Illustration der Relation (12.2.18)

Beispiel 12.2.33

Es soll der Flächeninhalt zwischen dem Graphen der Funktion

$$f(x) = (x-2)^2 - 2 = x^2 - 4x + 2 \tag{12.2.19}$$

und der x-Achse im Intervall $[0,2]$ bestimmt werden

(schraffierte Fläche in Abb. 12.2.34).

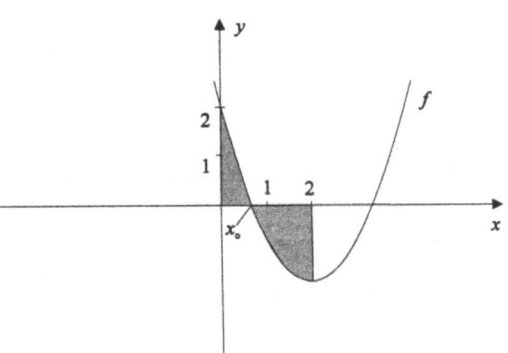

Abb. 12.2.34: Illustration der Fläche zwischen dem Graphen der Funktion f in (12.2.19) und der x-Achse

12.2 Das bestimmte Integral

Da der unterhalb der x-Achse liegende Teil der Fläche als negativer Wert in die Berechnung des bestimmten Integrals eingeht, repräsentiert die Zahl $\int_0^2 ((x-2)^2 - 2)\,dx$ nicht den gesuchten Flächeninhalt. Stattdessen müssen die Inhalte der Flächenstücke unterhalb und oberhalb der x-Achse getrennt ermittelt und ihre Beträge dann addiert werden. Hierzu ist die Nullstelle der untersuchten Funktion zu bestimmen. Aus

$$f(x) = (x-2)^2 - 2 = 0$$

folgt $x = 2 - \sqrt{2}$, da $x \in [0,2]$ sein muß. Also ist $x_0 = 2 - \sqrt{2}$ die Nullstelle. Der gesuchte Flächeninhalt ist somit

$$A = \left| \int_0^{x_0} (x^2 - 4x + 2)\,dx \right| + \left| \int_{x_0}^2 (x^2 - 4x + 2)\,dx \right|.$$

Da das linke Integral einen positiven und das rechte einen negativen Wert hat, folgt nach dem Hauptsatz 12.2.17

$$\begin{aligned} A &= |F(x_0) - F(0)| + |F(2) - F(x_0)| \\ &= F(x_0) - F(0) - F(2) + F(x_0) \\ &= 2F(x_0) - F(0) - F(2), \end{aligned}$$

wobei F eine Stammfunktion von $f(x) = x^2 - 4x + 2$ ist, d.h. $F(x) = \frac{1}{3}x^3 - 2x^2 + 2x$.

Für den gesuchten Flächeninhalt A gilt daher

$$\begin{aligned} A &= 2F(2-\sqrt{2}) - F(0) - F(2) \\ &\approx 2 \cdot 0{,}552 - 0 - \left(-\frac{4}{3}\right) \\ &\approx 2{,}438. \end{aligned}$$

Übungsaufgabe 12.2.35

Berechnen Sie für die folgenden Funktionen die Fläche zwischen dem Graphen von f und der x-Achse im Intervall $[a,b]$.

i) $f(x) = \sin x$, $\quad a = 0$, $\quad b = 2\pi$,

ii) $f(x) = \dfrac{1}{x} - \dfrac{1}{5}$, $\quad a = 2$, $\quad b = 10$,

iii) $f(x) = 3 - x^2$, $\quad a = -2$, $\quad b = 3$.

12.3 Das uneigentliche Integral

Im vorigen Abschnitt ist die Definition des bestimmten Integrals

$$\int_a^b f(x)\,dx \tag{12.3.01}$$

bereits dahingehend erweitert worden, daß in (12.3.01) auch Funktionen f mit negativen Funktionswerten und beliebigen Integrationsgrenzen $a, b \in \mathbf{R}$ zugelassen werden.

In diesem Abschnitt soll das Integral in (12.3.01) auch für den Fall definiert werden, daß eine oder beide Integrationsgrenzen gleich ∞ bzw. $-\infty$ sind.

Für eine stetige Funktion f heißen die Grenzwerte

$$\int_a^\infty f(x)\,dx = \lim_{b\to\infty} \int_a^b f(x)\,dx$$

und

$$\int_{-\infty}^b f(x)\,dx = \lim_{a\to-\infty} \int_a^b f(x)\,dx$$

uneigentliches Integral —sofern sie existieren— das *uneigentliche Integral von f über* $[a,\infty)$ bzw. *über* $(-\infty,b]$.

Beispiel 12.3.1

$$\int_1^\infty \frac{1}{x^2}\,dx = \lim_{b\to\infty} \int_1^b \frac{1}{x^2}\,dx$$

$$= \lim_{b\to\infty} \left. -\frac{1}{x} \right|_1^b$$

$$= \lim_{b\to\infty} \left(-\frac{1}{b} - \left(-\frac{1}{1}\right)\right) = 1.$$

Der berechnete Wert gibt den Inhalt des schraffierten unbeschränkten Flächenstücks in Abb. 12.3.2 an.

12.3 Das uneigentliche Integral

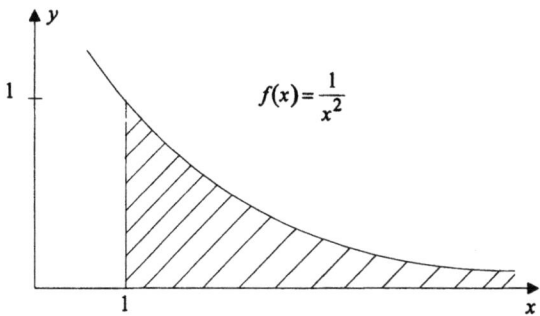

Abb. 12.3.2: Veranschaulichung des uneigentlichen Integrals in Beispiel 12.3.1 als Flächeninhalt

Beispiel 12.3.3

$$\int_{-\infty}^{2} 5e^{3x}\,dx = \lim_{a \to -\infty} \int_{a}^{2} 5e^{3x}\,dx$$

$$= \lim_{a \to -\infty} \left.\frac{5}{3}e^{3x}\right|_{a}^{2}$$

$$= \lim_{a \to -\infty} \left(\frac{5}{3}e^{3\cdot 2} - \frac{5}{3}e^{3a}\right)$$

$$= \frac{5}{3}e^{6}.$$

Beispiel 12.3.4

$$\int_{1}^{\infty} \frac{1}{x}\,dx = \lim_{b \to \infty} \int_{1}^{b} \frac{1}{x}\,dx$$

$$= \lim_{b \to \infty} \left.\ln x\right|_{1}^{b}$$

$$= \lim_{b \to \infty} (\ln b - \ln 1)$$

$$= \infty.$$

Übungsaufgabe 12.3.5

Berechnen Sie die folgenden uneigentlichen Integrale, sofern Sie existieren. Welche existieren nicht?

i) $\displaystyle\int_5^\infty \frac{1}{x^2}\,dx$

ii) $\displaystyle\int_{-\infty}^0 e^x\,dx$

iii) $\displaystyle\int_0^\infty \sin x\,dx$

iv) $\displaystyle\int_1^\infty \frac{1}{\sqrt{x}}\,dx$

v) $\displaystyle\int_0^\infty -e^{-x^3}3x^2\,dx$

Falls für ein $a \in \mathbf{R}$ beide uneigentlichen Integrale $\displaystyle\int_{-\infty}^a f(x)\,dx$ und $\displaystyle\int_a^\infty f(x)\,dx$ existieren, so heißt die (von a unabhängige) Zahl

$$\int_{-\infty}^\infty f(x)\,dx = \int_{-\infty}^a f(x)\,dx + \int_a^\infty f(x)\,dx$$

uneigentliches Integral das *uneigentliche Integral von f über* $(-\infty, \infty)$.

Beispiel 12.3.6

$$\begin{aligned}
\int_{-\infty}^\infty -e^{-x^2}2x\,dx &= \int_{-\infty}^0 -e^{-x^2}2x\,dx + \int_0^\infty -e^{-x^2}2x\,dx \\
&= \lim_{a\to-\infty}\int_a^0 -e^{-x^2}2x\,dx + \lim_{b\to\infty}\int_0^b -e^{-x^2}2x\,dx \\
&= \lim_{a\to-\infty} e^{-x^2}\Big|_a^0 + \lim_{b\to\infty} e^{-x^2}\Big|_0^b \\
&= \lim_{a\to-\infty}(1-e^{-a^2}) + \lim_{b\to\infty}(e^{-b^2}-1) \\
&= 1-0+0-1 = 0.
\end{aligned}$$

Übungsaufgabe 12.3.7

Berechnen Sie das uneigentlichen Integral

$$\int_{-\infty}^{\infty} e^{-x^4} x^3 dx.$$

12.4 Ökonomische Anwendungen

Stetig abgezinste Kapitalwerte

In der Kapitaltheorie und der Investitionsrechnung tritt häufig das Problem auf, für zukünftig zur Verfügung stehende Geldsummen den *Gegenwartswert*, d.h. den entsprechend auf den Zeitpunkt $t = 0$ abgezinsten Wert dieser Summe zu ermitteln. Geht man von einer jährlichen Verzinsung mit einem Zinssatz i aus, so ergibt sich für den Gegenwartswert W einer in einem Jahr zur Verfügung stehenden Summe S die Beziehung

Gegenwartswert

$$W = \frac{S}{1+i}.$$

Wenn die Summe erst in t Jahren fällig wird, gilt entsprechend

$$W = \frac{S}{(1+i)^t} \qquad (12.4.01)$$

Dabei wird W auch als der *abdiskontierte Wert von S* bezeichnet.

abdiskontierter Wert

Wird der Zins n-mal jährlich anteilsmäßig berechnet, geht (12.4.01) in

$$W = \frac{S}{\left(1+\frac{i}{n}\right)^{nt}}, \qquad (12.4.02)$$

über, da nun nt-mal ein Zins zu einem Satz von i/n anzurechnen ist. Nimmt man stetig fließende Zinszahlungen an, so ist der Grenzwert von (12.4.02) für $n \to \infty$ zu berechnen. Wegen

$$\lim_{n\to\infty}\left(1+\frac{i}{n}\right)^n = e$$

gilt dann

$$\lim_{n\to\infty}\left(1+\frac{i}{n}\right)^{nt} = \lim_{n\to\infty}\left(\left(1+\frac{1}{\frac{n}{i}}\right)^{\frac{n}{i}}\right)^{it} = e^{it}.$$

Der Gegenwartswert bei stetiger Verzinsung ist also

$$W = \frac{S}{e^{it}}. \qquad (12.4.03)$$

Nach Auflösen der Gleichung nach S erhält man $S = We^{it}$, d.h. in Umkehrung der bisherigen Überlegungen ergibt ein bei stetiger Verzinsung mit Zinssatz i angelegtes Kapital W nach t Jahren den Betrag S.

Die obigen Überlegungen lassen sich auf den Fall einer Reihe von n zukünftig fließenden Zahlungen verallgemeinern. Wir nehmen zunächst an, daß jeweils in Abständen von einem Jahr eine Zahlung fällig wird. Die nach t Jahren erfolgte Zah-

Kapitalwert   Zahlung wird dabei mit $S(t)$ bezeichnet ($t = 1,\ldots,n$). Für den Wert W dieser Zahlungsreihe zum Zeitpunkt $t = 0$, den sog. *Kapitalwert*, gilt bei stetiger Abzinsung mit dem konstantem Zinssatz i (vgl. (12.4.03))

$$W = \sum_{t=1}^{n} \frac{S(t)}{e^{it}}. \qquad (12.4.04)$$

In (12.4.04) können zum Beispiel $S(t)$ eine Pacht und W einen Bodenwert darstellen. Der Kapitalwert entspricht dem Inhalt der Treppenfläche in Abb. 12.4.1 i), wobei $S(t)$ als ein über dem Jahresintervall $[t-1, t]$ konstanter Zahlungsstrom interpretiert wird, der zum Endzeitpunkt t verzinst wird.

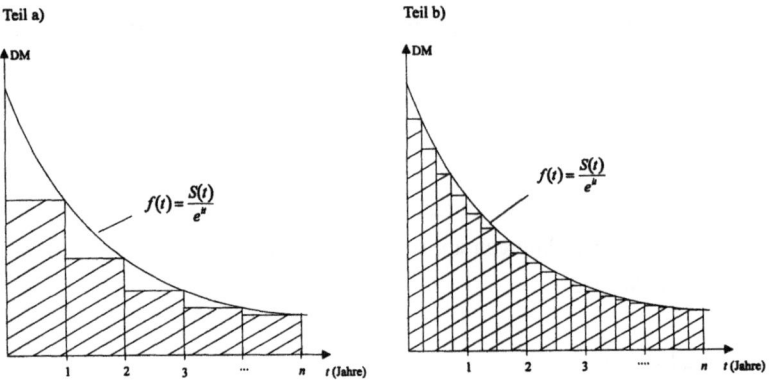

Abb. 12.4.1: Diskontinuierliche Zahlungsreihe mit einer Zahlung pro Jahr (Teil i)) bzw. $k = 4$ Zahlungen pro Jahr (Teil ii)).

12.4 Ökonomische Anwendungen

Bei k jährlichen Zahlungen in gleichen Abständen ist der Kapitalwert

$$W = \sum_{t=1}^{kn} \frac{\frac{1}{k}S\left(\frac{t}{k}\right)}{e^{i\frac{t}{k}}} = \frac{1}{k}\sum_{t=1}^{kn} \frac{S\left(\frac{t}{k}\right)}{e^{i\frac{t}{k}}}. \tag{12.4.05}$$

Der Faktor $1/k$ bringt dabei zum Ausdruck, daß die anteiligen Zahlungen entsprechend geringer sind. Der Kapitalwert wird jetzt durch den Inhalt der feiner unterteilten Treppenfläche in Abb. 12.4.1 ii) repräsentiert.

Offenbar geht (12.4.05) im Grenzfall kontinuierlicher Zahlungen, d.h. für $k \to \infty$ in

$$W = \int_0^n \frac{S(t)}{e^{it}} dt \tag{12.4.06}$$

über, d.h. W entspricht dem Inhalt des schraffierten Bereichs in Abb. 12.4.2. In (12.4.06) ist $S(t)\,dt$ die Einzahlung in dem „infinitesimal kleinen" Zeitintervall dt, und $\dfrac{S(t)dt}{e^{it}}$ ist der zugehörige abgezinste Wert.

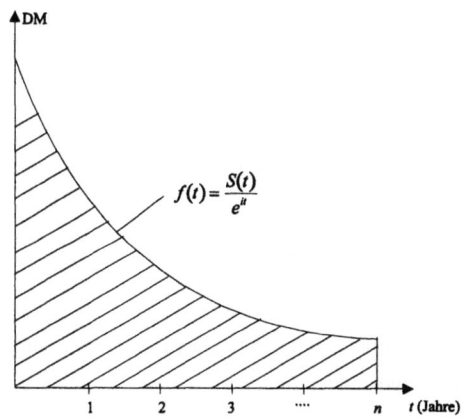

Abb. 12.4.2 Kontinuierliche Zahlungen

Bei einem konstanten Zahlungsstrom $S = S(t)$ in (12.4.06) kann man W darstellen als

$$\begin{aligned}
W &= \int_0^n \frac{S(t)}{e^{it}} dt = S\int_0^n e^{-it} dt \\
&= -\frac{1}{i}Se^{-it}\Big|_0^n = -\frac{S}{i}(e^{-in} - e^0) \\
&= \frac{S}{i}(1 - e^{-in}).
\end{aligned} \tag{12.4.07}$$

Nimmt man zum Beispiel einen kontinuierlichen Zahlungsstrom von 20.000 DM pro Jahr bei einer Laufzeit von 5 Jahren an, so ergibt sich bei einem Zinssatz von 4% der Kapitalwert

$$W = \frac{20.000}{0,04}(1-e^{-0,04 \cdot 5})$$

$$= 500.000(1-e^{-0,2}) \approx 90.635.$$

Der abgezinste Wert dieses Zahlungsstroms beträgt also etwa 90.635,- DM.

Geht man zu einer zeitlich unbefristeten Zahlung über, so tritt an die Stelle des Integrals in (12.4.06) ein uneigentliches Integral, d.h es gilt

$$W = \int_0^\infty \frac{S(t)}{e^{it}} dt. \tag{12.4.08}$$

Nimmt man wieder einen konstanten Zahlungsstrom $S = S(t)$ an, so ist der Grenzwert von W in (12.4.07) für $n \to \infty$ zu bestimmen. Die Formel (12.4.08) vereinfacht sich dann zu

$$W = \lim_{n \to \infty} \frac{S}{i}(1-e^{-in}) = \frac{S}{i}. \tag{12.4.09}$$

Diese Beziehung findet zum Beispiel Anwendung bei der obigen Interpretation des Kapitalwerts als Grundstückswert. Bei zeitlich unbefristeten Pachtzahlungen tritt (12.4.09) in der Form

$$Grundstückswert = \frac{Pacht}{i}$$

auf. Desweiteren wendet man (12.4.09) bei der Berechnung des abgezinsten Werts bei unbefristeten Schuldverschreibungen an.

Sterblichkeitsmaße der Versicherungsmathematik

In der Mathematik der Lebensversicherung sind die sogenannten Sterblichkeitsmaße von grundlegender Bedeutung für die Berechnung der Versicherungsbeiträge bzw. der Leistungen der Versicherung im Todesfall.

Es sei $\{l_{x+t}\}$ ($t = 0, 1, .., \omega-x$) die monoton fallende Folge der Anzahl der Lebenden vom Alter $x + t$ einer Sterbetafel. Mit Hilfe dieser Größe lassen sich die wichtigsten Sterblichkeitsmaße wie folgt darstellen.

12.4 Ökonomische Anwendungen

Die *Erlebenswahrscheinlichkeit* eines x-jährigen, das Alter $x + 1$ zu erreichen, ist

Erlebenswahrscheinlichkeit

$$p_x = \frac{l_{x+1}}{l_x}.$$

Dementsprechend ist

$$q_x = 1 - p_x$$

die *Todeswahrscheinlichkeit* eines x-jährigen, vor Erreichen des Alters $x + 1$ zu sterben. Betrachtet man die Sterbefälle in einem Zeitraum von n Jahren, so erhält man

Todeswahrscheinlichkeit

$$p_x^{(n)} = \frac{l_{x+n}}{l_x}. \tag{12.4.10}$$

für die Wahrscheinlichkeit eines x-jährigen, nach n Jahren noch zu leben, bzw.

$$q_x^{(n)} = 1 - p_x^{(n)} \tag{12.4.11}$$

für die Wahrscheinlichkeit eines x-jährigen, in den nächsten n Jahren zu sterben.

Bei entsprechender kontinuierlicher Betrachtungsweise wird die Anzahl der Lebenden vom Alter x durch eine differenzierbare Funktion $l(x)$ dargestellt. Die *Sterbeintensität* (oder *Sterblichkeitsintensität*) $\mu(x)$ wird dann definiert als die negative relative Änderung der Funktion $l(x)$, d.h.

Sterbeintensität

$$\mu(x) = -\frac{l'(x)}{l(x)} = (-\ln l(x))'. \tag{12.4.12}$$

Aus (12.4.12) folgt

$$\int_0^t \mu(x+\tau)d\tau = -\ln l(x+\tau)\Big|_0^t$$

$$= -\ln l(x+t) + \ln l(x)$$

$$= -\ln \frac{l(x+t)}{l(x)}. \tag{12.4.13}$$

Erhebt man beide Seiten von (12.4.13) in die Potenz zur Basis e, so ergibt sich

$$\frac{l(x+t)}{l(x)} = e^{-\int_0^t \mu(x+\tau)d\tau}. \tag{12.4.14}$$

Daraus erhält man entsprechend (12.4.10) und (12.4.11)

$$p^{(n)}(x) = \frac{l(x+n)}{l(x)} = e^{-\int_0^n \mu(x+\tau)d\tau}. \tag{12.4.15}$$

für die Wahrscheinlichkeit eines x-jährigen, nach n Jahren noch zu leben bzw.

$$q^{(n)}(x) = 1 - p^{(n)}(x) = 1 - e^{-\int_0^n \mu(x+\tau)d\tau} \tag{12.4.16}$$

für die Todeswahrscheinlichkeit eines x-jährigen, in den nächsten n Jahren zu sterben.

Zur Veranschaulichung der Begriffe nehmen wir an, daß sich die Anzahl der Lebenden im Alter x in der Form

$$l(x) = \frac{1.000}{\sqrt{x+1}} = 1.000(x+1)^{-\frac{1}{2}}$$

darstellen läßt (Abb. 12.4.3).

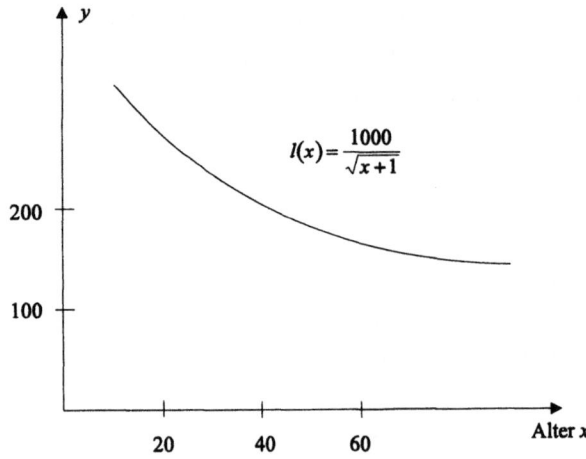

Abb. 12.4.3: Kontinuierliche Darstellung einer Sterbetafel

Für die Sterbensintensität ergibt sich dann

$$\mu(x) = \frac{-l'(x)}{l(x)} = \frac{500(x+1)^{-\frac{3}{2}}}{1.000(x+1)^{-\frac{1}{2}}} = \frac{1}{2(x+1)}.$$

Nach (12.4.15) folgt daraus

12.4 Ökonomische Anwendungen

$$\begin{aligned}p^{(n)}(x) &= e^{-\int_0^n \mu(x+\tau)d\tau}\\ &= e^{-\int_0^n \frac{1}{2(x+\tau+1)}d\tau}\\ &= e^{-\frac{1}{2}\ln(x+\tau+1)\big|_0^n}\\ &= e^{-\frac{1}{2}\ln(x+n+1)+\frac{1}{2}\ln(x+1)}\\ &= \frac{e^{\frac{1}{2}\ln(x+1)}}{e^{\frac{1}{2}\ln(x+n+1)}}\\ &= \frac{\sqrt{x+1}}{\sqrt{x+n+1}} = \sqrt{\frac{x+1}{x+n+1}}.\end{aligned}$$

Für die Wahrscheinlichkeit eines 30-jährigen, nach 20 Jahren noch zu leben, ergibt sich zum Beispiel

$$p^{(20)}(30) = \sqrt{\frac{30+1}{30+20+1}} \approx 0.78,$$

was einer Überlebenschance von etwa 78% entspricht.

Die etwas makaber anmutenden Begriffe und Überlegungen zu den Sterblichkeitsmaßen der Versicherungsmathematik sind dennoch Gegenstand jeglicher Prämienberechnung für Lebensversicherungen (sog. verbundene Leben) und vieles mehr. Erst das Verständnis der statistischen „Absterbeordnungen", die in Sterbetafeln dargestellt werden, ermöglichte die Verteilung des Risikos von einzelnen auf eine Schicksalsgemeinschaft.

Lösungen zu den Übungsaufgaben

Kapitel 10

Übungsaufgabe 10.1.8

Die Zuordnung ist eindeutig, also eine Abbildung. Sie ist i.a. nicht injektiv, da mehreren Mitarbeitern dieselbe Anzahl von Urlaubstagen zusteht.

Übungsaufgabe 10.1.9

i) Die Abbildung ist
- injektiv (die Urbilder zu $a, b, c \in Y$ sind jeweils verschieden),
- nicht surjektiv ($d \in Y$ besitzt kein Urbild),
- also nicht bijektiv.

ii) Die Abbildung ist bijektiv, denn sie ist
- injektiv ($b, c, d \in Y$ besitzen jeweils verschiedene Urbilder),
- surjektiv (alle drei Elemente $b, c, d \in Y$ kommen als Bilder vor).

iii) Die Abbildung ist surjektiv aber nicht injektiv, denn alle Elemente von Y besitzen Urbilder, aber zu $c \in Y$ gibt es zwei Urbilder.

Übungsaufgabe 10.2.4

i) Wertetabelle:

x	1	4	10	20
y	0	1½	4½	9½

Zuordnungsvorschrift: $y = \dfrac{x+1+4}{2} - 3 = \dfrac{1}{2}x - \dfrac{1}{2}$

ii) Wertetabelle wie bei i).
Zuordnungsvorschrift: $y = \dfrac{1}{2}x - \dfrac{1}{2}$

Übungsaufgabe 10.2.5

i) $y = K(x) = 100000 + 150x$

ii) $D_K = \{x | 0 \leq x \leq 3000\}$

$W_K = \{y | 100000 \leq y \leq 550000\}$

✓

Übungsaufgabe 10.2.8

i) $D_f = \mathbf{R}$ ist der natürliche Definitionsbereich.

ii) Es ist $W_f = \{c\}$.

iii) Der Wertebereich ist einelementig, während der Definitionsbereich unendlich viele Elemente besitzt.

iv) Nein, denn aufgrund der Eindeutigkeit der Zuordnung kann dem Element eines einelementigen Definitionsbereiches nur ein Bild zugeordnet werden, d.h. der Wertebereich muß ebenfalls eindeutig sein.

✓

Übungsaufgabe 10.2.9

Die Funktionsgleichungen der Kosten- bzw. der Erlösfunktion lauten:

$$K(x) = 18000 + 16x, \qquad E(x) = px,$$

wobei p den (gesuchten) Verkaufspreis bezeichnet. Die Gewinnschwelle soll bei 2000 Stück liegen, d.h. $K(2000) = E(2000)$:

$$18000 + 16 \cdot 2000 = p \cdot 2000.$$

Hieraus läßt sich p bestimmen:

$$p = \frac{18000 + 16 \cdot 2000}{2000} = 25$$

Die Funktionsgleichung der Erlösfunktion lautet also: $E(x) = 25x$. Sachbezogene Definitionsbereiche sind z.B. $D_K = D_E = \{0, 1, 2, ..., 3000\}$, oder (wenn man die Ganzzahligkeit vernachlässigt): $D_k = D_e = \{x | 0 \leq x \leq 3000\}$.

Bemerkung: die Grenze 3000 wurde willkürlich gewählt.

✓

Übungsaufgabe 10.2.10

Die Funktionsgleichung der Erlösfunktion lautet $E(x)=15x$. Die Gewinnschwelle wird durch Gleichsetzen von Kosten und Erlös bestimmt: $K(x)=E(x)$.

$$-2x^2 + 65x + 300 = 15x$$
$$\Rightarrow 2x^2 - 50x - 300 = 0$$
$$\Rightarrow x_{1/2} = \frac{25}{2} \pm \sqrt{\frac{625}{4}+150} = \frac{25}{2} \pm \frac{35}{2}$$
$$\Rightarrow x_1 = 30$$
$$x_2 = -5$$

Als Lösung ist nur die positive Stückzahl möglich. ✓

Übungsaufgabe 10.2.14

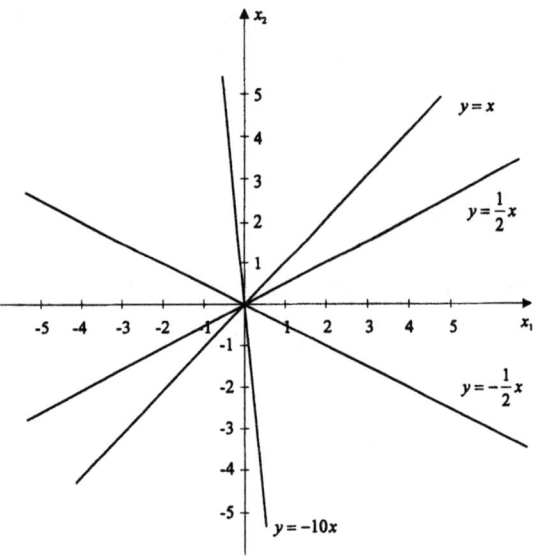

✓

Übungsaufgabe 10.2.15

$\mathbf{p}^1 = (0,0)^T$ gehört zum Graphen, da $f(0) = 0$. $\mathbf{p}^2 = (-1,3)^T$ gehört nicht zum Graphen, da $f(-1) = 8 \neq 3$. Auch die Punkte $\mathbf{p}^3 = \left(\frac{1}{2},7\right)^T$ und $\mathbf{p}^4 = (1,5)^T$ gehören nicht zum Graphen. Allgemein gilt: Ein Punkt $(x, y)^T$ gehört zum Graphen von f, wenn $y = f(x)$ gilt. Um feststellen zu können, ob ein gegebener Punkt $(x, y)^T$ zum

Graphen gehört, muß also der Graph nicht gezeichnet werden, sondern x in die Funktionsgleichung eingesetzt, $f(x)$ ausgerechnet und die Gleichung $y = f(x)$ überprüft werden.

Übungsaufgabe 10.2.16

Nein, es handelt sich nicht um Funktionsgraphen, denn die Koordinatendiagramme in Abb. 10.2.17 stellen keine Funktionen dar, da z. B. $x = 0$ zwei Werte zugeordnet sind.

Übungsaufgabe 10.2.18

i) richtig; andernfalls würde die Eindeutigkeit der Zuordnung verletzt.

ii) falsch; eine Parallele zur x-Achse durch den Punkt $(0, c)^T$, $c \in R$ ist der Graph der sog. konstanten Funktion $f(x) = c$, die jedem $x \in R$ die Zahl $y = c$ zuordnet (vgl. Abschnitt 10.6).

Übungsaufgabe 10.2.21

Es bezeichne x die Schadenssumme und y die Selbstbeteiligung. Dann gilt:

$$y = f(x) = \begin{cases} 0{,}1 \cdot x & \text{für} \quad 0 \leq x \leq 10.000 \\ 1000 & \text{für} \quad x > 10.000 \end{cases}$$

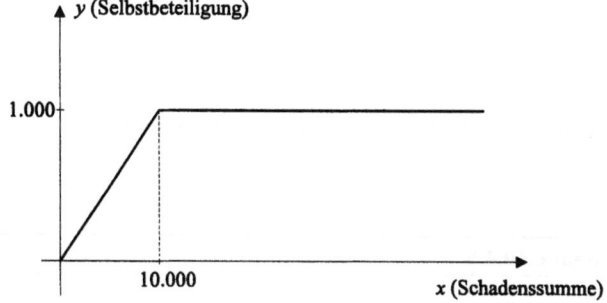

Übungsaufgabe 10.3.4

i) Für alle $x \in \mathbf{R}$ ergibt $y = f(x) = \frac{1}{2}x$ eine reelle Zahl. Da die Funktion g für beliebige reelle Zahlen definiert ist, ist $g(y) = g(f(x))$ für alle $x \in \mathbf{R}$ definiert. Dies gilt entsprechend mit $y = g(x)$:

$$f(y) = f(g(x)) = (f \circ g)(x).$$

Die Funktionsgleichungen lauten:

$$(g \circ f)(x) = g\left(\frac{1}{2}x\right) = 7\left(\frac{1}{2}x\right)^3 - \frac{1}{2} = \frac{7}{8}x^3 - \frac{1}{2},$$

$$(f \circ g)(x) = f\left(7x^3 - \frac{1}{2}\right) = \frac{1}{2}\left(7x^3 - \frac{1}{2}\right) = \frac{7}{2}x^3 - \frac{1}{4}.$$

ii) Für $x \in [1, 10]$ erhalten wir $f(x) \in [3, 21]$. Für Zahlen aus dem Intervall $[3, 21]$ ist g definiert, also ist $(g \circ f)(x) = g(f(x))$ für $x \in [1, 10]$ definiert. Entsprechend erhalten wir für $x \in [3, 21]$: $g(x) \in [1, 10]$. Für Zahlen aus $[1, 10]$ ist f definiert, also ist $(f \circ g)(x) = f(g(x))$ für $x \in [3, 21]$ definiert. Die Funktionsgleichungen lauten:

$$(g \circ f)(x) = g(2x+1) = \frac{1}{2}(2x+1-1) = x,$$

$$(f \circ g)(x) = f\left(\frac{1}{2}x - \frac{1}{2}\right) = 2\left(\frac{1}{2}x - \frac{1}{2}\right) + 1 = x.$$

✓

Übungsaufgabe 10.4.4

Sind x_1 und x_2 mit $x_2 > x_1$ zwei beliebige positive reelle Zahlen, so gilt:

$$\frac{1}{x_2} < \frac{1}{x_1}, \quad \text{d.h.} \quad f(x_2) < f(x_1).$$

f ist also streng monoton fallend für alle positiven Zahlen x.

✓

Übungsaufgabe 10.4.5

Auf $[0, 10000]$ ist f streng monoton steigend, denn es gilt $f(x_1) = 0.1 x_1 < f(x_2) = 0.1 x_2$ für alle $x_1, x_2 \in [0, 10000]$ mit $x_1 < x_2$.

Auf [0, 20000] ist f monoton (aber nicht streng monoton) steigend, denn es gilt nicht mehr für alle $x_1, x_2 \in [0, 20000]$: $f(x_1) < f(x_2)$ sofern $x_1 < x_2$.

Übungsaufgabe 10.4.6

i) Für monoton steigende Funktionen gilt die „≥"-Beziehung zwischen den Funktionswerten, sie schließt die „>"-Beziehung der streng monoton steigenden Funktionen ein. Die Aussage ist richtig.

ii) Die Aussage ist falsch: jede streng monoton fallende Funktion fällt monoton.

iii) Jede konstante Funktion ist eine auf ihrem Definitionsbereich sowohl monoton fallende als auch monoton steigende Funktion. Die Aussage ist richtig.

iv) Die Aussage ist falsch: die „<"-Beziehung zwischen den Funktionswerten schließt die „>"-Beziehung aus.

Übungsaufgabe 10.4.10

i) f ist auf A streng monoton steigend. Der kleinste vorkommende Funktionswert $f(x)$ ist $f(0) = 7$, der größte ist $f(1) = 10$. Diese beiden Zahlen sind hier auch gleich dem Infimum bzw. dem Supremum von f auf A:

$$\inf_{x \in A} f(x) = f(0) = 7 \qquad \sup_{x \in A} f(x) = f(1) = 10$$

ii) f ist auf $A = R$ streng monoton steigend, aber weder nach unten noch nach oben beschränkt. Infimum bzw. Supremum existieren also nicht.

iii) Die Funktion $\sqrt{x}$ ist streng monoton steigend für alle $x \in R_+$, sie ist auf $A = R_+$ nach unten aber nicht nach oben beschränkt. Das Supremum existiert also nicht; es ist $\inf_{x \in A} \sqrt{x} = 0$.

Übungsaufgabe 10.4.15

i) $f(-x) = (-x)^2 + (-x)^4 = x^2 + x^4 = f(x)$
Da $f(-x) = f(x)$, ist (10.4.01) erfüllt und somit ist f achsensymmetrisch (gerade).

ii) $f(-x) = (-x)^3 + \dfrac{1}{(-x)^5} = -x^3 + \dfrac{1}{-x^5} = -\left(x^3 + \dfrac{1}{x^5}\right) = -f(x)$

Weil $f(-x) = -f(x)$ ist (10.4.02) erfüllt und somit ist f rotationssymmetrisch bzgl. des Koordinatenursprungs (ungerade).

iii) $f(-x) = (-x)^2 - (-x)^3 = -x^2 + x^3$.

Es ist $f(-x) \neq f(x)$ und $f(-x) \neq -f(x)$. f weist keinerlei Symmetrie auf.

iv) Für $x > 0$ folgt, daß $-x < 0$ und

$f(-x) = -\sqrt{-(-x)} = -\sqrt{x} = -f(x)$

Für $x < 0$ folgt, daß $-x > 0$ und

$f(-x) = \sqrt{x} = f(x)$.

Die Funktion f ist ungerade für $x > 0$ und gerade für $x < 0$. Für den gesamten Definitionsbereich trifft aber keine dieser Aussagen zu.

Die Funktion $f(x) = 0$ ist sowohl gerade als auch ungerade. ✓

Übungsaufgabe 10.5.12

i) $x = f^{-1}(y) = -\dfrac{5}{2} y - 10$

ii) $x = f^{-1}(y) = \dfrac{1}{1-y}$, $y \neq 1$.

✓

Übungsaufgabe 10.5.13

Der Graph von $y = ax + b$ mit $a \neq 0$ ist eine Gerade, die weder zur x- noch zur y-Achse parallel ist. Jede Parallele zur x-Achse schneidet diese Gerade genau einmal. Also ist f injektiv. Weiter läßt die Gerade erkennen, daß alle $y \in \mathbf{R}$ als Bilder vorkommen. Also ist f surjektiv und somit bijektiv. Die Funktionsgleichung von f^{-1} lautet $x = f^{-1}(y) = \dfrac{1}{a} y - \dfrac{b}{a}$. Der Graph der Umkehrfunktion ist ebenfalls eine Gerade, weil die Spiegelung einer Geraden am Graphen der Identität wieder eine Gerade ergibt.

✓

Lösungen zu den Übungsaufgaben 185

Übungsaufgabe 10.5.14

Man erhält stets die Identität:

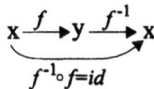

✓

Übungsaufgabe 10.7.4

Durch Ausmultiplizieren erhalten wir:

$$f(x) = (x+1)(x+2) = x^2 + 3x + 2.$$

Dies ist eine Funktionsgleichung der Form (10.7.01); dabei ist $n = 2$, also liegt ein Polynom 2. Grades vor. Die Koeffizienten lauten: $a_2 = 1$, $a_1 = 3$, $a_0 = 2$.

✓

Übungsaufgabe 10.7.5

Es ist $h(x) = id(x) \cdot id(x) - id(x) - g(x) = x \cdot x - x - 2 = x^2 - x - 2$; dabei ist $n = 2$; d.h. h ist ein Polynom 2. Grades. Wir haben h aus einer konstanten Funktion und der Identität durch Additionen und Multiplikationen erzeugen können.

✓

Übungsaufgabe 10.7.8

i) beide.

ii) Die Normalparabel ist ein Polynom, die Betragsfunktion und die Normalhyperbel sind keine Polynome.

iii) Die Gewinnfunktion ist ein Polynom, die Durchschnittskostenfunktion nicht.

✓

Übungsaufgabe 10.7.19

Nach Satz 10.7.15 besitzt das Polynom P_2 die Nullstellen x_1 und x_2, wenn wir P_2 in der Form

$$P_2(x) = a(x-x_1)(x-x_2)$$

darstellen können. Wir setzen x_1 bzw. x_2 gemäß der Formel in

$$P_2(x) = a(x-x_1)(x-x_2)$$

ein und multiplizieren aus; dabei benutzen wir die Abkürzung $W = \sqrt{b^2 - 4ac}$:

$$\begin{aligned}P_2(x) &= a\left(x - \frac{-b+W}{2a}\right)\left(x - \frac{-b-W}{2a}\right) \\ &= \left(ax + \frac{b}{2} - \frac{W}{2}\right)\left(x + \frac{b}{2a} + \frac{W}{2a}\right) \\ &= ax^2 + \frac{b}{2}x + \frac{W}{2}x + \frac{b}{2}x + \frac{b^2}{4a} + \frac{bW}{4a} - \frac{W}{2}x - \frac{bW}{4a} - \frac{W^2}{4a} \\ &= ax^2 + bx + \frac{b^2}{4a} - \frac{W^2}{4a}.\end{aligned}$$

Wir setzen nun W ein:

$$P_2(x) = ax^2 + bx + \frac{b^2}{4a} - \frac{b^2 - 4ac}{4a} = ax^2 + bx + c,$$

und haben also das ursprünglich gegebene Polynom erhalten. Die Größen x_1 und x_2 sind also die Nullstellen dieses Polynoms. Da ein Polynom 2. Grades vorliegt, gibt es keine weiteren Nullstellen.

Übungsaufgabe 10.7.20

$x_1 = -3$ und $x_2 = 0$ sind Nullstellen von P_4:

$$P_4(-3) = 81 - 81 + 81 - 81 = 0,$$
$$P_4(0) = 0 + 0 + 0 + 0 = 0.$$

Nach Satz 10.7.15 können wir P_4 in der Form

$$P_4(x) = (x+3)(x-0)P_2(x)$$

mit einem „passenden" Polynom P_2 schreiben. Wir berechnen P_2:

$$(x^4 + 3x^3 + 9x^2 + 27x) : (x^2 + 3x) = x^2 + 9$$

Das Polynom P_2 mit $P_2(x) = x^2 + 9$ besitzt keine reellen Nullstellen; also besitzt P_4 keine weiteren (reellen) Nullstellen. Lassen wir komplexe Nullstellen zu, so können wir P_4 vollständig in Linearfaktoren zerlegen:

$$P_4(x) = (x+3)\,x(x-3i)(x+3i),$$

denn $x_{3/4} = \pm 3i$ sind die komplexen Nullstellen von P_2 (und somit auch von P_4).

✓

Übungsaufgabe 10.7.21

$$P_6(x) + P_3(x) = -2x^6 + x^4 + x^3 + x^2 - 2x + 1, \qquad \text{Grad } 6$$

$$P_6(x) - Q_6(x) = -x^5 - 2x + 1, \qquad \text{Grad } 5$$

$$P_1(x) \cdot P_3(x) = x^4 + 2x^3 + x^2, \qquad \text{Grad } 4$$

$$P_1(P_3(x)) = P_1(x^3 + x^2) = x^3 + x^2 + 1, \qquad \text{Grad } 3$$

$$P_3(P_1(x)) = P_3(x+1) = (x+1)^3 + (x+1)^2$$
$$= x^3 + 4x^2 + 5x + 2, \qquad \text{Grad } 3$$

✓

Übungsaufgabe 10.8.6

Eine rationale Funktion kann höchstens so viele Pole haben, wie das Nennerpolynom (reelle) Nullstellen hat.

✓

Übungsaufgabe 10.8.7

i) Die Lösungsmenge der Gleichung $x^2 + 1 = 0$ ist leer, also besitzt das Nennerpolynom keine Nullstellen und es ist $D_f = \mathbf{R}$, $x = 0$ ist die (einzige) Nullstelle von f.

ii) $x - 2 = 0 \Leftrightarrow x = 2$; $x = 2$ ist also (einzige) Definitionslücke von f und somit ist $D_f = \mathbf{R}\setminus\{2\}$. $x^2 - 4 = 0 \Leftrightarrow (x-2)(x+2) = 0 \Leftrightarrow x = 2 \vee x = -2$. Von diesen beiden Nullstellen des Zählerpolynoms ist nur $x = -2$ Nullstelle von f, da $x = 2 \notin D_f$.

✓

Übungsaufgabe 10.8.8

$(f+g)(x) = \dfrac{1}{x} + \dfrac{x}{x^2-4} = \dfrac{x^2-4+x^2}{x(x^2-4)} = \dfrac{2x^2-4}{x^3-4x}$, $\quad D_{f+g} = R\setminus\{-2,0,2\}$.

$(f \cdot g)(x) = \dfrac{1}{x} \cdot \dfrac{x}{x^2-4}$, $\quad D_{f \cdot g} = R\setminus\{-2,0,2\}$.

$(f \circ g)(x) = f\left(\dfrac{x}{x^2-4}\right) = \dfrac{x^2-4}{x}$, $\quad D_{f \circ g} = R\setminus\{-2,0,2\}$.

$(g \circ f)(x) = g\left(\dfrac{1}{x}\right) = \dfrac{\frac{1}{x}}{\left(\frac{1}{x}\right)^2 - 4} = \dfrac{1}{\frac{1}{x}-4x} = \dfrac{x}{1-4x^2}$, $\quad D_{g \circ f} = R\setminus\left\{-\dfrac{1}{2},0,\dfrac{1}{2}\right\}$.

✓

Übungsaufgabe 10.9.4

Der Flächeninhalt läßt sich für $x \in \{0, 1, 2, 3, 4, 5\}$ durch die Funktion h mit

$h(x) = 2^x$

berechnen. Trägt man die Meßwerte der Tab. 10.9.5 in ein Koordinatensystem ein, so erhält man einzelne Punkte (vgl. Abb. a)).

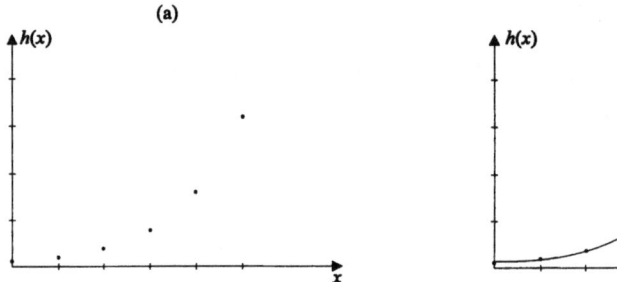

Wenn wir voraussetzen, daß ein organischer Wachstumsvorgang monoton und ohne Sprünge verläuft, können wir die Meßpunkte durch eine glatte Kurve miteinander verbinden (vgl. Abb. b)).

Das bedeutet, daß wir den Definitionsbereich der Funktion h mit $h(x) = 2^x$ von $\{0, 1, 2, 3, 4, 5\}$ auf das Intervall $[0, 5]$ erweitern. Es erscheint sogar sinnvoll, die Funktion h auf ein Intervall $[a, b]$ mit $a < 0$ und $b > 5$ zu definieren, da die Algen schon vor Beginn der Beobachtung einen Wachstumsprozeß durchgemacht haben und auch weiter wachsen können.

✓

Lösungen zu den Übungsaufgaben

Übungsaufgabe 10.9.6

i) $a = 2$,   denn $2^2 = 4$

ii) $a = \sqrt[4]{2}$,   denn $\left(\sqrt[4]{2}\right)^4 = 2$.

✓

Übungsaufgabe 10.9.7

i) $x = 32$,   denn $2^5 = 32$

ii) $x = \sqrt[3]{4}$,   denn $2^{2/3} = \sqrt[3]{2^2}$.

✓

Übungsaufgabe 10.9.8

i) $log_2 \frac{1}{8} = -3$,   denn $2^{-3} = \frac{1}{2^3} = \frac{1}{8}$

ii) $log_3 1 = 0$,   denn $3^0 = 1$

iii) $log_3(3^{4/5}) = \frac{4}{5} \cdot log_3 3 = \frac{4}{5} \cdot 1 = \frac{4}{5}$

iv) $log_a \sqrt{a^n} = log_a a^{n/2} = \frac{n}{2} log_a a = \frac{n}{2}$.

✓

Übungsaufgabe 10.9.14

$sin(x + \pi) = sin\,x \cdot cos\,\pi + cos\,x \cdot sin\,\pi$
$ = sin\,x \cdot (-1) + cos\,x \cdot 0 = -sin\,x$
$cos(x + \pi) = cos\,x \cdot cos\,\pi - sin\,x \cdot sin\,\pi$
$ = cos\,x \cdot (-1) - sin\,x \cdot 0 = -cos\,x$.

✓

Übungsaufgabe 10.9.15

Es gilt für alle $x \in R$: $-1 \leq sin\,x \leq 1$ und $-1 \leq cos\,x \leq 1$; -1 bzw. 1 ist also untere bzw. obere Schranke für beide Funktionen. Da der Wert -1 bzw. 1 auch tatsächlich als Funktionswert vorkommt, ist −1 bzw. 1 das Infimum bzw. das Supremum für beide Funktionen.

$$\inf_{x \in R} \sin x = -1, \quad \sup_{x \in R} \sin x = 1.$$
$$\inf_{x \in R} \cos x = -1, \quad \sup_{x \in R} \cos x = 1.$$

✓

Übungsaufgabe 10.9.16

Die Definitionslücken der Tangens- bzw. der Kotangensfunktion sind die Nullstellen der zugehörigen Nennerfunktion, also die Nullstellen der Kosinus- bzw. der Sinusfunktion:

$$\sin x = 0 \quad \text{für} \quad x = k \cdot \pi, \quad k \in Z,$$
$$\cos x = 0 \quad \text{für} \quad x = \frac{2k+1}{2}\pi, \quad k \in Z.$$

✓

Übungsaufgabe 10.9.17

Die Sinusfunktion ist

i) streng monoton steigend z.B. auf $\left[-\frac{\pi}{2}, \frac{\pi}{2}\right]$.

ii) streng monoton fallend z.B. auf $\left[\frac{\pi}{2}, \frac{3}{2}\pi\right]$.

Die Kosinusfunktion ist

i) streng monoton steigend z.B. auf $[-\pi, 0]$.

ii) streng monoton fallend z.B. auf $[0, \pi]$.

✓

Übungsaufgabe 10.10.3

Die natürlichen Zahlen stellen eine Folge dar; es handelt sich um eine Abbildung von $N \to N$ mit $a_n = n$ für alle $n \in N$.

Die ganzen Zahlen $Z = \{..., -2, -1, 0, 1, 2, ...\}$ bilden keine Folge, da es kein Anfangsglied gibt.

✓

Übungsaufgabe 10.10.4

i) $a_2 = 6 - \dfrac{2}{2} = 5, \quad a_5 = 6 - \dfrac{2}{5} = 5\dfrac{3}{5}.$

ii) $a_2 = \left(1 + \dfrac{1}{2}\right)^2 = \left(\dfrac{3}{2}\right)^2 = \dfrac{9}{4}$

$a_5 = \left(1 + \dfrac{1}{5}\right)^5 = \left(\dfrac{6}{5}\right)^5 \approx 2{,}48832.$

✓

Übungsaufgabe 10.10.5

i) $a_n = \dfrac{n}{n+1}$;

ii) $a_n = 2n + 1.$

✓

Übungsaufgabe 10.10.6

$a_1 = 1, \quad a_2 = 2, \quad a_3 = a_2 + a_1 = 2 + 1 = 3 \quad a_4 = a_3 + a_2 = 3 + 2 = 5,$
$a_5 = 8, \quad a_6 = 13, \quad a_7 = 21, \quad a_8 = 34, \quad a_9 = 55,$
$a_{10} = 89, \quad a_{11} = 144, \quad a_{12} = 233, \quad a_{13} = 377.$

✓

Übungsaufgabe 10.10.12

i) Für arithmetische Folgen gilt: $a_{n+1} - a_n = d$ für alle $n \in N$. Aus d und a_1 können wir also a_2 errechnen, aus d und a_2 das Folgeglied a_3, usw.

$a_1 = -\dfrac{11}{2}, \quad a_2 = a_1 + d = -\dfrac{11}{2} + \dfrac{1}{4} = -\dfrac{21}{4},$

$a_3 = -\dfrac{21}{4} + \dfrac{1}{4} = -\dfrac{20}{4} = -5, \quad a_4 = -\dfrac{19}{4}, \quad a_5 = -\dfrac{18}{4} = -\dfrac{9}{2}.$

ii) Analog zu i) können wir bei geometrischen Folgen alle Folgenglieder a_n aus a_1 und dem konstanten Quotienten q berechnen: $a_{n+1} = q \cdot a_n, n \in N$. Es ist

$a_1 = -6, \quad a_2 = (-1) \cdot a_1 = (-1) \cdot (-6) = 6$
$a_3 = (-1) \cdot 6 = -6, \quad a_4 = 6, \quad a_5 = -6$

✓

Übungsaufgabe 10.10.13

Es sei $a_n = a_1 + (n-1)d, n \in N$. Dann gilt:

$$a_{n+1} - a_n = a_1 + (n+1-1)d - a_1 - (n-1)d = (n-n+1)d = d$$

für alle $n \in N$; also ist $\{a_n\}_{n \in N}$ gemäß Definition 10.10.7 eine arithmetische Folge.

Es sei $a_n = a_1 \cdot q^{n-1}, n \in N$. Dann gilt:

$$\frac{a_{n+1}}{a_n} = \frac{a_1 \cdot q^{n+1-1}}{a_1 \cdot q^{n-1}} = \frac{q^n}{q^{n-1}} = q$$

für alle $n \in N$; also ist $\{a_n\}_{n \in N}$ gemäß Definition 10.10.7 eine geometrische Folge.

✓

Übungsaufgabe 10.10.14

Für die Folge i) lautet das Bildungsgesetz:

$$a_n = \begin{cases} 1/n & \text{für } n \text{ ungerade} \\ -1 & \text{für } n \text{ gerade.} \end{cases}$$

Sie ist nach oben und nach unten beschränkt. Eine obere Schranke ist z.B. 1, die größte untere Schranke lautet $\inf_{n \in N} a_n = -1$.

Die Folge ii) ist nach oben unbeschränkt, die größte untere Schranke lautet

$$\inf_{n \in N} a_n = a_1 = 1 + \frac{1}{(-2)^1} = 1 - \frac{1}{2} = \frac{1}{2}.$$

Übungsaufgabe 10.11.9

i) $\lim_{n \to \infty} \frac{6n}{2n+1} = \lim_{n \to \infty} \frac{6}{2 + \frac{1}{n}} = \frac{\lim_{n \to \infty} 6}{\lim_{n \to \infty}\left(2 + \frac{1}{n}\right)} = \frac{6}{2} = 3$

ii) $\lim_{n \to \infty} \frac{8n^2 + 3}{4n^2 + n} = \lim_{n \to \infty} \frac{8 + \frac{3}{n^2}}{4 + \frac{1}{n}} = \frac{\lim_{n \to \infty}\left(8 + \frac{3}{n^2}\right)}{\lim_{n \to \infty}\left(4 + \frac{1}{n}\right)} = \frac{8}{4} = 2$

iii) $\lim\limits_{n\to\infty}\dfrac{7-n^3}{n^4} = \lim\limits_{n\to\infty}\left(\dfrac{7}{n^4} - \dfrac{1}{n}\right) = \lim\limits_{n\to\infty}\dfrac{7}{n^4} - \lim\limits_{n\to\infty}\dfrac{1}{n} = 0 - 0 = 0$

✓

Übungsaufgabe 10.11.10

i) Es ist $c_n = \dfrac{a_n}{b_n} = \dfrac{6}{n}\cdot\dfrac{n}{5} = \dfrac{6}{5}$,

der Grenzwert dieser (konstanten) Folge ist gleich $6/5$. Die Grenzwertregel ist nicht anwendbar, da $\lim\limits_{n\to\infty} b_n = 0$, also $b = 0$ ist.

ii) Hier ist ebenfalls $\lim\limits_{n\to\infty} b_n = b = 0$, die Grenzwertregel für Quotientenfolgen somit nicht anwendbar. Weiter gilt:

$$\dfrac{a_n}{b_n} = \dfrac{3 - \dfrac{1}{n}}{\dfrac{2}{n}} = \dfrac{3n-1}{2} \to \infty \quad \text{für} \quad n \to \infty.$$

Es gibt keinen Grenzwert der Folge $\left\{\dfrac{a_n}{b_n}\right\}_{n\in N}$.

iii) Die Folgenglieder b_n werden abwechselnd gleich 2 und gleich 4: die Folge ist divergent. Damit ist auch die Folge $\left\{\dfrac{a_n}{b_n}\right\}_{n\in N}$ divergent.

✓

Übungsaufgabe 10.13.8

Es ist $f(x) \equiv 0$ für $x \leq 0$, also ist $\lim\limits_{x\to 0-} f(x) = 0$. Weiter gilt $1/x \to \infty$ für $x \to 0$ ($x > 0$). Der rechtsseitige Grenzwert von f für $x \to 0$ existiert also nicht.

✓

Übungsaufgabe 10.13.9

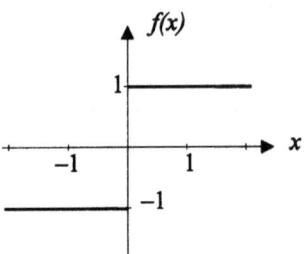

Graph von f mit $f(x) = \dfrac{|x|}{x}, x \in \mathbf{R} \setminus \{0\}$

$$\lim_{x \to 0-} f(x) = \lim_{x \to 0-} -1 = -1, \quad \lim_{x \to 0+} f(x) = \lim_{x \to 0+} 1 = 1.$$

Die Zahl -1 ist der linksseitige Grenzwert der Funktion für $x \to 0$ und 1 ist der rechtsseitige Grenzwert der Funktion für $x \to 0$.

Grenzwerte sind stets eindeutig. ✓

Übungsaufgabe 10.14.3

i) $\lim\limits_{x \to \infty} \dfrac{x^2 + 2}{5x^2 + 1} = \lim\limits_{x \to \infty} \dfrac{1 + \dfrac{2}{x^2}}{5 + \dfrac{1}{x^2}} = \dfrac{\lim\limits_{x \to \infty} 1 + \lim\limits_{x \to \infty} \dfrac{2}{x^2}}{\lim\limits_{x \to \infty} 5 + \lim\limits_{x \to \infty} \dfrac{1}{x^2}} = \dfrac{1 + 0}{5 + 0} = \dfrac{1}{5}.$

ii) 1) $\lim\limits_{x \to 0} \dfrac{x - \sqrt{x^3}}{x} = \lim\limits_{x \to 0} \dfrac{x(1 - \sqrt{x})}{x} = \lim\limits_{x \to 0} (1 - \sqrt{x}) = 1$

   2) $\lim\limits_{x \to -3} \dfrac{x^3 - 9x}{x^2 + 3x} = \lim\limits_{x \to -3} \dfrac{x(x+3)(x-3)}{x(x+3)} = \lim\limits_{x \to -3} (x - 3) = -6.$ ✓

Übungsaufgabe 10.19.4

i) Das Polynom P_2 mit $P_2(x) = x^2$ ist stetig auf $\mathbf{R}$ (Satz 10.19.1); die Exponentialfunktion e^x ist auf $\mathbf{R}$ stetig (Satz 10.19.3). Das Produkt zweier stetiger Funktionen ergibt wider eine stetige Funktion (Satz 10.18.1). Also ist f stetig (auf $\mathbf{R}$).

ii) Die Funktion g mit

$$g(x) = \frac{\sin x}{x^2}$$

ist stetig auf $\mathbb{R}\setminus\{0\}$, da sie der Quotient aus der stetigen trigonometrischen Funktion $\sin x$ (Satz 10.19.3) und dem stetigen Polynom P_2 mit $P_2(x) = x^2$ (Satz 10.19.1) ist. Das Polynom P_1 mit $P_1(x) = 4x$ ist ebenfalls stetig, also auch f als Summe aus g und P_1 (Satz 10.18.1).

Kapitel 11

Übungsaufgabe 11.2.5

Um (11.2.10) zur Berechnung der Ableitung anwenden zu können, setzen wir

$$f(x) = x \text{ und } r = \frac{5}{2}$$

und erhalten

$$h(x) = [f(x)]^r = [x]^{\frac{5}{2}}.$$

Mit (11.2.10) folgt dann:

$$h'(x) = r[f(x)]^{r-1} \cdot f'(x) = \frac{5}{2}[x]^{\frac{3}{2}} \cdot 1 = \frac{5}{2} x^{\frac{3}{2}}$$

Erweitern wir den letzten Term mit $\sqrt{x} = x^{\frac{1}{2}}$, so gelangen wir zu demselben Ergebnis wie im Beispiel 11.2.4

$$h'(x) = \frac{5}{2x^{\frac{3}{2}}} \frac{x^{\frac{1}{2}}}{x^{\frac{1}{2}}} = \frac{5x^2}{2x^{\frac{1}{2}}} = \frac{5x^2}{2\sqrt{x}}$$

Analog können wir die Ableitung von h auch gem. (11.2.03) bestimmen:

$$h'(x) = rx^{r-1} = \frac{5}{2x^{\frac{3}{2}}} = \frac{5x^2}{2\sqrt{x}}$$

Wiederum zeigt sich dasselbe Ergebnis wie in Beispiel (11.2.4.) Man kann also unter Anwendung verschiedener Regeln die Ableitung einer Funktion berechnen.

Übungsaufgabe 11.2.8

i) $\quad f(x) = (5x-4)^3; x \in \mathbf{R}$

Wir bestimmen die Ableitung mit Hilfe der Kettenregel (11.2.09) und setzen:

$$z = g(x) = (5x-4) \text{ und } h(z) = z^3.$$

Wir bilden dann gemäß der Kettenregel:

$$f' = h'(z)g(x)$$
$$h'(z) = 3z^2 = 3(5x-4)^2$$
$$g'(x) = 5 \Rightarrow f'(x) = 3(5x-4)^2 5 = 15(5x-4)^2$$

ii) $\quad f(x) = \dfrac{x^2-4}{1-x}, x \in \mathbf{R}, x \neq 1.$

Um die Quotientenregel anwenden zu können, setzen wir $g(x) = x^2 - 4$ bzw. $h(x) = 1 - x$ und bestimmen zunächst ihre Ableitungen:

$$g'(x) = 2x, \ h'(x) = -1$$

Dann folgt wegen (11.2.07) mit $f' = \dfrac{g'h - gh'}{h^2}$:

$$f'(x) = \frac{2x(1-x)-(x^2-4)(-1)}{(1-x)^2} = \frac{2x-2x^2+x^2-4}{(1-x)^2} = \frac{-x^2+2x-4}{(1-x)^2}$$

iii) $\quad f(x) = \dfrac{x^3\sqrt{x}}{1+x^2}, x \geq 0$

Auch hier bestimmen wir die Ableitung mit Hilfe von Quotientenregel. Um nicht bei der Ableitung der Zählerfunktion $g(x) = x^3\sqrt{x}, x \geq 0$, die Produktregel anwenden zu müssen (vgl. Übungsaufgabe 11.2.5), formen wir um: $g(x) = x^3\sqrt{x} = x^{\frac{7}{2}}$. Die Ableitung der Zählerfunktion $g(x)$ bzw. der Nennerfunktion $h(x) = 1 + x^2$ lautet:

$$g'(x) = \frac{7}{2}x^{\frac{5}{2}}; \ h'(x) = 2x.$$

Dann folgt mit (11.2.07)

$$f'(x) = \frac{\frac{7}{2}x^{\frac{5}{2}}(1+x^2) - x^{\frac{7}{2}} \cdot 2x}{(1+x^2)^2} = \frac{7x^{\frac{5}{2}} + 3x^{\frac{9}{2}}}{2(1+x^2)^2}.$$

✓

Übungsaufgabe 11.2.13

$$f(x) = |x|^3 = \begin{cases} x^3, & x \geq 0, \\ -x^3, & x < 0. \end{cases}$$

Wir bilden die 1. Ableitung:

$$f'(x) = \begin{cases} 3x^2, & x \geq 0, \\ -3x^2, & x < 0, \text{ mit } f'(0) = 0. \end{cases}$$

Für die 2. Ableitung ermitteln wir:

$$f''(x) = \begin{cases} 6x, & x \geq 0, \\ -6x, & x < 0, \text{ mit } f''(0) = 0. \end{cases}$$

Die 3. Ableitung lautet:

$$f'''(x) = \begin{cases} 6, & x \geq 0, \\ -6, & x < 0. \end{cases}$$

An der Stelle $x_0 = 0$ existiert jedoch die 3. Ableitung nicht. Somit ist die Funktion f über R nur zweimal differenzierbar.

✓

Übungsaufgabe 11.2.14

i)
$$\left.\begin{aligned} f(x) &= 3x^4 + 2x^3 + x^2 - 10 \\ f'(x) &= 12x^3 + 6x^2 + 2x \\ f''(x) &= 36x^2 + 12x + 2 \\ f'''(x) &= 72x + 12 \\ f^{(4)}(x) &= 72 \end{aligned}\right\} x \in R$$

ii)
$$\left.\begin{aligned} f(x) &= \sin x \\ f'(x) &= \cos x \\ f''(x) &= -\sin x \\ f'''(x) &= -\cos x \\ f^{(4)}(x) &= \sin x \end{aligned}\right\} x \in R$$

✓

Übungsaufgabe 11.3.2

Die nachstehende Abbildung zeigt den Graph der Funktion f mit

$f(x) = x^3, x \in \mathbf{R}$, um die Stelle $x_0 = 0$.

Berechnen wir die Ableitung f' an der Stelle $x_0 = 0$, so erhalten wir $f'(0) = 0$. Da $x_0 = 0$ ein innerer Punkt von D_f und $f'(0) = 0$ ist, liegt hier eine kritische Stelle vor. Andererseits gilt jedoch:

$f(x) > f(x_0)$ für alle $x > x_0$ und
$f(x) < f(x_0)$ für alle $x < x_0$.

Damit ist für die Stelle $x_0 = 0$ weder die Eigenschaft einer Maximalstelle noch die einer Minimalstelle erfüllt. Wir können deshalb festhalten: an einer kritischen Stelle muß nicht notwendigerweise eine Extremstelle vorliegen. Jedoch ist umgekehrt jede Extremstelle eine kritische Stelle.

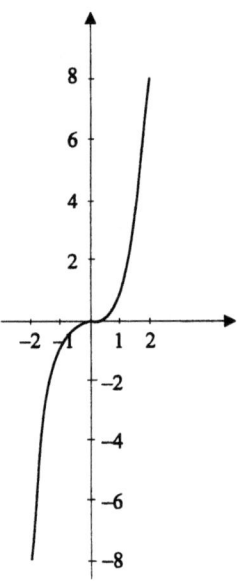

✓

Übungsaufgabe 11.4.2

i) Um (11.4.01) anwenden zu können, berechnen wir die erste Ableitung der Funktion f mit

$$f(x) = x^2 - x - 6,$$

Lösungen zu den Übungsaufgaben

d.h. es gilt

$$f'(x) = 2x - 1.$$

Gemäß (11.4.01) suchen wir nun die Intervalle, für die bzgl. der Funktion f' gilt: $f'(x) \geq 0$ bzw. $f'(x) \leq 0$:

$$2x - 1 \geq 0 \Leftrightarrow 2x \geq 1 \Leftrightarrow x \geq \frac{1}{2} \text{ bzw. } 2x - 1 \leq 0 \Leftrightarrow 2x \leq 1 \Leftrightarrow x \leq \frac{1}{2}$$

Somit folgern wir mit (11.4.01):

Die Funktion f ist über dem Intervall $\left(-\infty, \frac{1}{2}\right]$ monoton fallend und über dem Intervall $\left[\frac{1}{2}, \infty\right)$ monoton steigend.

ii) Die Ableitung der Funktion f mit

$$f(x) = \frac{1}{x} \text{ lautet } f'(x) = -\frac{1}{x^2}.$$

Berücksichtigt man, daß f' (wie f selbst) an der Stelle $x_0 = 0$ nicht definiert ist und daß der Term $-\frac{1}{x^2}$ für alle $x \in \mathbf{R}\setminus\{0\}$ kleiner Null ist, so können wir sofort mit (11.4.01) folgern:

Die Funktion f ist über $(-\infty, 0)$ und über $(0, \infty)$ monoton fallend.

iii) $\quad f(x) = \sin x$: $f'(x) = \cos x$.

Die Bereiche, in denen $f' > 0$ bzw. $f' < 0$ gilt, lassen sich wie folgt angeben:

1) für $2z\pi - \frac{\pi}{2} \leq x \leq 2z\pi + \frac{\pi}{2}$ und $z \in \mathbf{Z}$ gilt $f'(x) \geq 0$,

2) für $(2z+1)\pi - \frac{\pi}{2} \leq x \leq (2z+1)\pi + \frac{\pi}{2}$ und $z \in \mathbf{Z}$ gilt $f'(x) \leq 0$.

Unter Anwendung von (11.4.01) erhalten wir:
über den Bereichen aus 1) ist die Funktion f monoton steigend, über den Bereichen aus 2) ist f monoton fallend, d.h. auf

$$\bigcup_{z \in Z} \left[2z\pi - \frac{\pi}{2}, 2z\pi + \frac{\pi}{2} \right] \quad \text{ist } f \text{ monoton steigend, auf}$$

$$\bigcup_{z \in Z} \left[(2z+1)\pi - \frac{\pi}{2}, (2z+1)\pi + \frac{\pi}{2} \right] \quad \text{ist } f \text{ monoton fallend.}$$

✓

Übungsaufgabe 11.5.12

i) Gemäß Satz 11.5.6 können wir die Bereiche, in denen f konvex bzw. konkav ist, dadurch bestimmen, indem wir die Intervalle ermitteln, in denen die Ableitung f' monoton steigt bzw. monoton fällt. Die Monotoniebereiche von f' wiederum lassen sich berechnen, wenn man gemäß (11.4.01) die Ableitung von $f'(=f'')$ daraufhin untersucht, in welchen Intervallen diese größer (bzw. kleiner) gleich Null ist (vgl. auch Satz 11.5.7). Wir bilden deshalb die erste und zweite Ableitung der Funktion f:

$$f'(x) = 3x^2, f''(x) = 6x.$$

Da $f''(x) \geq 0$ für alle $x \geq 0$ und $f''(x) \leq 0$ für alle $x \leq 0$ ist, können wir folgern: auf $(-\infty, 0]$ ist f konkav, auf $[0, \infty)$ ist f konvex.

ii) Um Satz 11.5.7 anwenden zu können, berechnen wir f' und f'':

$$f'(x) = -\frac{2}{x^3}, \quad f''(x) = \frac{6}{x^4}.$$

Da f'' (und f) an der Stelle $x = 0$ nicht definiert ist und der Term $\frac{6}{x^4}$ für alle $x \in R \setminus \{0\}$ positiv ist, folgt:

die Funktion f ist auf $(-\infty, 0)$ und auf $(0, \infty)$ konvex.

✓

Übungsaufgabe 11.5.13

i) Eine notwendige Bedingung für das Vorliegen eines lokalen Extremums an einer Stelle x_0 ist: $f'(x_0) = 0$ (vgl. (11.3.01))

$$f'(x) = -2x.$$

Wegen

$$f'(x_0) = 0 \Leftrightarrow -2x_0 = 0 \Leftrightarrow x_0 = 0$$

wollen wir mit Hilfe von (11.4.02) prüfen, welche Art von lokaler Extremstelle in x_0 vorliegt:

$f'(x) > 0$ für alle $x < 0$ und
$f'(x) < 0$ für alle $x > 0$.

Da die Funktion f' an der Stelle $x_0 = 0$ das Vorzeichen von plus nach minus wechselt, liegt an dieser Stelle somit eine lokale Maximalstelle vor.

Da die Funktion f auf einem abgeschlossenen Intervall [−2, 3] definiert und stetig ist, nimmt f auf diesem Intervall ein absolutes Minimum und Maximum an.

Wir berechnen deshalb zunächst die Funktionswerte an den Rändern:

$f(-2) = 0$ und $f(3) = -5$.

Da für die lokale Maximalstelle $x_0 = 0$ gilt: $f(0) = 4$, können wir zusammenfassend sagen: an der Stelle $x_0 = 0$ besitzt f ein lokales und absolutes Maximum, an der Stelle $x_1 = 3$ ein absolutes Minimum.

ii) Wir bilden die erste Ableitung zu $f(x) = \dfrac{x}{2}$ und erhalten:

$$f'(x) = \frac{1}{2}, x \in [-1, 1],$$

d.h. es gilt für alle $x \in [-1, 1]: f'(x) \neq 0$. Somit besitzt f in [−1, 1] keine lokale Extremstelle.

Die absoluten Extrema sind an den Rändern zu suchen. Wegen $f(-1) = -\dfrac{1}{2}$ und $f(1) = \dfrac{1}{2}$ besitzt f an der Stelle $x = -1$ ein absolutes Minimum und an $x = 1$ ein absolutes Maximum.

iii) Unter Auflösung des Absolutbetrages folgt für die Funktionsgleichung von f:

$$f(x) = \begin{cases} x-1 & \text{für } x \in [1,2) \\ -(x-1) & \text{für } x \in (0,1] \end{cases}$$

Die Funktion f ist an der Stelle $x_0 = 1$ nicht differenzierbar. Daß dort eine (vermutete) Minimalstelle vorliegt, können wir wie folgt zeigen:

wegen $f(1) = 0$ und $f(x) > 0$ für alle $x \in (0, 1)$ und $x \in (1, 2)$ ist $x_0 = 1$ sowohl lokale als auch absolute Minimalstelle.

Die Funktion f besitzt auf dem Intervall $(0, 2)$ weder ein lokales Maximum noch ein globales Maximum, da f auf $(0, 1]$ monoton fällt und auf $[1, 2)$ monoton steigt.

Übungsaufgabe 11.6.2

Für a) werden wir die Punkte i) – xi) aus Abschnitt 11.6 ausführlicher erläutern, während die Lösungen von b) und c) zu den Punkten i) – xi) nur kurz angegeben werden.

i)   Festlegung des natürlichen Definitionsbereichs:

da f eine gebrochen rationale Funktion ist, besteht der natürliche Definitionsbereich aus ganz $\mathbf{R}$, ausgenommen der Stellen, an denen das Nennerpolynom N mit $N(x) = 1 + x^2$ Nullstellen besitzt.

Da aber die Gleichung $1 + x^2 = 0$ in $\mathbf{R}$ keine Lösung hat, besitzt das Nennerpolynom N keine Nullstellen. Somit gilt für die Funktion f: $D_f = \mathbf{R}$.

ii)   Festlegung des Stetigkeits- und Differenzierbarkeitsbereichs:

wegen ihrer Eigenschaft als gebrochen rationale Funktion ist die Funktion f über ganz D_f stetig und beliebig oft differenzierbar.

iii)   Bestimmung der ersten drei Ableitungen von f:

$$f'(x) = \frac{-2x^2 + 2}{(1 + x^2)^2}$$

$$f''(x) = \frac{4x^3 - 12x}{(1 + x^2)^3}$$

$$f'''(x) = \frac{12(x^2 + 1)(x^2 - 1) - 24x^2(x^2 - 3)}{(1 + x^2)^4}$$

iv) Betrachtung der Funktionswerte $f(x)$ an den Rändern des Definitionsbereichs:

da die Funktion f keine Polstellen besitzt, betrachten wir f nur an den äußeren Rändern von D_f, d.h. wir nehmen eine Grenzwertbetrachtung vor für $x \to \infty$ und $x \to -\infty$.

Wir formen den Funktionsterm wie folgt um:

$$\frac{2x}{1+x^2} = \frac{2}{\frac{1}{x}+x}.$$

Daraus folgt:

$$\lim_{x \to \infty} f(x) = \lim_{x \to \infty} \frac{2}{\frac{1}{x}+x} = 0,$$

$$\lim_{x \to -\infty} f(x) = \lim_{x \to -\infty} \frac{2}{\frac{1}{x}+x} = 0.$$

Für $x \to -\infty$ nähert sich f aus dem negativen Wertbereich asymptotisch der x-Achse, für $x \to +\infty$ strebt f aus dem positiven Bereich gegen die Asymptote $y = 0$, d.h. gegen die x-Achse.

v) Bestimmung der Nullstellen:

$$f(x) = \frac{2x}{1+x^2} = 0 \Leftrightarrow 2x = 0$$
$$\Leftrightarrow x = 0$$

$x_0 = 0 \in D_f$ ist die einzige Nullstelle der Funktion f.

vi) Bestimmung der Extremstellen und der zugehörigen Extrema von f: notwendig für das Vorliegen einer Extremstelle $x_E \in D_f$ ist: $f'(x_E) = 0$.

$$f'(x_E) = \frac{-2x_E^2 + 2}{(1+x_E^2)^2} = 0$$
$$\Leftrightarrow -2x_E^2 + 2 = 0$$
$$\Leftrightarrow x_E^2 = 1$$
$$\Leftrightarrow x_E = -1 \quad \text{oder} \quad x_E = 1.$$

Beide Stellen liegen im Definitionsbereich und sind somit kritische Stellen. Wir prüfen mit Hilfe von Satz 11.5.8, ob und wenn ja, welche Art von (lokalen) Extremstelle(n) vorliegen.

Für $x_E = -1$: $f''(-1) > 0$.
Für $x_E = 1$: $f''(1) < 0$.

Somit liegt an der Stelle $x_E = -1$ eine lokale Minimalstelle vor.

Für die Funktionswerte berechnen wir:

$$f(-1) = -1, \quad f(1) = 1.$$

vii) Bestimmung der Wendepunkte von f:

notwendig für das Vorliegen einer Wendestelle x_w ist: $f''(x_w) = 0$ mit $x_w \in D_f$ (vgl. Satz 11.5.10).

$$f''(x_w) = \frac{4x_w^3 - 12x_w}{(1 + x_w^2)^3} = 0$$

$$\Leftrightarrow 4x_w^3 - 12x_w = 0$$

$$\Leftrightarrow x_w(x_w^2 - 3) = 0$$

$$\Leftrightarrow x_w = -\sqrt{3} \quad \text{oder} \quad x_w = 0 \quad \text{oder} \quad x_w = \sqrt{3}.$$

Wir erhalten also drei Stellen, an denen Wendestellen vorliegen können. Auch hier müssen wir anhand eines hinreichenden Kriteriums prüfen, an welchen dieser drei berechneten Stellen, die alle im Definitionsbereich liegen, Wendestellen vorliegen. Die Aussage Satz 11.5.11 liefert uns die hinreichende Bedingung:

$$f''(x_w) = 0 \wedge f'''(x_w) \neq 0.$$

$$x_w = -\sqrt{3}: f'''(-\sqrt{3}) = \frac{96}{256} \neq 0$$

$$x_w = 0: f'''(0) = -12 \neq 0$$

$$x_w = \sqrt{3}: f'''(\sqrt{3}) = f'''(-\sqrt{3}) = \frac{96}{256} \neq 0.$$

Die Funktion f besitzt also drei Wendestellen, und zwar an den Stellen $x_{w_1} = -\sqrt{3}$, $x_{w_2} = 0$ und $x_{w_3} = \sqrt{3}$.

Keine dieser drei Stellen stellt eine Sattelstelle dar, da für alle drei Stellen gilt, daß ihre erste Ableitung ungleich Null ist.

Berechnet man die zugehörigen Funktionswerte an den Wendestellen, so erhält man die folgenden Wendepunkte:

$$W_1 = (x_{w_1}, f(x_{w_1}))^T = (-1{,}732;\ -0{,}866)^T$$
$$W_2 = (x_{w_2}, f(x_{w_2}))^T = (0;\ 0)^T$$
$$W_3 = (x_{w_3}, f(x_{w_3}))^T = (1{,}732;\ 0{,}866)^T.$$

viii) Untersuchung des Monotonieverhaltens von f:

da wir unter Punkt vi) eine lokale Minimalstelle in $x_E = -1$ und eine lokale Maximalstelle in $x_E = 1$ ermittelt haben und unter Punkt ii) festgestellt haben, daß f über ganz R stetig ist, können wir nun schließen: die Funktion f ist über $(-\infty, -1]$ monoton fallend, zwischen den Extrem-stellen, also über $[-1, 1]$ monoton steigend und über $[1, \infty)$ wiederrum monoton fallend. Aufgrund des Monotonieverhaltens und der unter Punkt iv) durchgeführten Betrachtung der Funktion an den Rändern können wir ferner folgern, daß an der Stelle $x_E = -1$ bzw. $x_E = 1$ nicht nur eine lokale Minimal- bzw. Maximalstelle vorliegt, sondern sogar absolute Extremstellen.

ix) Untersuchung des Krümmungsverhaltens von f:

unter Punkt vii) haben wir für die Funktion f drei Wendestellen ermittelt. Da sich, wie die Bezeichnung „Wendestelle" schon ausdrückt, an einer Wendestelle das Krümmungsverhalten von f ändert, brauchen wir z.B. nur für das Intervall $I_1 = (-\infty, -\sqrt{3}]$ ermitteln, welche Art von Krümmung der Funktionsgraph von f dort aufweist.

Dazu greifen wir auf Satz 11.5.7 zurück:

Wegen $f''(x) \leq 0$ für alle $x \in I_1$ ist f über I_1 konkav.

Für die anderen Intervalle, deren Grenzen durch die Wendestellen festgelegt sind, ergibt sich dann:

über $\quad I_2 = [-\sqrt{3}, 0]$ ist f konvex,

über $\quad I_3 = [0, \sqrt{3}]$ ist f konkav und

über $\quad I_4 = [\sqrt{3}, \infty)$ wieder konvex.

x) Berechnung spezieller Funktionswerte:

neben den „ausgezeichneten" Punkten des Funktionsgraphen wie Nullstellen, Extrempunkte und Wendepunkte ist es ratsam, an weiteren Stellen Funktionswerte $f(x)$ zu berechnen. Wir fassen diese Punkte in der folgenden Wertetabelle zusammen:

x	-3	-2	$-\sqrt{3}$	-1	$-\frac{1}{2}$	0	$\frac{1}{2}$	1	$\sqrt{3}$	2	3
$f(x)$	$-0{,}60$	$-0{,}80$	$-0{,}87$	-1	$0{,}80$	0	$0{,}80$	1	$0{,}87$	$0{,}80$	$0{,}60$
ausgezeichnet			Wendestelle	lokale und absolute Minimalstelle		Wendestelle		lokale und absolute Maximalstelle	Wendestelle		

Man erkennt, daß die Funktion f symmetrisch zum Nullpunkt ist.

xi) Graph der Funktion f:

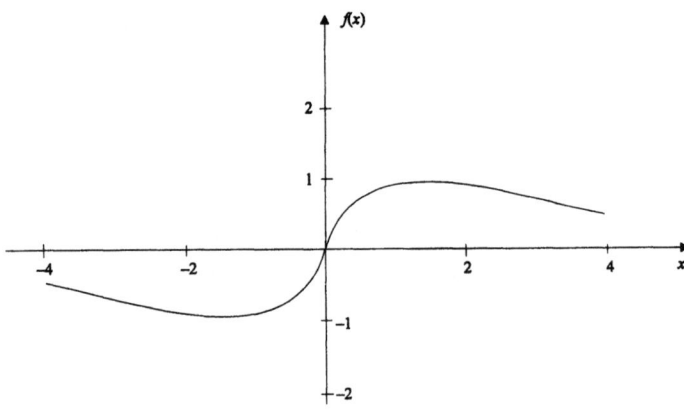

b) $f(x) = \dfrac{x^2 - 4}{1 - x^2}$

i) Wegen $f(x) = \dfrac{x^2 - 4}{1 - x^2} = \dfrac{(x-2)(x+2)}{(1+x)(1-x)}$ erhält man: $D_f = \mathbf{R} \setminus \{-1, 1\}$.

An den Stellen $x = -1$ und $x = 1$ befinden sich Polstellen.

ii) Da f eine gebrochen rationale Funktion ist, ist f über D_f stetig und beliebig oft differenzierbar.

Lösungen zu den Übungsaufgaben

iii) $f'(x) = \dfrac{-6x}{(1-x^2)^2}$

$f''(x) = \dfrac{-18x^2 - 6}{(1-x^2)^3}$

$f'''(x) = \dfrac{-72x(x^2 + 1)}{(1-x^2)^4}.$

iv) a) An den äußeren Rändern:

$\dfrac{x^2 - 4}{1 - x^2} = -1 - \dfrac{3}{1 - x^2}$

$\lim\limits_{x \to \infty} f(x) = \lim\limits_{x \to \infty} f(x) = -1$

Asymptote ist somit die Gerade zu $y = -1$.

b) An den Polstellen:

$\lim\limits_{x \to -1+} f(x) = -\infty$

$\lim\limits_{x \to -1-} f(x) = \infty$

$\lim\limits_{x \to 1-} f(x) = -\infty$

$\lim\limits_{x \to 1+} f(x) = \infty.$

v) An den Stellen $x = -2$ und $x = 2$ befinden sich Nullstelllen.

vi) Extremstellen: $f'(x) = \dfrac{-6x}{(1-x^2)^2} = 0$

$\Leftrightarrow -6x = 0$

$\Leftrightarrow x = 0$

$f''(0) = -6 \Rightarrow f$ hat an der Stelle $x = 0$ ein lokales Maximum mit $f(0) = -4$.

vii) Wendestellen: $f''(x) = \dfrac{-18x^2 - 6}{(1-x^2)^3} = 0$

$\Leftrightarrow -18x^2 - 6 = 0$

$\Leftrightarrow 3x^2 + 1 = 0.$

Diese Gleichung hat in R keine Lösung, daher hat f keine Wendestellen.
Aufteilung von D_f in vier Intervalle:

$$I_1 = (-\infty, -1), \quad I_2 = (-1, 0]$$
$$I_3 = [0, 1) \quad I_4 = (1, \infty)$$

Über I_1 ist f monoton steigend, über I_2 ebenfalls, über I_3 monoton fallend und ebenso über I_4.

ix) $f(x)$ ist auf dem Intervall I konkav genau dann, wenn $f''(x) \leq 0$ für $x \in I$ gilt. Wegen $f''(x) \neq 0$ auf D_f folgt

$$f''(x) = \frac{-6(3x^2 + 1)}{(1 - x^2)^3} < 0$$

$\Leftrightarrow$ (1) $(3x^2 + 1) > 0$ und $(1 - x^2)^3 > 0$ oder
(2) $(3x^2 + 1) < 0$ und $(1 - x^2)^3 < 0$.

Da $(3x^2 + 1) > 0$ für $x \in R$ ist, kann (2) nicht erfüllt werden.

$$f''(x) < 0 \Leftrightarrow (1 - x^2)^3 > 0$$
$$\Leftrightarrow 1 - x^2 > 0$$
$$\Leftrightarrow x^2 < 1$$
$$\Leftrightarrow x \in (-1, 1).$$

Somit ist f auf $(-1, 1)$ konkav. Da keine Wendestellen existieren, muß f dann auf dem restlichen Definitionsbereich konvex sein, d.h. f ist auf $(-\infty, -1)$ und auf $(1, \infty)$ konvex.

xi)

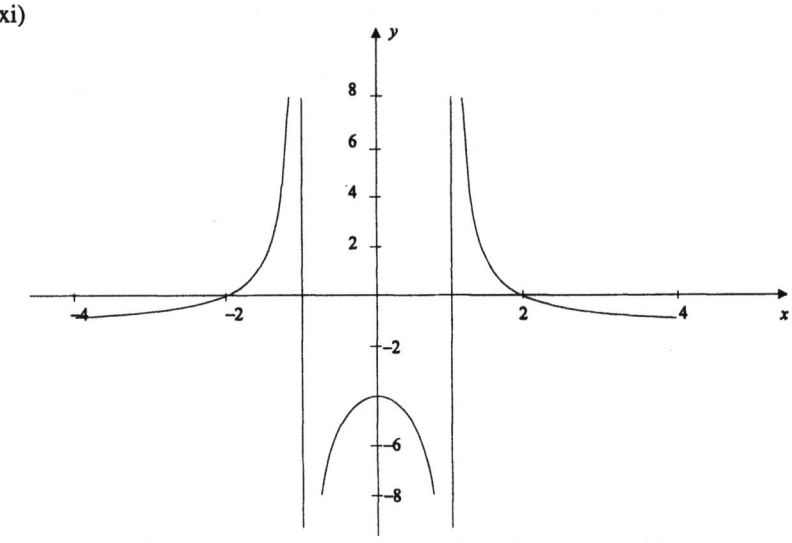

Lösungen zu den Übungsaufgaben 209

c) $f(x) = \dfrac{4}{1+x^2}$

i) Definitionsbereich $D_f = \mathbf{R}$, keine Polstellen, da $N(x) = 1+x^2 = 0$ keine Lösung in $\mathbf{R}$ besitzt.

ii) Die Funktion f ist über ganz $\mathbf{R}$ ($= D_f$) stetig und beliebig oft differenzierbar.

iii) $f'(x) = \dfrac{-8x}{(1+x^2)^2}$

$f''(x) = \dfrac{24x^2 - 8}{(1+x^2)^3}$

$f'''(x) = \dfrac{48x(1+x^2) - 6x(24x^2 - 8)}{(1+x^2)^4} = \dfrac{96x(1-x^2)}{(1+x^2)^4}$.

iv) Betrachtung an den äußeren Rändern von D_f:

$$\lim_{x \to -\infty} f(x) = \lim_{x \to \infty} f(x) = 0,$$

Asymptote ist die Gerade zu $y = 0$.

v) Die Funktion f besitzt keine Nullstellen.

vi) Extremstellen:

$$f'(x) = \dfrac{-8x}{(1+x^2)^2} = 0$$

$\Leftrightarrow -8x = 0$

$\Leftrightarrow x = 0$.

Wegen $f''(0) = -8 < 0$ liegt an der Stelle $x = 0$ ein lokales Maximum mit $f(0) = 4$ vor.

vii) Wendestellen:

$$f''(x) = \dfrac{24x^2 - 8}{(1+x^2)^3} = 0$$

$\Leftrightarrow 24x^2 - 8 = 0$

$\Leftrightarrow x^2 = \dfrac{1}{3}$

$\Leftrightarrow x = -\dfrac{1}{3}\sqrt{3}$ oder $x = \dfrac{1}{3}\sqrt{3}$.

Wegen

$$f'''\left(-\frac{1}{3}\sqrt{3}\right) = -6{,}75\sqrt{3} \neq 0 \text{ und}$$

$$f'''\left(+\frac{1}{3}\sqrt{3}\right) = +6{,}75\sqrt{3} \neq 0$$

liegt an der Stelle $x = -\frac{1}{3}\sqrt{3}$ bzw. $x = \frac{1}{3}\sqrt{3}$ jeweils eine Wendestelle mit

$$f\left(-\frac{1}{3}\sqrt{3}\right) = f\left(\frac{1}{3}\sqrt{3}\right) = 3 \text{ vor.}$$

viii) Die Funktion f ist über $(-\infty, 0]$ monoton steigend, über $[0, \infty)$ monoton fallend.

ix) Da zwei Wendestellen vorliegen, wird D_f in drei Intervalle aufgeteilt:

$$I_1 = \left(-\infty, -\frac{1}{3}\sqrt{3}\right]$$

$$I_2 = \left[-\frac{1}{3}\sqrt{3}, \frac{1}{3}\sqrt{3}\right]$$

$$I_3 = \left[\frac{1}{3}\sqrt{3}, \infty\right).$$

Über I_1 ist f konvex, über I_2 konkav und über I_3 konvex.

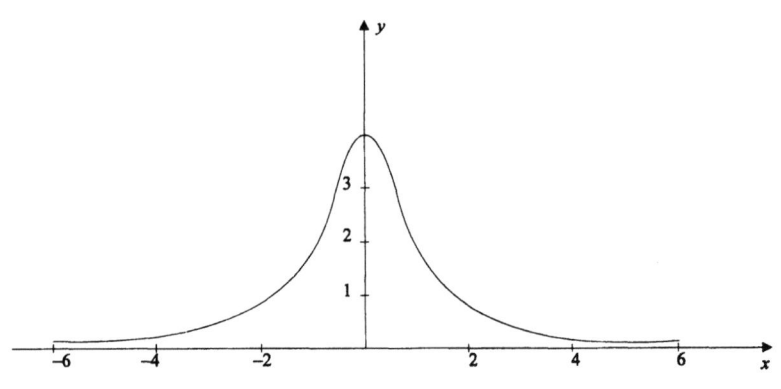

✓

Übungsaufgabe 11.7.3

Wir zerlegen den Funktionsterm $\dfrac{x^2}{1-\cos x}$ in die beiden Terme:

$f(x)=x^2$ und $g(x)=1-\cos x$

und prüfen die Voraussetzungen (11.7.01) – (11.7.04) mit $x_0 = 0$.

Zu (11.7.01)

Die Funktionen f und g sind über ganz R differenzierbar und damit auch in jeder Umgebung von x_0.

Zu (11.7.02)

$$\lim_{x \to 0} f(x) = \lim_{x \to 0} x^2 = 0$$
$$\lim_{x \to 0} g(x) = \lim_{x \to 0} (1 - \cos x) = 1 - 1 = 0$$

Zu (11.7.03)

Die Ableitung g' mit $g'(x) = \sin x$ ist in einer Umgebung von $x_0 = 0$ für alle $x \neq x_0$ ungleich Null.

Zu (11.7.04)

Mit $f'(x) = 2x$ und $g'(x) = \sin x$ bilden wir:

$$\lim_{x \to 0} \frac{x^2}{1 - \cos x} = \lim_{x \to 0} \frac{2x}{\sin x}$$

und erhalten wieder einen unbestimmten Ausdruck vom Typ $\frac{0}{0}$. Wir müssen nunmehr die Voraussetzungen (11.7.01)–(11.7.04) entsprechend für den Funktionsterm $\frac{2x}{\sin x}$ überprüfen.

Zu (11.7.01)

$f'(x) = 2x$ und $g'(x) = \sin x$ sind über ganz R differenzierbar.

Zu (11.7.02)

$$\lim_{x \to 0} f'(x) = \lim_{x \to 0} 2x = 0$$
$$\lim_{x \to 0} g'(x) = \lim_{x \to 0} \sin x = 0.$$

Zu (11.7.03)

$g''(x) = \cos x \neq 0$ für alle x aus einer Umgebung von $x_0 = 0$ mit $x \neq 0$.

Zu (11.7.04)

$$\lim_{x \to 0} f''(x) = 2$$

$$\lim_{x \to 0} g''(x) = \lim_{x \to 0} \cos x = 1$$

$$\lim_{x \to 0} \frac{f''(x)}{g''(x)} = \lim_{x \to 0} \frac{2}{\cos x} = \frac{2}{1} = 2.$$

Damit folgt:

$$\lim_{x \to 0} \frac{f(x)}{g(x)} = 2.$$

✓

Übungsaufgabe 11.7.10

i) Die Funktion f vom Cobb-Douglas-Typ läßt sich wie folgt darstellen

$$f(x) = g(x)^{h(x)} \text{ mit } g(x) = x \text{ und } h(x) = ax^b.$$

Für $\lim\limits_{x \to 0+} f(x)$ erhalten wir also einen unbestimmten Ausdruck vom Typ 0^0.

Gemäß (11.7.09) führen wir eine Transformation durch:

$$\lim x^{ax^b} = \lim e^{ax^b \ln x} = e^{\lim[ax^b \ln x]}.$$

Wir berechnen nun:

$$\lim_{x \to 0+} [ax^b \cdot \ln x] = \lim_{x \to 0+} \frac{\ln x}{\dfrac{1}{ax^b}}$$

$$= \lim_{x \to 0+} \frac{\dfrac{1}{x}}{-\dfrac{b}{a} x^{-(b+1)}}$$

$$= \lim_{x \to 0+} \frac{1}{x}\left(-\frac{a}{b} x^{(b+1)}\right)$$

$$= \lim_{x \to 0+} -\frac{a}{b} x^b$$

$$= 0.$$

Daraus folgt:

$$\lim_{x \to 0+} x^{ax^b} = e^{\lim_{x \to 0+} [ax^b \ln x]} = e^0 = 1.$$

ii) $\displaystyle\lim_{x \to 0} \frac{e^x - 1}{x} = \lim_{x \to 0} \frac{e^x}{1} = 1$

iii) $\displaystyle\lim_{x \to \infty} \frac{\ln x}{x^n} = \lim_{x \to \infty} \frac{\frac{1}{x}}{n \cdot x^{n-1}} = \lim_{x \to \infty} \frac{1}{nx^n} = 0$

iv) $\displaystyle\lim_{x \to \infty} \frac{e^x}{x^n} = \lim_{x \to \infty} \frac{e^x}{nx^{n-1}} = \lim_{x \to \infty} \frac{e^x}{n(n-1)x^{n-2}}$

$\vdots$

$\displaystyle = \lim_{x \to \infty} \frac{e^x}{n(n-1)(n-2)\ldots 2 \cdot 1} = \lim_{x \to \infty} \frac{e^x}{n!} = \infty$

v) $\displaystyle\lim_{x \to \infty} \frac{2x^2 - 1}{x^2 - 6x + 1} = \lim_{x \to \infty} \frac{4x}{2x - 6} = \lim_{x \to \infty} \frac{4}{2} = 2$

vi) $\displaystyle\lim_{x \to 2} \frac{\sqrt{x} - \sqrt{2}}{\sqrt{x - 2}} = \lim_{x \to 2} \frac{\frac{1}{2\sqrt{x}}}{\frac{1}{2\sqrt{x-2}}} = \lim_{x \to 2} \frac{\sqrt{x-2}}{\sqrt{x}} = 0$

vii)

$\displaystyle\lim_{x \to 0} \frac{x - \sin x}{x(1 - \cos x)} = \lim_{x \to 0} \frac{1 - \cos x}{(1 - \cos x) + x \sin x}$

$\displaystyle = \lim_{x \to 0} \frac{\sin x}{\sin x + \sin x + x \cos x}$

$\displaystyle = \lim_{x \to 0} \frac{\cos x}{2\cos x + \cos x - x \sin x} = \frac{1}{2 + 1 - 0} = \frac{1}{3}$

viii)

$\displaystyle\lim_{x \to 0} \left(\frac{1}{\sin x} - \frac{1}{x}\right) = \lim_{x \to 0} \frac{x - \sin x}{x \sin x}$

$\displaystyle = \lim_{x \to 0} \frac{1 - \cos x}{\sin x + x \cos x}$

$\displaystyle = \lim_{x \to 0} \frac{\sin x}{2 \cos x - x \sin x} = 0.$

✓

Kapitel 12

Übungsaufgabe 12.1.7

$$\int 5^x dx = \frac{5^x}{\ln 5} + c$$

$$\int \frac{1}{x^7} dx = \frac{-1}{6x^6} + c$$

$$\int x^{\frac{4}{9}} dx = \frac{9}{13} x^{\frac{13}{9}} + c$$

✓

Übungsaufgabe 12.1.9

$$\int \frac{x^7}{8} dx = \frac{1}{8} \int x^7 dx = \frac{1}{8} \frac{x^8}{8} + c = \frac{x^8}{64} + c$$

$$\int \frac{1}{\pi} x^\pi dx = \frac{1}{\pi} \frac{x^{\pi+1}}{\pi+1} + c$$

$$\int 7x^{\frac{5}{3}} dx = 7 \frac{x^{\frac{8}{3}}}{\frac{8}{3}} + c = \frac{21}{8} x^{\frac{8}{3}} + c$$

✓

Übungsaufgabe 12.1.12

$$\int (5\sqrt{x} - 6e^x) dx = 5 \int x^{\frac{1}{2}} dx - 6 \int e^x dx = \frac{10}{3} x^{\frac{3}{2}} - 6e^x + c$$

✓

Übungsaufgabe 12.1.16

Mit $f(x) = \sin x$, $g'(x) = \cos x$ gilt

$$\int \sin x \cos x \, dx = \sin^2 x - \int \cos x \sin x \, dx \Rightarrow$$

$$2 \int \sin x \cos x \, dx = \sin^2 x + c \Rightarrow$$

$$\int \sin x \cos x \, dx = \frac{1}{2} \sin^2 x + c'$$

Für $f(x) = \ln x$, $g'(x) = x$ erhält man

$$\int x \ln x \, \mathrm{d}x = \frac{x^2}{2} \ln x - \int \frac{x^2}{2} \frac{1}{x} \mathrm{d}x = \frac{x^2}{2} \ln x - \frac{x^2}{4} + c$$

$$\int \ln(x^2) \mathrm{d}x = 2 \int \ln x \, \mathrm{d}x = 2 \int 1 \cdot \ln x \, \mathrm{d}x = x \ln x - \int x \frac{1}{x} \mathrm{d}x = x \ln x - x + c = x(\ln x - 1) + c$$

✓

Übungsaufgabe 12.1.17

Die Ableitung der rechten Seite ist $f(g(x)) \, g'(x)$, d. h. $F(g(x))$ ist eine Stammfunktion von $f(g(x)) \, g'(x)$. Daraus folgt unmittelbar die Beziehung (12.1.09).

✓

Übungsaufgabe 12.1.20

Anwendung von (12.1.09) mit $f(y) = \cos y$ und $g(x) = x^2$ ergibt

$$\int \cos(x^2) \, 2x \, \mathrm{d}x = \sin(x^2) + c$$

✓

Übungsaufgabe 12.1.22

Aus (12.1.11) ergibt sich für $f(y) = \cos y$, $a = 5$, $b = 2$:

$$\int \cos(5x+2) \, \mathrm{d}x = \frac{1}{5} \sin(5x+2) + c \, .$$

✓

Übungsaufgabe 12.1.23

Setzt man in (12.1.12) $g(x) = \sin x$, $z = 2$, so ergibt sich

$$\int (\sin x)^2 \cos x \, \mathrm{d}x = \frac{1}{3} (\sin x)^3 + c$$

✓

Übungsaufgabe 12.1.25

Analog zu Beispiel 12.1.24 erhält man für $g(x) = \sin x$ in (12.1.13):

$$\int \cot x \, \mathrm{d}x = \int \frac{\cos x}{\sin x} \, \mathrm{d}x = \ln |\sin x| + c \text{ für } x \neq z\pi, z \in \mathbf{Z} \, .$$

✓

Übungsaufgabe 12.1.26

Für $g(x) = \sqrt{x}$ ergibt (12.1.14)

$$\int e^{\sqrt{x}} \frac{1}{2\sqrt{x}} dx = e^{\sqrt{x}} + c.$$

Entsprechend erhält man

$$\int e^{\sin x} \cos x \, dx = e^{\sin x} + c \text{ für } g(x) = \sin x.$$

✓

Übungsaufgabe 12.2.21

$$\int_0^1 e^{\alpha x} dx = \frac{1}{\alpha} e^{\alpha x} \bigg|_0^1 = \frac{1}{\alpha}(e^\alpha - e^0) = \frac{1}{\alpha}(e^\alpha - 1).$$

✓

Übungsaufgabe 12.2.23

$$\int_2^6 (\sin 5x + x^2) dx = \int_2^6 \sin 5x \, dx + \int_2^6 x^2 dx$$

$$= -\frac{1}{5} \cos 5x \bigg|_2^6 + \frac{x^3}{3} \bigg|_2^6$$

$$= -\frac{1}{5}(\cos 30 - \cos 10) + \frac{6^3}{3} - \frac{2^3}{3}$$

$$= \frac{1}{5} \cos 10 - \frac{1}{5} \cos 30 + \frac{208}{3}$$

✓

Übungsaufgabe 12.2.25

Für $f(x) = x$, $g'(x) = \sin x$ ergibt (12.2.13)

$$\int_0^{2\pi} x \sin x \, dx = -x \cos x \bigg|_0^{2\pi} - \int_0^{2\pi} (-\cos x) dx$$

$$= -2\pi \cos 2\pi + \int_0^{2\pi} \cos x \, dx$$

$$= -2\pi + sin 2\pi - sin 0$$
$$= -2\pi.$$

Übungsaufgabe 12.2.27

Aus (12.2.14) folgt für $f(y) = e^y$ und $g(x) = x^4$

$$\int_{-2}^{3} e^{x^4} \cdot x^3 dx = \frac{1}{4} \int_{-2}^{3} e^{x^4} 4x^3 dx$$

$$= \frac{1}{4} e^{x^4} \bigg|_{-2}^{3} = \frac{1}{4} e^{81} - e^{16}$$

Übungsaufgabe 12.2.29

Aus (12.2.15) erhält man für $f(y) = \sqrt{y}$ und $g(x) = 1+2x$

$$\int_{0}^{5} \sqrt{1+2x}\, dx = \frac{1}{2} \int_{0}^{5} \sqrt{1+2x}\, 2\, dx$$

$$= \frac{1}{2} \int_{1}^{11} \sqrt{y}\, dy = \frac{1}{2} \cdot \frac{2}{3} y^{\frac{3}{2}} \bigg|_{1}^{11}$$

$$= \frac{1}{3}\left(11^{\frac{3}{2}} - 1^{\frac{3}{2}}\right) = \frac{1}{3}\left(\left(\sqrt{11}\right)^3 - 1\right)$$

Übungsaufgabe 12.2.35

i)

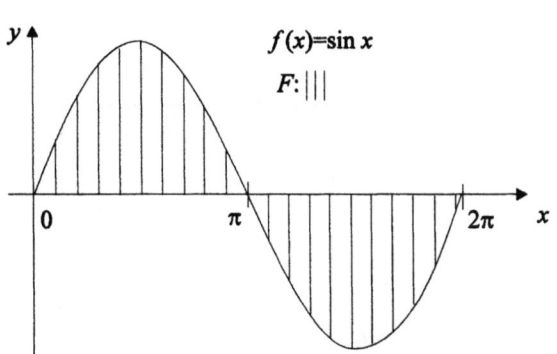

Aus Symmetriegründen ist die gesuchte Fläche $F = 2 \int\limits_0^\pi \sin x \, dx = 2(-\cos x)\Big|_0^\pi$

$= 2(-\cos \pi + \cos 0) = 2(1+1) = 4$

ii)

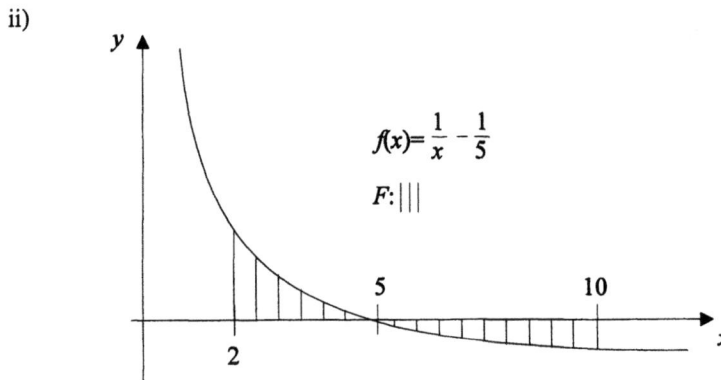

Hier ist

$$F = \left|\int\limits_2^5 \left(\frac{1}{x} - \frac{1}{5}\right)dx\right| + \left|\int\limits_5^{10} \left(\frac{1}{x} - \frac{1}{5}\right)dx\right| = \left|\left(\ln x - \frac{x}{5}\right)\Big|_2^5\right| \left|\left(\ln x - \frac{x}{5}\right)\Big|_5^{10}\right|$$

$= |\ln 5 - 1 - \ln 2 + \frac{2}{5}| + |\ln 10 - 2 - \ln 5 + 1|$

$= |\ln\frac{5}{2} - \frac{3}{5}| + |\ln\frac{10}{5} - 1|$

$= \ln\frac{5}{2} - \frac{3}{5} - \ln 2 + 1 = \ln\frac{5}{4} + \frac{2}{5} \approx 0{,}623.$

iii)

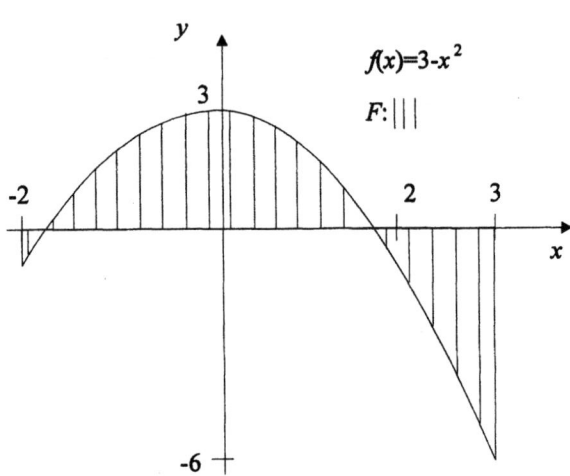

Die Nullstellen der Funktion $f(x) = 3 - x^2$ sind $-\sqrt{3}$ und $\sqrt{3}$. Somit erhält man den gesuchten Flächeninhalt unter Beachtung der Vorzeichen der Integrale als

$$F = -\int_{-2}^{-\sqrt{3}} (3-x^2)\,dx + \int_{-\sqrt{3}}^{\sqrt{3}} (3-x^2)\,dx - \int_{\sqrt{3}}^{3} (3-x^2)\,dx$$

$$= \left(\frac{x^3}{3} - 3x\right)\Bigg|_{-2}^{-\sqrt{3}} + \left(3x - \frac{x^3}{3}\right)\Bigg|_{-\sqrt{3}}^{\sqrt{3}} + \left(\frac{x^3}{3} - 3x\right)\Bigg|_{\sqrt{3}}^{3}$$

$$= -\sqrt{3} + 3\sqrt{3} - \left(\frac{-8}{3} + 6\right) + 4\sqrt{3} + 9 - 9 - \left(\sqrt{3} - 3\sqrt{3}\right)$$

$$= 8\sqrt{3} - \frac{10}{3} \approx 10{,}5$$

✓

Übungsaufgabe 12.3.5

i) $\displaystyle\int_{5}^{\infty} \frac{1}{x^2}\,dx = \lim_{b\to\infty} \int_{5}^{b} \frac{1}{x^2}\,dx$

$\displaystyle = \lim_{b\to\infty} -\frac{1}{x}\Bigg|_{5}^{b}$

$\displaystyle = \lim_{b\to\infty} \left(\frac{1}{5} - \frac{1}{b}\right) = \frac{1}{5}$

ii) $\displaystyle\int_{-\infty}^{0} e^x\,dx = \lim_{a\to-\infty} \int_{a}^{0} e^x\,dx$

$\displaystyle = \lim_{a\to-\infty} (e^0 - e^a) = e^0 = 1$

iii) Wegen

$$\int_{0}^{b} \sin x\,dx = -\cos x\Bigg|_{0}^{b} = \cos 0 - \cos b = 1 - \cos b$$

existiert der Grenzwert für $b \to \infty$ nicht.

iv) $\displaystyle\int_{1}^{\infty}\frac{1}{\sqrt{x}}\,dx = \lim_{b\to\infty}\int_{1}^{b}\frac{1}{\sqrt{x}}\,dx$

$\displaystyle = \lim_{b\to\infty} 2\sqrt{x}\Big|_{1}^{b}$

$\displaystyle = \lim_{b\to\infty}\left(2\sqrt{b}-2\right) = \infty.$

v) Unter Verwendung der Substitutionsregel erhält man

$\displaystyle\int_{0}^{\infty}-e^{-x^3}3x^2\,dx = \lim_{b\to\infty}\int_{0}^{b}-e^{-x^3}\cdot 3x^2\,dx$

$\displaystyle = \lim_{b\to\infty} e^{-x^3}\Big|_{0}^{b}$

$\displaystyle = \lim_{b\to\infty}\left(e^{-b^3}-e^0\right) = 0-1 = -1$

✓

Übungsaufgabe 12.3.7

Ebenfalls mit Hilfe der Substitutionsregel ergibt sich

$\displaystyle\int_{-\infty}^{\infty}e^{-x^4}x^3\,dx = -\frac{1}{4}\int_{-\infty}^{\infty}e^{-x^4}(-4x^3)\,dx$

$\displaystyle = -\frac{1}{4}\left(\lim_{a\to-\infty}\int_{a}^{0}e^{-x^4}(-4x^3)\,dx + \lim_{b\to\infty}\int_{0}^{b}e^{-x^4}(-4x^3)\,dx\right)$

$\displaystyle = -\frac{1}{4}\left(\lim_{a\to-\infty}e^{-x^4}\Big|_{a}^{0} + \lim_{b\to\infty}e^{-x^4}\Big|_{0}^{b}\right)$

$\displaystyle = -\frac{1}{4}(e^0 - 0 + 0 - e^0) = 0$

Geometrisch läßt sich das Ergebnis durch die Symmetrieeigenschaften der Funktion $f(x) = e^{-x^4}x^3$ erklären.

✓

Literaturverzeichnis

Die mit * gekennzeichneten Bücher sind besonders geeignet zur Auffrischung von Vorkenntnissen (Schulwissen).

Allen, R. G. (1971)
„Mathematische Wirtschaftstheorie"
Duncker & Humblot, Berlin.

Bader, H., Fröhlich, S. (1988):
„Einführung in die Mathematik für Volks- und Betriebswirte"
9. Auflage, Oldenbourg, München, Wien.

Bartsch, H.-J. (1990):
„Taschenbuch mathematischer Formeln"
13. Auflage, Harri Deutsch, Frankfurt/M., Thun.

Berg, C., Korb, U.-G. (1985):
„Mathematik für Wirtschaftswissenschaftler"
Teil 1: Analysis, Teil 2: Lineare Algebra.
3. Auflage, Gabler, Wiesbaden.

Blatter, Ch. (1995):
„Ingenieur Analysis I & II"
2. Auflage, Verlag der Fachvereine, Zürich.

Böhm, V. (1982):
„Mathematische Grundlagen für Wirtschaftswissenschaftler"
Springer, Berlin, Heidelberg, New York.

Böhme, G. (1991/90):
„Anwendungsorientierte Mathematik"
Analysis, Band 2: 6. Auflage, Band 3: 5. Auflage,
Springer, Berlin, Heidelberg, New York.

Bosch, K. (1994):
„Mathematik für Wirtschaftswissenschaftler: Eine Einführung"
9. Auflage, Oldenbourg, München, Wien.

Briel, van, W., Neveling, R. (1981):
„Grundkurs Analysis"
Bayerischer Schulbuch Verlag, München.

Bronstein, I.N., Semendjajew, K.A. (1991):
„Taschenbuch der Mathematik"
25. Auflage, Teubner, Leipzig.

Buhlmann, M. (1992/90):
"Mathematik im Studium - 250 Klausuraufgaben mit Lösungen"
Band 1: Differentialrechnung, 2. Auflage, Band 2: Integralrechnung, Westarp, Essen.

Dörsam, P. (1995):
"Mathematik -anschaulich dargestellt- für Studierende der Wirtschaftswissenschaft"
5. Auflage, PD-Verlag, Heidenau

Dorninger, D., Karigl, G. (1988):
"Mathematik für Wirtschaftsinformatiker"
Band I + II, Springer, Berlin, Heidelberg, New York.

Dück, W., Körth, H., Runge W., Wunderlich L. (1988):
"Taschenbuch der Wirtschaftsmathematik: Formeln, Tabellen, Zusammenstellungen"
2. Auflage, Harri Deutsch, Frankfurt/Main, Thun.

Gal, T., Gal, J. (1991):
"Mathematik für Wirtschaftswissenschaftler, Aufgabensammlung"
2. Auflage, Springer, Berlin, Heidelberg, New York.

* Glatz, G., Grieb, H., Hohloch, E., Kümmerer, H. (1989):
"Brücken zur Mathematik"
Band 4: Differential- und Integralrechnung 1,
Band 5: Differential- und Integralrechnung 2, Cornelsen-Schwann-Girardet, Düsseldorf.

Glatz, G., Grieb, H., Hohloch, E., Kümmerer, H., Mohr, R. (1994):
"Brücken zur Mathematik"
Band 6: Differential- und Integralrechnung 3, Cornelsen Verlag, Berlin.

Gröbner, W., Hofreiter, N. (1975/73):
"Integraltafel. 2 Teile"
5. Auflage, Springer, Berlin, Heidelberg, New York.

Hackl, P., Katzenbeisser, W. (1992):
"Mathematik für Sozial- und Wirtschaftwissenschaftler"
2. Auflage, Oldenbourg, München, Wien

Hauptmann, H. (1988):
"Mathematik für Betriebs- und Volkswirte"
2. Auflage, Oldenbourg, München, Wien.

Heuser, H., (1994/93):
"Lehrbuch der Analysis"
Teil 1, 11. Auflage, Teil 2, 8. Auflage, Teubner, Stuttgart

Literaturverzeichnis

* Hoffmann, S. (1995):
"Mathematische Grundlagen für Betriebswirte"
4. Auflage, Neue Wirtschafts-Briefe, Herne

Huang, D., Schulz, W. (1994):
"Einführung in die Mathematik für Wirtschaftswissenschaftler"
6. Auflage, Oldenbourg, München, Wien.

Kall, P. (1982):
"Analysis für Ökonomen"
Teubner, Stuttgart.

Kosiek, R. (1988/82):
"Mathematik für Wirtschaftswissenschaftler"
Band 1: Lehrbuch, 4. Auflage, Band 2: Übungen und Lösungen, 2. Auflage,
Florentz, München.

Luderer, B., Würker, U. (1995):
"Einstieg in die Wirtschaftsmathematik"
Teubner, Stuttgart, Leipzig

Marinell, G. (1985):
"Mathematik für Sozial- u. Wirtschaftswissenschaftler"
5. Auflage, Oldenbourg, München, Wien.

* Merz, W., Kubla, H., Schlotter, W., Stein, G. (1977):
"Mathematik für Sie"
3. Auflage, Band 1, Grundwissen, Huber, M., Ismaning

* Merz, W., Costantin, F., Geiss, F., Koppelberg, B., Koppelberg, S., Schlotter, W. (1979)
"Mathematik für Sie"
Band 2, Grundwissen, Huber, M., Ismaning

Nollau, V. (1993):
"Mathematik für Wirtschaftswissenschaftler"
Teubner, Stuttgart, Leipzig

Ohse, D. (1993/90):
"Mathematik für Wirtschaftswissenschaftler"
Band I, 3. Auflage, Band II, 2. Auflage, Vahlen, München.

Pfeiffer, R. (1980):
"Mathematik für Volks- und Betriebswirte"
Band 1-5, Gabler, Wiesbaden.

* Piehler, G., Sippel, D., Pfeiffer, U., (1996):
"Mathematik zum Studieneinstieg"
3. Auflage, Springer, Berlin, Heidelberg, New York

* Purkert, W. (1995):
„Brückenkurs Mathematik für Wirtschaftswissenschafter"
Teubner, Stuttgart, Leipzig

Ringleb, F. O. (1967):
„Mathematische Formelsammlung"
8. Auflage, de Gruyter, Berlin

Rommelfanger, H. (1994/92):
„Mathematik für Wirtschaftswissenschaftler"
Band I, 2. Auflage, Band II, 3. Auflage, Bibliographisches Institut, Mannheim

Roppert, J. (1992):
„Mathematik - Eine erste Einführung"
Springer, Wien, New York

Schwarze, J. (1992):
„Mathematik für Wirtschaftswissenschaftler"
Band I-III, 9. Auflage, Neue Wirtschaftsbriefe, Herne, Berlin.

* Schwarze, J. (1993)
„Mathematik für Wirtschaftswissenschaftler - Elementare Grundlagen für Studienanfänger"
5. Auflage, Neue Wirtschafts-Briefe, Herne

Schwarze, J. (1994):
„Aufgabensammlung zur Mathematik für Wirtschaftswissenschaftler"
3. Auflage, Neue Wirtschaftsbriefe, Herne, Berlin.

Stöppler, S. (1982):
„Mathematik für Wirtschaftswissenschaftler"
3. Auflage, Gabler, Wiesbaden.

Tietze, J. (1992):
„Einführung in die angewandte Wirtschaftsmathematik"
4. Auflage, Vieweg, Braunschweig, Wiesbaden.

Vogt, H. (1988):
„Einführung in die Wirtschaftsmathematik"
6. Auflage, Physica, Heidelberg.

Vogt, H. (1988):
„Aufgaben und Beispiele zur Wirtschaftsmathematik"
2. Auflage, Physica, Heidelberg.

Zehfuß, H. (1987):
„Wirtschaftsmathematik in Beispielen"
2. Auflage, Oldenbourg, München, Wien.

Stichwortverzeichnis

A
Abbildung 4
abdiskontierter Wert 171
abhängige Variable 4
Ableitungsfunktion von f 102
abschnittsweise definierte Funktion 18
achsensymmetrisch 28
Additionstheorem 55
alternierende Folge 71
äquidistante Zerlegung 148
äquivalente Funktionsgleichungen 12
Argument 2, 4
arithmetische Folge 62
arithmetische Reihe 67
arithmetisches Mittel 63
Asymptote 123
äußere Ableitung 104
äußere Funktion 104

B
behebbare Definitionslücke 49
beschränkte Folge 65
beschränkte Funktion 26
bestimmte Divergenz 79
bestimmtes Integral 152
bijektive Abbildung 6
Bild 3, 4
Bildelement 3
Bildpunkt 3
Bildungsgesetz einer Folge 60
Bogenmaß 54

D
Definitionsbereich 2, 4
Definitionslücken 47
dekadischer Logarithmus 52
Differentialquotient 98
Differenzenquotient 96
differenzierbar an der Stelle x_0 97
differenzierbar über einem
    abgeschlossenen Intervall $[a,b]$ ... 101
differenzierbar über einem
    offenen Intervall (a,b) 101
Differenzierbarkeitsbereich 101
divergente Folge 69
dritte Ableitung der Funktion f 108
Durchschnittskosten 20

E
ε-Umgebung 67
eineindeutige (injektive) Abbildung .. 5, 6
Einheitskreis 54
einseitiger Grenzwert 81
endliche Folge 59
endliche Reihe 66

Erlebenswahrscheinlichkeit 175
explizite Funktionsgleichung 11
Exponentialfunktion 50
Extremstellen 110

F
Faktorregel der Integration 141
Faktorregel 103, 160
Fundamentalsatz der Algebra 45
Funktion 4
Funktionalgleichung 52
Funktionsgleichung 8
Funktionsterm 11
Funktionswert 3, 4

G
ganzrationale Funktion 47
Gaußsche Klammerfunktion 37
gebrochenrationale Funktion 47
Gegenwartswert 171
geometrische Folge 62
geometrische Reihe 67
geometrisches Mittel 63
geordnete Paare 9
gerade Funktion 29
Gewinnschwelle 10
Glied einer Folge 59
globale Stetigkeit 90
globales (absolutes) Minimum bzw.
    Maximum 111
graphische Darstellung 10, 14
Grenzwert einer Folge 69
Grenzwert einer Funktion 83
Grundintegral 140

H
Häufungspunkt 69
Hauptsatz der Differential- und
    Integralrechnung 158
hinreichendes Kriterium für
    Extremstellen 114
Hintereinanderschaltung 21
Hochpunkt 110
höhere Ableitungen 109
horizontaler Wendepunkt 120

I
implizite Funktionsgleichung 11
Infimum 26
injektive (eineindeutige) Abbildung .. 5, 6
innere Ableitung 104
innere Funktion 104
Integrand 152
Integration (unbestimmte) 139
Integrationsintervall 152

Integrationskonstante 139
Integrationsvariable 139, 152
integrierbar auf $[a, b]$ 152
i-tes Intervall 148

K
Kapitalwert 172
Kettenregel 104
Koeffizienten eines Polynoms 38
kommutative Addition und
   Multiplikation 20
konkav 115
konstante Differenz 62
konstante Funktion 35
konstanter Quotient 62
konvergente Folge 69
konvex 115
Kosinusfunktion 55
Kotangensfunktion 57
kritische Stelle 112

L
Lagerhaltung 86
Linearfaktor 42
linksgekrümmt 115
linksseitig differenzierbar 99
linksseitige Ableitung der Funktion f
   an der Stelle x_0 99
linksseitiger Grenzwert 81
Logarithmusfunktion 52
lokale (relative) Maximalstelle 110
lokale (relative) Minimalstelle 110
lokale Stetigkeit 90
lokales (relatives) Maximum 110
lokales (relatives) Minimum 110

M
Monom 36
monoton fallend 24
monoton steigend 24
monotone Folge 65

N
Nachfragefunktion 23
natürliche Exponentialfunktion 51
natürlicher Logarithmus 52
natürlicher oder maximaler Definitions-
   bereich 13
Nennerpolynom 47
nicht kommutative Hintereinander-
   schaltung (Verkettung) 22
nichtrationale Funktion 48
n-mal differenzierbar 109
Norm einer Zerlegung 148
n-te Ableitung der Funktion f 108
Nullfolge 69
Nullfunktion 35, 40
Nullstellen 14, 36, 49

O
obere Integrationsgrenze 152
obere Schranke 26
Oberintegral 153
Obermenge 5
Obersumme 149

P
Parameter 18
Partialsumme 66
periodische Funktion 57
Pfeildiagramm 3
Polstelle 49
Polynom n-ten Grades 38
Potenzfunktion 36
Produktregel 103

Q
Quotientenregel 104

R
rationale Funktion 47
rechtsgekrümmt 115
rechtsseitig differenzierbar 99
rechtsseitige Ableitung der Funktion f
   an der Stelle x_0 99
rechtsseitiger Grenzwert 81
reelle Funktion 5
reelle Zahlenfolge 59
reellwertige Funktion 5
Regel der partiellen Integration 142, 162
Regel von de l' Hospital 128
Rekursionsformel 60
Reziprokfunktion 36
rotationssymmetrisch 28

S
sachbezogener Definitionsbereich 13
Sattelpunkt 120
Sattelstelle 120
Satz von Pythagoras 55
Schnittpunkt 10
sgn-Funktion 36
Sinusfunktion 55
Stammfunktion 138
Startwert einer Folge 60
Sterbeintensität 175
stetig differenzierbar 102
stetig 88
streng monoton fallend 24
streng monoton steigend 24
Stückkosten 20
Substitutionsregel 144, 163
Summenregel der Integration 142
Summenregel 103, 161
Supremum 26
surjektive Abbildung 5, 6

Stichwortverzeichnis

T
Tangensfunktion 56
Tangente an den Graphen der Funktion f
   im Punkte P_o 98
Teilsumme 66
Tiefpunkt 110
Todeswahrscheinlichkeit 175
trigonometrische Funktion 54

U
Umkehrfunktion 32
unabhängige Variable 4
unbeschränkte Funktion 26
unbestimmt integrierbar 138
unbestimmte Divergenz 79
unbestimmtes Integral 139
uneigentlicher Grenzwert 79
uneigentliches Integral 168, 170
unendlich oft differenzierbar 109
unendliche Reihe 67
ungerade Funktion 29
Unstetigkeitsstelle 89
untere Integrationsgrenze 152
untere Schranke 26

Unterintegral 153
Untersumme 148
Urbild 2, 4
Urbildelement 2
Urbildmenge von y 7, 8
Urbildpunkt 2

V
Verkettung 21
vollständige Wertetabelle 7
Vorzeichenfunktion 36

W
Wendepunkt 120
Wendestelle 119
Wertebereich 3, 4
Wertetabelle mit ausgewählten Werten 16

Z
Zählerpolynom 47
Zerlegung eines Intervalls 148
Zielmenge 5
zusammengesetzte Funktion 21
zweite Ableitung der Funktion f 108

GRUNDLAGEN

H. Laux

Erfolgssteuerung und Organisation 1
Anreizkompatible Erfolgsrechnung, Erfolgsbeteiligung und Erfolgskontrolle

1995. XXII, 593 S. 139 Abb. Brosch. **DM 69,-**;
öS 503,70; sFr 61,- ISBN 3-540-60106-6

In diesem Buch werden Grundprobleme der anreizkompatiblen Erfolgsrechnung, der Erfolgsbeteiligung und der Erfolgskontrolle untersucht. Dabei geht es im Kern darum, die Entscheidungsprozesse in einer Organisation – und mithin auch die daraus resultierenden Erfolge bzw. Erfolgssträhne – im Sinne der (langfristigen) Kriterien der Investitionsrechnung zu steuern. Nach Darstellung der theoretischen Grundlagen werden zunächst Anreiz- und Kontrollprobleme bei einem Entscheidungsträger untersucht. Danach werden komplexere hierarchische Entscheidungssysteme mit mehreren Entscheidungsträgern betrachtet. Im Vordergrund steht hierbei die Problematik der Erfolgszurechnung sowie die Gestaltung von Anreizsystemen für einen wahrheitsgemäßen Informationsaustausch.

G. Piehler, D. Sippel, U. Pfeiffer

Mathematik zum Studieneinstieg
Grundwissen der Analysis für Wirtschaftswissenschaftler, Ingenieure, Naturwissenschaftler und Informatiker

Herausgeber: T. Gal

3. verb. Aufl. 1996. XVIII, 440 S. 163 Abb., 46 Tab. Brosch. **DM 49,80**; öS 363,60; sFr 44,50
ISBN 3-540-60840-0

Die Studiengänge der Wirtschaftswissenschaften, Technik, Naturwissenschaften und Informatik kommen ohne Mathematik nicht aus. Dieses Buch schließt die Lücke zwischen Schulwissen und der zu Beginn eines Studiums vorausgesetzten Mathematikkenntnisse. Es eignet sich hervorragend zum Selbststudium.

D. Hoffmann

Analysis für Wirtschaftswissenschaftler und Ingenieure

1995. XVI, 387 S. 108 Abb. Brosch. **DM 49,80**;
öS 363,60; sFr. 44,80 ISBN 3-540-60108-2

Dieses Buch behandelt in einer eleganten, vergleichsweise konzisen Form zentrale Themen der Analysis, wie sie in einer zweisemestrigen Vorlesung für Wirtschaftswissenschaftler, Ingenieure, aber auch für Informatiker an Universitäten und Fachhochschulen behandelt werden. Die Ideen werden – mit ständigem Blick auf Anwendungen – behutsam herausgearbeitet, zu leistungsfähigen Methoden ausgestaltet und durch vollständig durchgerechnete Beispiele erläutert; instruktive Abbildungen tragen zur Veranschaulichung bei. Eine Fülle von Übungsaufgaben runden den Text ab. Das Buch ist als Basis für eine Vorlesung, aber auch zum Selbststudium bestens geeignet.

H. Laux

Entscheidungstheorie

3., durchgesehene Aufl. 1995. XXI, 359 S.
82 Abb. Brosch. **DM 49,80**; öS 363,60; sFr 44,50
ISBN 3-540-60085-X

Dieses Lehrbuch gibt eine gründliche Einführung in die Entscheidungstheorie. Es ermöglicht, praktische Entscheidungsprobleme zu erkennen, sie formal zu beschreiben und mit Hilfe des entscheidungstheoretischen Instrumentariums zu lösen.

Preisänderungen vorbehalten

■ ■ ■ ■ ■ ■ ■ ■ ■ ■ ■

Springer

G. Piehler, H. P. Reidmacher

Aufgabentrainer Lineare Algebra

Computergestützte Weiterbildung

1995. 3 3½″ Disketten, Begleittext mit 40 S., 100 Aufgaben. DM 60,-*
ISBN 3-540-14525-7

*Unverbindliche Preisempfehlung zzgl. 15% MWSt. In anderen EU-Ländern zzgl. landesüblicher MWSt.

Der computergestütze **Aufgabentrainer Lineare Algebra** bietet eine effiziente Möglichkeit, mathematische Begriffe und Methoden anhand von Aufgaben zu trainieren und sich auf Klausuren und Prüfungen vorzubereiten. Das Programm unterstützt durchgehend interaktiv die Eingabe von Lösungen und gibt differenzierte Rückmeldungen. Hinweise zur Bearbeitung und Begriffsverweise sind aufgabenspezifisch abrufbar. Der Schwerpunkt liegt auf dem Training der Lösungsmetoden. Im Klausurteil werden Aufgaben zu Probeklausuren zusammengestellt, und der Benutzer erhält nach Abschluß eine Bewertung seiner Leistung.

W. Assenmacher

Deskriptive Statistik

1996. XIV, 252 S. 44 Abb., 40 Tab. (Springer-Lehrbuch) Brosch. DM 36,-; öS 262,80; sFr 32,50 ISBN 3-540-60715-3

Dieses Lehrbuch gibt einen umfassenden Überblick über Methoden der deskriptiven Statistik, die durch einige Verfahren der explorativen Datenanalyse ergänzt wurden. Die zahlreichen statistischen Möglichkeiten zur Quantifizierung empirischer Phänomene werden problemorientiert dargestellt, wobei ihre Entwicklung schrittweise erfolgt, so daß Notwendigkeit und Nutzen der Vorgehensweise deutlich hervortreten. Dadurch soll ein fundiertes Verständnis für statistische Methoden geweckt werden. Dieses wird durch repräsentative Beispiele unterstützt. Übungsaufgaben mit Lösungen ergänzen den Text.

Preisänderungen vorbehalten.

Springer-Verlag, Postfach 31 13 40, D-10643 Berlin, Fax 0 30 / 8 27 87 - 3 01 / 4 48   e-mail: orders@springer.de

Springer-Verlag und Umwelt

Als internationaler wissenschaftlicher Verlag sind wir uns unserer besonderen Verpflichtung der Umwelt gegenüber bewußt und beziehen umweltorientierte Grundsätze in Unternehmensentscheidungen mit ein.

Von unseren Geschäftspartnern (Druckereien, Papierfabriken, Verpackungsherstellern usw.) verlangen wir, daß sie sowohl beim Herstellungsprozeß selbst als auch beim Einsatz der zur Verwendung kommenden Materialien ökologische Gesichtspunkte berücksichtigen.

Das für dieses Buch verwendete Papier ist aus chlorfrei bzw. chlorarm hergestelltem Zellstoff gefertigt und im pH-Wert neutral.

MIX
Papier aus verantwortungsvollen Quellen
Paper from responsible sources
FSC® C105338

If you have any concerns about our products,
you can contact us on
ProductSafety@springernature.com

In case Publisher is established outside the EU,
the EU authorized representative is:
**Springer Nature Customer Service Center GmbH
Europaplatz 3, 69115 Heidelberg, Germany**

Printed by Libri Plureos GmbH
in Hamburg, Germany